JN436877

고군산군도 인근

서해안지역 수산업사 연구

고군산군도인근

서해안지역 수산업사 연구

초판 1쇄 발행 2008년 2월 15일

지은이 김수관 · 김민영 · 김태웅 · 김중규
펴낸이 윤관백
펴낸곳 

등 록 제5-77호(1998. 11. 4)
주 소 서울시 마포구 마포동 324-1 곶마루B/D 1층
전 화 02) 718-6252
팩 스 02) 718-6253
E-mail sunin72@chol.com

정가 · 18,000원
ISBN 978-89-5933-109-3 93300

· 저자와의 협의에 의해 인지 생략.
· 잘못된 책은 바꾸어 드립니다.

군산대학교 환황해연구원
환황해연구총서 8

고군산군도 인근

서해안지역 수산업사 연구

김수관·김민영·김태웅·김중규 공저

선인
도서출판

책머리에

이 책의 중심 대상지역인 고군산군도(古群山群島) 인근 — 전북과 충남 및 전남 일부 — 은 예나 지금이나 서해안지역 수산업의 요람(搖籃)이다. 무엇보다 동해안이나 남해안과 달리 해안선의 굴곡이 심할 뿐 아니라, 도서(島嶼)가 많고 갯벌과 대륙붕이 넓게 펼쳐져 있어서 많은 어종이 계절적으로 회유해 오는 지역이다. 그만큼 수산사원이 풍부하여 주변에 주요 어장이 형성되어 있다. 특히 60여 개의 크고 작은 도서로 형성되어 있는 고군산군도는 지난 시기 늘 지역의 수산업을 지탱하는 버팀목이었고 해양생태계의 보고(寶庫)였다.

역사적으로 보더라도 1899년 군산의 개항(開港) 전후에 삼남(三南)지방에서 어세가 가장 높은 곳이 전라 · 충청도였고, 그 가운데 고군산군도 인근은 매우 중요한 지역이었다. 이는 금강(錦江)을 따라 위치한 강경포구(江景浦口)가 당시 우리나라의 3대 수산물 집산지 가운데 하나였던 점에서 잘 알 수 있다.

이러한 까닭에 개항기 청나라와 일본은 이곳의 호어장(好漁場)을 탐내 일찍부터 밀어(密漁)와 통어(通漁)를 자행하였다. 특히 일제강점기에 이르면 남해안에 이어 서해안의 어장까지 침식하기 위해 군산과 어청도를 비롯하여 서해안 곳곳에 일본인 이주어촌(移住漁村)이 만들어진다.

해방 이후에도 서해안지역 수산업을 둘러싼 사회경제 및 자연생태적 조건과 환경은 그대로 유지되고 있었으나, 수산자원관리가 무시된 채 남획됨으로써 그 풍부했던 어획량이 감소하여 많은 어종과 어장이 상실되기에 이르렀다.

한편, 그동안 서해안 특히 고군산군도를 중심으로 하는 지역의 수산업 변천에 대한 역사적 검토는 매우 미진했다. 그만큼 서해안 지역 수산업의 영세성과 침체의 인과관계를 역사적으로 궁구(窮究)함으로써 수산업 발전의 전망을 모색함과 동시에 한국수산업사 연구에 밑거름이 될 기초자료를 제시하는 것이 긴요하다고 생각된다.

이러한 집필 의도가 담긴 이 책은 전체 4부로 구성되었다. 제1부는 한말에서 일제 강점기에 이르는 시기 고군산군도 인근지역 수산업의 사적 전개를 정리한 것으로 김수관 교수가 맡았다. 제2부에서는 서해안의 지형지세와 해황조건이 남해나 동해와 다름으로써 특수하게 발달하게 된 어구어법에 대한 조사인데, 먼저 고군산군도 인근지역의 전통 어구어법 가운데 하나인 어전(漁箭)에 대해서는 김중규 학예연구사, 서해안 남부지역의 해선망(醢船網), 금강 연안의 안경망(眼鏡網) 어업에 대해서는 김수관 · 김민영 교수, 제3부 이 지역의 수산물 유통과 관련하여 우선 한말 객주(客主) 상회사(商會社)에 대해서는 김태웅 교수, 상고선(商賈船)에 대해서는 김수관 · 김민영 교수가 맡았다. 이어 제4부는 전북지역을 중심으로 한 수산교육의 변천을 김수관 교수가 발굴 · 정리하였다.

끝으로 부록은 김민영 · 김태웅 교수가 엮었으며, 어사연(漁村社會經濟硏究會)회원인 윤영선 박사의 도움을 받았다. 우선 수산관련 신문기사 자료 소개로 이미 지난 2006년에 출판한 『근대 서해안지역 수산업연구』의 부록에 제시된 『매일신보(每日申報)』 기사 가운데 다루지 못했던 1931년 7월 이후~1944년까지를 포함시켰다. 이어 개항 이후 어청도 일본인 이주어촌의 교육관련 자료(國重節, 『學校沿革誌』, 1915. 7) 역시 가치가 있다고 생각하여 소개하였다.

돌이켜 보면 필자들이 서해안지역의 어촌사회경제연구를 목표로 작은 모임인 '어사연(漁社硏)'을 만든 것이 2002년이니 어느덧 6년이라는 시간이 흘렀다. 그 사이 한국학술진흥재단의 기초학문육성을 위한 공동연구로 「근대 서해안지역 수산업의 경영형태와 어촌사회의 구조변동」을 발간한 바 있고, 그 결과의 일부는 이미 지난 2006년 『근대 서해안지역 수산업연구(환황해연구총서 5, 도서출판 선인)』로 간행했다. 그 후 만 2년 만인 이번에 『서해안지역 수산업사 연구』를 탈고함으로써 이제 미약하나마 서해안지역 수산업사 연구의 제2막이 올려진 셈이다.

앞으로 서해안지역 연근해어업의 성쇠과정과 그 현장의 생생한 이야기를 담고, 또한 지역적으로 아래로는 시해인 남부지역과 위도와 연도 등의 파시(波市)를 비롯하여 위로는 고군산군도에서 시작하여 멀리 어청도, 천수만, 경기 연평도, 서해안의 북한지역에 이르는 유무인의 섬(島嶼)들에 대해서도 수산업 관점에서의 연구 등 많은 과제들이 산적해 있다. 이를 포함한 서해안지역 수산업사 연구의 제3막이 기대된다.

아무쪼록 이 작은 연구결과가 남해와 동해와는 다른 서해안지역의 독자적인 수산업전개과정을 밝히고, 나아가 한국 수산업사 연구에 하나의 작은 디딤돌이 되기를 바라마지 않는다.

2008년 2월 군산 째보선창에서

저자일동 씀

차례

차례

차례

차례

차례

제1부

수산업의 사적 전개

제1장 한말의 수산업

Ⅰ. 서언

서해 연안에는 광대한 천혜 간석지가 형성되어 있고 외해에는 훌륭한 어장이 형성되어 있으며 이는 동중국해까지 미치고 있다. 또한 인근 내륙에는 서울 · 대전 · 전주 · 광주 등 대도시가 있어 수산물의 대소비지와 연결될 수 있는 좋은 입지적 조건을 갖추고 있다. 그러나 그 배후에 광범한 농경지가 있어 서해안 지역에서 수산업은 농업에 비해 그 산입적 지위가 과소평가되는 하나의 이유를 갖고 있기도 했다.

특히 고군산군도는 서해의 중심부에 위치하고 있으며, 크고 작은 도서로 형성되어 군산항의 방파제 역할을 담당하여 왔다. 일찍이 이 군도는 부근지역을 관할하기에 좋은 입지조건을 갖고 있어 관청이 설립될 만큼 행정상으로 중요시되었던 곳이었다.[1)]

즉 고군산군도의 인근지역 — 충남과 전북 일대, 전남 일부 — 은 서해 수산업의 요람으로, 해안선의 굴곡이 심할 뿐 아니라 길며 도서가 많고 대륙붕이 넓게 펼쳐 있어서 많은 어종이 계절적으로

1) 군산시수산업협동조합, 『군산수협 50년사』(1984), 6~7쪽.

서식 · 회유해옴에 따라 그 연근해에 주요어장이 형성되어 있었고 그 자원 또한 풍부하였다. 요컨대 삼남지방에서 어세(漁稅)가 가장 많은 곳이 전라도였고, 그중에서도 고군산군도 지역은 무시할 수 없는 지역이었는데,[2] 이는 그 인근에 속해있는 강경(江景)이 조선시대 삼대 수산물 집산지의 하나였던 점으로 미루어 보아 잘 알 수 있다.

이러한 까닭에 청나라와 일본은 이곳의 호어장(好漁場)을 탐내 일찍부터 밀어와 통어를 자행하였다. 특히 통어시대 이후 일본은 조선의 어장을 침식하기 위한 첫 단계의 하나로 군산과 어청도에 어민정책을 위한 수단으로 이주어촌을 건설한 바 있다.

그러나 이로 인하여 어자원이 무질서하게 남획됨으로써 이곳의 풍부한 수산자원은 감소추세에 놓이게 되었고, 많은 어종과 어장이 상실되기도 하였다.[3]

따라서 서해안 특히 고군산군도를 중심으로 하는 지역의 수산업 변천에 대한 역사적 검토가 미진한 가운데 이를 궁구함으로써 서해안지역 수산업 발전의 당위성을 고취시킴과 동시에 장래 수산업사 연구에 밑거름이 될 기초자료를 제시하는 것이 긴요할 것이다.

Ⅱ. 지형지세와 해황 및 주요 어장

1. 지형지세와 해황

서해안 중부는 배후지에 호남 · 논산평야 등의 비옥한 농토가 광

---

2) 박구병, 『한국어업사』(정음사, 1979), 122쪽.

3) 또한 근래에는 각종 공사, 공장의 폐수, 도시 오물, 해난사고 등으로 어족생태가 크게 변화하여 어장의 환경이 점차 나빠져 가고 있는 실정임은 주지의 사실이다.

활하게 펼쳐져 있고 지형은 대체로 낮고 평평하며, 각 도시와 촌락 간에 교통편도 잘 발달되어 있다.

전북지방은 군산을 비롯하여 옥구·김제·부안이, 충남지방은 서천·보령 등의 임해지역으로 각 산업이 비교적 균형적으로 발달되어 있다. 또한 고군산군도를 중심으로 남쪽에는 위도, 서쪽에는 어청도, 북쪽에는 개야도 등 크고 작은 도서가 산재되어 있다. 연안은 굴곡이 심하며 수심도 얕다. 또한 금강, 만경강, 동진강 등의 하천이 흐르고 있어 하구에 토사가 넓게 분포되어 있고, 조석간만의 차가 심하여 간조 시에는 넓은 간석지가 형성되는 등 지형학적으로 이수해안(energence shore)에 속하고 있다.

해류는 제주도 남방을 거쳐 북상하는 난류와 북쪽에서 남하하는 한류가 교차하며, 수색은 매우 탁하여 투명도가 10m이내 되는 곳이 많고, 탁수대가 하계에는 해안에서 6~7해리, 심하게는 10해리까지, 동계에는 4~5해리 정도 형성된다.

해수의 감분(鹽分)은 대체로 낮아 32% 이내이고, 수온은 하계에 해안은 28~29℃ 내외이나 양수층이 나타나기도 하며 동계에는 수심이 얕아 표면수온과 거의 같아져 계절적 변화가 심하다.

2. 주요 어장

그러면 우선 한말시기 고군산군도 인근지역 주요 어장의 상태에 대해 당시의 문헌을 중심으로 살펴보자.[4] 그 중심 내용을 요약하여 소개하면 다음과 같다.

4) 下啓助·山脇宗次, 『韓國水産業調査報告』(1905), 32~33쪽.

1) 고군산군도, 죽도, 연도 근해어장

이곳은 도미, 삼치, 갈치, 조기, 병치, 기타 잡어의 대어장으로 한일어선이 집단적으로 출어하였다. 당시 일본의 출어선이 매년 300척 이상이었고, 청나라 어선 역시 다수 출어하였다. 일본인의 출어는 5월 상순에서 6월 중순까지 이루어졌는데, 도미 · 조기 · 갈치 등을 어획하기 위해 안강망 · 도미 연승 · 삼치류망 · 수조망 등을 사용하였다. 한국인은 8, 9월경에 이르기까지 갈치, 병어 등을 어획하였다. 여름에는 수심이 얕고 수온이 높아짐으로 대상 어종이 분산하였다가 수온이 낮아지는 가을에 다시 내류하므로 가을 조업이 성행하였는데 이때 어업을 영위하는 일본인은 거의 없었다.

2) 칠산도, 위도 근해어장

이곳은 서해안에서도 손꼽히는 어장으로 연평도 등과 함께 삼대 조기어장으로 알려졌다. 매년 4월 초순경부터 한 · 일 어선이 출어하였다. 특히 4월 초순부터 7월경까지 삼치 · 도미 · 조기 · 병어 · 농어 · 아귀 등이 회유하여 연승 · 유망 · 일본조(一本釣) 등의 어업이 일본인에 의해 이루어졌으며, 한국인은 조기의 성어기가 끝나면 주목망으로 7~8월까지 갈치 · 병어 등을 포획하였다. 당시 일본인은 성어기가 끝나면 즉시 다른 어장으로 이동하였으며, 어획물의 판매지는 주로 법성포였다.

3) 어청도 근해어장

이 섬 주변은 수심이 비교적 깊어서 성서엄한(盛暑嚴寒)의 기후에도 어류의 회유가 끊이지 않아 연중 조업을 할 만한 곳으로 서해안에서도 양호한 조건을 지닌 어장이었다. 따라서 어선 및 범선의 기항이 상당히 많았다. 근해에서는 연중 조업이 이루어졌지만 최성어기는 10~12월 초의 도미 및 잡어의 연승어업, 1월 하순에서 4월에 이르는 도미 및 가오리의 연승어업이었다. 이때 일본어선이 50~60척에 달하였고, 망어구는 사용하지 않았다.

4) 녹도, 호도, 마량동, 천수만 근해어장

이 근해는 수심이 아주 얕기 때문에 동계에 내류하는 어류는 대단히 적었다. 성어기는 죽도 근해보다 늦은 6~7월이었다. 당시 일본인 어업으로는 30~40척의 도미연승 및 안강망 어업이 성하였고, 이는 죽도 근해에서 조업하던 어선의 일부였다. 한국인은 주목망을 설치하여 도미, 가오리, 갈치 등을 포획하였다.

Ⅲ. 수산업의 개황과 해세

1. 어업

서해의 지형 지세와 해황조건은 남해나 동해 등 다른 바다와 달라 특수한 어구어법이 행해졌다. 그러면 한말 서해안지역에 성행했던 어업을 어구어법을 중심으로 살펴보기로 하겠다.

1) 주목망(柱木網)[5)]

이 어구는 서해안 특유의 해황에 적응해서 발달한 것으로서 동해안의 지예망, 남해안의 어장과 함께 예로부터 유명한 어구 가운데 하나였다.

여기에 종사하는 어선은 60~100척 정도로 1척당 인력은 14~15명이 보통이었으나, 충남지역에서는 1척에 22~23인승의 대형도 있었다. 따라서 대규모의 주목 경영에는 인력과 자본력이 크게 필요했으며, 1899~1900년경 1어기 1통의 경영비는 약 1,500원 이상이었다. 경영자금은 대부분 차용(월간 4~5분)했고 그 반제는 현금과 현물 두 종류가 있었으며, 현물인 경우에는 어가를 할인해서 납부하는 관행도 있었다.

그 경영법은 지방에 따라 다소 차이가 있으나, 충남지역의 관행은 일호일어장제(一戸一漁場制)를 엄수했다. 단 형제가 별거 세대일 때는 이어장제 경영을 허용했다. 어장은 관행상 매매 혹은 대여하지 못하고 자영이었다. 그러나 충남 일부 지역에서는 이를 허용하고 있었는데, 매매의 경우 40~50원 내지 100원, 대여의 경우 그 대차료는 30~50원이었다. 어선 1척당 보통 대망인 경우는 4통, 소망인 경우는 6~7통을 담당했다. 그 어선은 망기(網技)의 공동소유

5) 그 구조는 수심(水深)이 수심(數尋)이 되는 간석지에 기둥(큰 것은 직경 1척 내외, 길이는 13간 정도의 소나무)을 2개 설치하여 그 사이에 대망(대형은 길이 30심, 망구의 폭은 5심, 높이는 7심 내외)을 부착시킨 것으로 조류를 따라 왕래하는 어류를 포획하는 반이동성의 망어구이며, 조류의 방향에 맞추어 망구를 회전시키는 것으로 간만 시에 사용된다. 農商工部水産局, 『韓國水産誌』 第1輯 第7章, 「漁具及漁船」(1908).

로 조업도 공동작업이었다.

주복은 어장의 보호상, 오래전부터 구역제를 엄수해서 망대의 전면 30간(間)으로 정하여, 수간 이내는 어업을 허용하지 않고 만약 침범할 때에는 그 어선과 어구를 몰수했다.

주목의 분포는 전라 · 충청 양도에 가장 많았는데, 조기어업의 경우 칠산도 방면에서는 1회에 대어 10만 미에 달했고 충남의 보통어장에서도 1척 1어기 5만 미, 300원 정도의 소득이었다.[6] 그 외에 민어, 삼치, 가자미, 달강어 등도 혼획하였다.[7]

2) 어전(漁箭)[8]

그 구조 면에서 다른 지방과 약간 특이한 점은 어포부 즉 임통만은 발 대신에 낭망을 설치한 책건식 어구와 망어구의 성격을 동시에 지니고 있었고, 좌우양익은 발과 지주를 사용하지 않고 가지가 달린 대 또는 나무를 세우는 것도 있었다는 것이다. 그 높이는 만조 시에 보이지 않을 정도였고, 양익의 길이가 400간 정도되는 것도 있었다.[9] 또한 지역에 따라 반오락적인 소규모경영도 있었다.[10]

---

6) 吉田敬市, 『朝鮮水産開發史』(朝水會, 1952), 116~117쪽.

7) 박구병, 『한국수산업사』(태화출판사, 1966), 113쪽.

8) 그 일반적인 구조는 바다에서 해안을 향해 방사형 또는 만형으로 지주를 세우고 여기에 대, 나뭇가지, 갈대 등으로 만든 발을 치며 그 중앙의 1개소 또는 좌우 양쪽 각 1개소에 함정장치(임통)를 한 것이다. 연안에 내류한 어류가 퇴조 시 이 발에 들어온 후 통에 빠지게 되면 작살 등으로 올리는 것이었다.

9) 박구병, 위의 책, 126쪽.

10) 吉田敬市, 앞의 책, 126쪽.

주요 대상어종으로서는 조기, 청어를 비롯하여 새우, 갈치, 오징어, 달강어, 병어, 가자미, 넙치, 가오리 등이었다.[11]

3) 중선(中船)[12]

조류를 이용하는 서해안 특유의 어구로서 그 원리는 주목과 다를 바가 없으나 이동성은 더 강하다. 주요 대상어종으로는 조기, 새우, 잡어 등이었으며, 조기어업은 1척당 20~30인승이었는데, 망 2개를 설비하는 경우 그 신조비가 600원 정도였다 한다. 새우잡이 어업인 경우에는 그 규모가 대부분 소형이었다.[13]

4) 정망(碇網)

이는 재래의 자망 일종으로, 전라 · 충청해에서 조기, 민어, 숭어 등을 목적으로 하는 어법이었다. 수십인승 내지 20인승으로 어선의 길이가 9심 정도, 폭은 1장 2척 내외, 망의 길이가 30~150심, 정은 약 5척 정도의 목재였고 창조(漲潮) 시에는 조류를 횡단해서 부설했다. 그 경영법은 주로 짓가림제로서 선주가 3할, 나머지는 어부들에게 평등분배했다. 기타 급료제도 있었으며 어부의 급료는 식사비를 포함하여 5원 내외였다. 어획고는 보통 1어기 5만 미, 약 300원 정도였다.[14]

---

11) 박구병, 앞의 책(1966), 126쪽.

12) 어장에 이르러 닻(碇)을 내리고 어선을 고정시킨 후에 양현 측에 달린 어망 이장을 펼쳐 조류에 따라 왕래하는 어류를 포획하는 어구어법을 말한다.

13) 吉田敬市, 앞의 책, 116쪽.

5) 궁선(弓船)

조기, 새우를 대상으로 하는 조류 이용의 대표적 어구였다. 이는 축부에서 제 형상의 망 일장을 내는 구조상의 차이가 있는 것 외에는 중선과 비슷하다. 서해안의 좋은 어장에서는 1어기 1척당 1,000원 이상의 어획고를 올렸다.[15]

2. 수산제조업 및 양식업

수산물은 부패하기 쉬운 자연적 속성을 지니고 있기 때문에 소비지에 가까운 곳에서 생산되어 곧 소비되는 것을 제외하고는 선도저하나 부패를 방지하고 사용가치를 보전하기 위해 여러 형태로 제조가공을 거치게 된다. 이러한 수산제조업의 발달은 당연히 공업의 발달을 전제로 한다. 그러나 한말 우리나라의 수산제조업 발달 수준은 극히 낮은 단계였다. 사실 건제품, 염제품 등의 저차가공과 빙장선에 의한 빙장법밖에 없었다.

건제방식은 동해안의 명태어업에서 주로 성행했다. 또한 염제방식은 서해안의 조기어업에서 주로 발달되었는데,[16] 이는 자연환경이나 소비지와의 거리관계 등에서 필연적으로 생겨난 것이다. 즉 어장과 소비지와의 거리가 멀고 어기가 온난한 기후에 많이 어획되는 경우 그 처리법으로는 염장이 가장 간이하고 안전했다.

또 어기가 제한되어 있고 교통도 불편하여 연중 일정한 어류공급

14) 吉田敬市, 위의 책, 116쪽.
15) 吉田敬市, 위의 책, 116쪽.
16) 吉田敬市, 위의 책, 116쪽.

이 곤란한 점, 농산지대의 수요에 적응해야 하고, 중국염의 수입이 편리한 위치에 있었던 점이 그 발달을 촉진시킨 요인이라 생각된다.

한말의 수산제품을 보면 『韓國水産誌』에는 그 종류가 다음과 같이 열거되어 있다.[17)]

건제품

① 소건품 – 조기, 도미, 가오리, 농어, 서대, 복, 멸치, 민어, 가자미 (중략)

② 자건품 – 멸치, 새우, 백합, 뱅어, 농어 (중략)

③ 동건품 – 명태

④ 염건품 – 조기, 삼치, 민어, 농어, 갈치, 가오리, 서대, 새우, 삼치어란 (중략)

⑤ 염장품 – 조기, 갈치, 멸치, 복어, 전어, 민어 (중략)

이와 같은 가공법으로 인해 한말 당시의 전북도내 수산물 연제조액은 다음 〈표 1〉과 같았다.

〈표 1〉 전북도내의 수산물 제조액

연도	수량(관)	가격(원)
1907	29,935	12,242
1908	11,112	46,182
1909	214,761	123,506
1910	229,510	176,948

자료: 掘江銀之助, 『朝鮮之水産』, 「全北水産業の大勢」(1923).

17) 農商工部水産局, 앞의 책 第1輯, 337~338쪽.

상술한 바와 같이 가공법은 원시적인 단계에서 벗어나지 못한 것이었으나 저상법으로서의 냉장법은 제법 발달되어 있었다. 그 대표적인 예는 영업적으로 얼음을 사용하여 어류를 저장한 냉장선(또는 빙장선)에서 볼 수 있다. 이는 출매선의 일종이나 어류의 냉장시설을 갖추고 있는 점이 보통의 출매선과 달랐다. 당시 주로 서해안의 조기어업에서 활용되고 있었다. 조기의 어기는 온난고온의 시기였으므로 어류의 선도(鮮度) 유지가 필요하여 냉장선의 보급이 촉진되었던 것이다. 이에 대해서는 다음 장에서 상술하겠다.

한편 여타 지역의 양식업에 관한 문헌은 다소 발견이 되나 고군산 지역에 관한 것은 아직 찾아볼 수 없는 점으로 보아, 한말에 있어서 이 지역의 양식업은 아직 개발되지 않은 산업이라는 것을 짐작할 수 있겠다. 또한 掘江銀之助의 『全北水産業の大勢』에서 보면 "이 관내는 아직 양식을 경영하지 않고 있으나 넓은 간석지의 이용에 대한 계획을 수립하기 위해 충분한 조사가 있어야 한다."[18]라고 기술된 정황으로 보아 당시 이 지역의 양식업은 거의 전무한 상태였다고 추정된다.

3. 해세

한말 우리나라의 정국은 매우 혼란하였다. 쇄국정책이 대두되었지만 노도같이 밀려드는 외세를 이기지 못하고 쇄국의 문호를 개방할 수밖에 없었다. 서해안지역 역시 세계열강들의 이권쟁탈지가 되었다.

당시 열국세력의 활개는 국내정정(國內政情)에도 개혁과 변화를

18) 掘江銀之助, 『朝鮮之水産』, 「全北水産業の大勢」(1923), 31쪽.

불가피하게 하였으며 국가의 재정규모 역시 더욱 확장되지 않을 수 없었는데, 역설적으로 백성들에 대한 착취는 그 정도가 커질 수밖에 없었다. 백성들의 형편은 형용키 어려웠으며 외국으로부터의 차관이 불가피하였고 극심한 인플레현상이 일어났다. 정부는 재원을 찾기에 급급하였고 국민에 대한 수탈이 횡행하였다. 또한 청일전쟁 이후 일본은 마침내 한국을 강점하였다.

그러면 이 파란만장한 시기에 국가의 재원의 하나인 해세제도는 어떠한 상태로 존속되었는지 전라충청 양도의 경우를 살펴보자(〈표 2〉 참조).

〈표 2〉 충청 · 전라도지역의 해황표(개항 이후)

세종별 / 지방별	어세	선세
	양 · 전 · 분	양 · 전 · 분
단양		22 · 0 · 0
아산		41 · 1 · 0
부여		26 · 8 · 0
한산		38 · 7 · 0
서천	75 · 1 · 0	95 · 0 · 0
보령	300 · 0 · 0	104 · 4 · 0
결성	375 · 8 · 4	125 · 6 · 6
당진	746 · 0 · 0	136 · 0 · 0
서산	206 · 0 · 0	130 · 9 · 0
태안	440 · 0 · 0	158 · 5 · 0
영광		1,463 · 4 · 0
만경	140 · 5 · 0	
부안	66 · 0 · 0	
함열	697 · 0 · 0	

옥구	910 · 8 · 4	
군산		150 · 4 · 4
고군산	595 · 0 · 0	
위도	791 · 1 · 0	

자료: 수산사편찬위원회, 『한국수산사』(1968)에서 발췌.

〈표 2〉에서 보면 충청도지역보다는 전라도지역의 어세(전세, 염세, 망세, 어장세 등 포함)가 월등하고 그중에서도 고군산군도 인접지역의 어세가 비교적 많았음을 알 수 있다. 또한 선세(어세, 상세, 운반선 포함)의 상당부분이 어선세에 의해 충당된 것으로 추정한다면, 전라도에서의 해세는 거의 대부분이 어세로 이루어지고 있었다고 생각할 수 있다.

그 당시 해세의 규모는 삼남지방 중에서 충청도가 가장 적었으며, 전라도가 가장 많았다.[19] 그러나 그 규모는 균역해세 실시 당시인 즉 140년 전에 비해서는 격감된 것이었다.[20]

Ⅳ. 외국인의 어업상황

1. 중국인의 어업

중국인이 서해안에 내어(來漁)하기 시작한 기원은 확실치 않으나, 그들의 출현이 잦아지기 시작한 것은 청대에 넘어온 이후부터

19) 수산사편찬위원회, 『한국수산사』(1968), 121~122쪽.

20) 수산사편찬위원회, 위의 책, 122~124쪽.

인 것으로 추정된다.[21)]

서해안의 자연적 호조건으로 말미암아 그 연해는 원래부터 수산자원이 풍부하였지만 그 개발도가 낮았기 때문에 연해어장은 황금어장으로 널리 알려져 열강세력들의 관심권 밖에 방치되어 있을 수가 없었던 것이다.

개항 이후 제일 먼저 어업권을 획득하고 합법적으로 내어한 것은 청국어선이었다. 즉 1882년 8월 23일에 만들어진 조·중상민수륙무역장정에 의해 어업권을 획득하였는데, 이는 우리나라에서 외국에 부여한 최초의 영해어업권이었다. 청국인은 이 어업권의 획득 이전에는 물론 이후에도 반어반적적(半漁半賊的) 형태를 벗어나지 못했다.

즉 기록에 따르면 1880년에 청어선 70~100척의 선단이 군산 앞바다에 나타났는데 그 인원은 수천 명에 달했으며, 충청도와 전라도에 내침하여 어로를 차단하고 어망을 설치하였다. 이로 인하여 당시 만경 등지의 어민이 실업하는 상태까지 빚어내었다는 것이다. 또한 자의로 발포까지 하면서 연해민을 위협하며 어속(魚屬)을 탈거하고 때로는 구타까지 하였다 한다.[22)] 그리고 1888년에는 고군산군도에 청인이 내접하여 어장을 억탈하고 도민을 토색하자, 통리아문에서는 고군산 첨사의 보고를 들어 "청어선 수백척이 해마다 내도하여 어로함으로써 어업에만 의존하고 있는 도민이 도산한다"라고 하여 이를 설법하여 금해줄 것을 청국총리에게 요청한 바도 있다.[23)]

1908년 서해안에서 조업한 청국어선은 약 3,600척, 선원 2,900

---

21) 박구병, 앞의 책(1979), 207쪽.

22) 박구병, 위의 책, 203~206쪽.

23) 박구병, 위의 책, 207~209쪽.

명, 어획고는 50~60만 원 정도였다. 이는 모선식 경영형태였으며, 그 모선의 규모는 약 100t 정도가 대부분이었는데, 침실 · 어구실 · 염창 등의 제설비를 완비하고 출어 시 식량, 음료수 등도 충분하게 준비한 당당한 원양어선이었다. 그 모선에 적재부속어선 2척이 따랐으며 새우, 조기, 준치를 목적으로 한 주목망어업이 주로 행해졌다. 그 외 200척 정도의 조기풍망선이 선망 혹은 예망을 사용하였고, 갈치연승어선도 다수 출어하였다.[24]

2. 일본인의 어업

일본인도 개항 이전부터 한반도 연해에서, 청인의 밀어에 비해서는 소규모였으나, 이미 밀어를 계속해 왔다. 결국 1883년 조 · 일통상장정에 의해 조선통어권을 획득하였다. 이때 전라도 등 4개도가 개방되었는데, 당시 청어선의 왕래가 빈번하였던 서해안에 있어서는 청 · 일 양국의 충돌을 회피하기 위해 충청도 이북의 연안어장은 어구역에서 제외되었다. 그 후 청 · 일전쟁에서 일본이 승리함으로써 1900년 경기도에 이어 충청도 등 3도가 개방되는 등 한반도연안의 전 어장이 일본인에게 개방되고 만다. 그리고 조 · 일통상장정 이후 1889년 조 · 일통어장정이 만들어진 6년간은 일본인이 무세통어를 행하였다. 결국 조 · 일통상장정으로 인해 어업세가 지나치게 과소 책정되고 불법어업에 대한 처벌규정의 관내 등 불평등한 요소가 있었지만 이는 1909년까지 지속되었다.

1907년 군산세관자료에 따른 통어 상황을 보면, 승선인원 4명 이하의 선수가 4척, 승선인원이 24인일 때 요금이 24원이라고 기록

24) 吉田敬市, 앞의 책, 146쪽.

되고 있으며,[25] 아울러 등록하지 않은 밀어선이 상당히 횡행하고 있었음까지 지적되고 있다.[26]

한말 서해안의 일본인 어업은 안강망에 의한 조기어업이 두드러졌다. 그 개발 초기 즉 1900년대 위도에 있어서 안강망어선의 증가 상황을 표시하면 다음 〈표 3〉과 같다.

〈표 3〉 안강망어선 증가추세(위도)

연도	1900	1901	1902	1903	1904	1905	1906	1907
척수	4	2	75	105	208	257	311	509

자료: 吉田敬市, 『朝鮮水産開發史』(1923).

즉 1903년 이후 그 증가 척수의 추세가 대단하다는 것을 알 수 있고, 특히 후쿠오카(福岡縣)의 어업자 중에는 하룻밤에 1척당 2만 미를 어획하는 자도 있었다.[27]

그 외에 군산을 중심으로 하여 어청도에 거주하는 자로서 주로 안강망, 연승, 일본조어업에 종사하는 자가 다수 있었다. 이들의 안강망 어업은 4월 초기에 위도 부근의 조기를 대상으로 하여 5~6월경에는 고군산군도·연도·죽도 부근에서 조업하였고, 도미·갈치·준치 등을 포획하는 자는 연평도까지 조업하고 7월에는 일시 휴업하였다가 10월에는 다시 조업하여 11월에 이르렀다. 연승은 각종 어류에 응용하여 사용하였으며 특히 도미연승이 가장 많았다. 이 어업은 5월 상순에 죽도 근해에서 시작하여 12월에 고군산군도

25) 박구병, 앞의 책(1966), 315쪽.
26) 吉田敬市, 앞의 책, 13쪽.
27) 박구병, 앞의 책(1966), 301쪽.

에 이르렀다. 이 어업이 끝나면 가오리와 대구연승이 시작되고, 기타 농어 · 상어 · 갈치 등의 어업도 5월에서 11월까지 근해에서 행해졌다. 일본조는 농어 등을 대상으로 하여 5월경부터 각 연안에서 조업하고 11월에 끝났다. 또한 수조망 등을 사용하여 5월에서 7월 사이에 연도, 죽도, 고군산군도 및 금강 부근에서 조업하였다.[28)]

한편 일본은 청 · 일전쟁 이후부터는 통어에서 한걸음 나아가 이주어촌건설 형태의 어업이민정책을 전개시켰다. 이에 대한 예비조사를 하기 위하여 파견된 농상무성 기사 下啓助와 山脇宗次의 보고에는 "차제에 어민을 이주시키는 것은 긴급한 요무라고 믿는다. 연해의 주요한 곳을 택하여 그곳에 어민의 촌락을 형성하면 일시적 통어자와는 달리 각종의 어업이 자연적으로 점차 개발될 것이며, 그 촌락에 적당한 시설을 갖추게 되면 통어자에게도 수요품의 공급, 어류의 판매제조 등 적지 않은 편의를 제공할 수 있게되므로 이주어업은 간접적으로 통어의 장려도 되는 것이다."[29)]라고 하여 이주어촌건설의 중요성을 지적하고 있다. 이 지역의 어업근거지 및 이주어촌의 설치상황을 살펴보면 다음과 같다.[30)]

1) 어청도 어업근거지

이 섬은 군산에서 60여Km 떨어진 곳으로 일찍이 청국인에 의해 산림이 남벌되었다는 기록이 있으며, 일본 통어민의 근거지가 되었다. 이 섬은 일본 및 남해안의 여러 항에서 인천 등 북쪽 항으로 향하는 항로의 요충지이자 상선이나 어선의 기항지로 좋은 곳이기도

28) 掘江銀之助, 앞의 책, 26~31쪽.

29) 下啓助 · 山脇宗次, 앞의 책, 2쪽.

30) 下啓助 · 山脇宗次, 위의 책, 2~18쪽.

하였다. 또한 그 근해는 연중어업이 이루어지는 호어장이었다.

일본인 통어선의 첫 기항은 1890년에 잠수부가 그 효시이고, 그 후 도미연승, 삼치유자망어업의 근거지가 되었으며, 청·일전쟁 후부터 자유이주자가 소수 있었다. 1903년 인천에 이주하던 加味榮太郎이 이주어가를 건설하여 20호를 이주시켰고, 다음해에 이들 이주자들은 정어리 지인망을 창시하였다. 1907년경에는 이주자가 한층 증가하여 어가 26호, 상가 14호 등 거주자가 170여 명에 이르는 등 서해안 굴지의 이주촌이 되었다. 그리고 경지와 산림 2,500평을 확보하여 반농반어적 경영을 하였고, 이후 축항도 완성하여 이주어촌으로서의 면모를 갖추었다(부록의 어청도 일본인 어주어촌 관련 자료 참조).

2) 군산 이주촌

군산항은 1899년경부터 도미연승 통어자의 근처지로 많은 어선이 기항하였다. 군산항이 개항되던 같은 해에 일본 후쿠오카현의 어업장려협회는 군산의 서빈과 충남의 용당에 이주어가 43호를 건설하였고, 1905년에는 遠山亀三郎이 후쿠오카현 어민 30호를 거느리고 이주했다. 이는 서해안에서 최초이자 최대의 보조이주자어촌이었다.

1901년에는 사가현(佐賀縣) 안강망 어업자를 권유하여 군산부내 경포리에 어업자를 이주시켰는데, 이는 좌하현의 한해출어조합에서 경영한 것으로 1동 60호 분과사무소를 설치하고 감독도 두었다.[31] 그 후 1908년에는 11호분을 건립하여 7호를 이주시켰으나 1912년에는 4호로 감소되었다. 한편 1907년에 후쿠오카현 풍전수

31) 農商工部水産局, 앞의 책 第3輯, 551쪽.

산조합(豊田水産組合)은 어사 27호를 건설하고 1911년에 15호를 이주시켰다.

또한 군산부내 경포리에 나가사키현(長崎縣) 이주촌이 건설되었고, 충남 장암리에 장기현 경영의 이주촌이 건설되기도 하였다.

군산항에 기항하는 일본통어선의 대부분은 안강망, 도미연승, 삼치유자망으로, 안강망어선은 후쿠오카 · 나가사키현 등의 것이 많았고, 연승은 구마모토(熊本) · 고가와(香川) · 나가사키현, 삼치유자망은 고가와 · 후쿠오카 · 사가현 것이 많았다. 그리고 군산에 정착한 어부는 안강망을 이용하여 주로 도미를 어획하고 금강에서는 뱀장어 등을 잡았다.

군산항 개항 초기 일본인의 거류민 수는 다음 〈표 4〉와 같다.

〈표 4〉 군산항개항초기의 일본인 거류민 수

연수 \ 호수 · 인구	호수	인구		
		남	여	합계
1899	72	158	98	256
1900	131	255	167	455
1901	171	278	195	473
1902	187	352	217	569
1903	302	757	498	1,255
1904	361	701	561	1,262
1905	421	908	712	1,620
1906	569	1,120	930	2,050
1907	724	1,478	1,226	2,704
1908	904	1,751	1,588	3,339
1909	902	1,832	1,611	3,443

자료: 農商工部水産局, 『韓國水産誌』 第3輯(1908).

이들은 1908년경 군산부 인구의 약 50% 정도를 차지하고 있었다.

V. 수산물 유통기구

한말에 수산물의 집산과 판매를 담당했던 주요 유통기구로는 객주, 출매선, 어시장이었다. 이에 대해 좀 더 자세히 살펴보기로 하자.

1. 객주

조선시대의 상품유통과정에 있어서 상층부의 위치를 차지하고 중추적 역할을 담당한 것은 전기적 상업자본을 대표하는 객주였으며, 수산물의 유통과정에 있어서도 역시 그러하였다.

객주의 본업은 상품의 매매였으나 동시에 창고업, 위탁판매업, 운송업, 은행업, 여숙업 등의 복잡한 기능을 겸하고 있었다. 주요한 유통기관으로서의 객주가 이와 같이 다종다양한 부수적 기능을 불투명하게 겸하고 있었던 것은 유통경제의 미발달 및 교통의 불편 등 사회경제적 특수성으로 말미암아 당시의 상업이 운송, 저장, 금융, 여숙업 및 기타 제 기능과 밀접한 관계에 있었기 때문일 것이다. 이러한 객주의 활동은 조선 말에 이르러 절정에 달했는데, 특히 개항장에서 외국상인을 상대로 하는 상업에서 주요한 역할을 담당하였다.[32)]

서해안 조기어업과 객주의 관련성을 보면, 어획물의 집산지 즉 출매선의 근거지에는 옛날부터 존재하였고, 어류의 위탁판매, 운송

---

32) 박구병, 앞의 책(1966), 185쪽.

업자에 대한 자금대부, 수산관계자를 숙박시켜 거래중개의 편의를 도모하고, 어획물의 보관도 맡아서 하는 등 주로 수산물의 거래나 자금면에 직접 중대한 관계를 맺고 있었다.

객주와 어류운반선과의 관계를 보면, 운반업자는 그 자금을 객주로부터 차입하고 그 대신 운반물을 객주와 특약하는 것이 관행이었다. 그 이자는 최고 2할 4분, 보통 1할 2분이었고, 별도로 위탁판매수수료 1할을 징수하였는데, 어류는 특히 할인해서 거래했으므로 객주는 이중삼중의 이익을 취하고 있었다.

객주와 어선 사이를 보면, 객주가 운반선에 자금을 대부하고, 운반선은 다시 어선에게 대부했으므로 간접적 관계였다.[33)]

이처럼 전기적 상업자본의 어민수탈은 고리대자본의 기능과 결합하여 강력히 수행되었다. 즉 전기적 상업자본존재의 일형태는 고리대자본으로, 고리대자본은 전기적 상업자본과 그 존재의 지반 및 이해를 같이하고 대부분의 경우 그와 동일한 개별자본으로 나타나는 것이므로 전기적 상업자본이 그 가치증식과정을 보다 완전한 것으로 하기 위해서는 고리대를 겸함으로써 그러한 역사적 역할을 했던 것이다. 객주의 고리대자본은 더 나아가 전대제로까지 진전하였다.

수산물의 유통과정에 있어서 특히 객주의 의존도가 높았던 이유는 수산물이 극히 부패하기 쉬운 비내구성 상품이므로 때와 장소를 잘 선택하여 신속히 판매되지 않으면 안 되었기 때문일 것이다. 즉 독립 분산적으로 영세어업에 종사하는 어업자는 경영규모가 영세한 탓에 시장사정에 어두운 그들 스스로가 유통과정에 많은 정력과 시간을 소비하는 것은 경제적으로도 불리하였기 때문이었다. 그리하

---

33) 吉田敬市, 앞의 책, 154~155쪽.

여 당시 어업은 전기적 상업자본 지배의 가장 전형적 기반이 되었으며, 객주는 그들이 기생할 호적한 기반을 어업에서 발견하고 영세규모의 어업경영에 종사하는 어민층에 군림하여 수산물의 유통과정에서 영세어민의 잉여생산물을 남김없이 수탈하였던 것이다.

당시 어류집산의 최대 중심지는 원산·마산·강경이었으며, 강경은 서해안을 대표해서 주로 조기를 취급했다. 강경의 어류집산 상황은 1903년 임구생의 조사보고에 의하면 연간 평균 약 38만 원이었는데, 그 4할은 조기, 2할은 갈치였다. 그리고 당시의 집하물은 대부분 조선인이 어획한 것으로서 강경지역 12호의 객주가 이를 처리했다. 이곳의 객주는 어류전문이 아니고 곡류잡화를 겸영하고 있었다. 또 중매인은 객주로부터 하수하여 다른 소매업자에게 매각하는 일이 드물고 대부분 직접 소매를 했으며, 염건어는 시장에 매출하거나 자가(自家)에 저장하여 고객을 기다리는 것이 보통이었다.[34)]

개항과 함께 외국상품이 개항지를 통해 들어옴에 따라 외상과 거래가 잦은 객주는 객주회라는 상인길드(merchant gild)를 조직하고 있었다. 다음은 부안군 줄포의 예이다.

> 수산물의 거래는 객주의 손에 의하여 행해진다. 객주는 5호가 있는데 그 수에는 제한이 있어서 임의로 개업할 수 없다. 그러므로 새로 개업하고자 하는 자는 그 주를 양도받지 않으면 안된다. 그 가격은 객주의 거래처 여하에 따라 상이하다.
>
> 지도군제도와 거래하는 것을 군산주인, 공주군각지와 거래하는 것을 원산주인, 부안군각지와 거래하는 것을 호암주인, 비인부 각지와 거래하는 것을 비인주인, 열군각지와 거래하는 것을

34) 吉田敬市, 위의 책, 155쪽.

웅호주인이라 칭하고 그중 군산주인이 가장 고가로 만 원의 가액을 갖는다.[35)]

이처럼 일정한 거래처를 확보하고 상업이윤을 독점적으로 취득할 목적으로 중세 '길드'적 정신에 의거하여 상호결합단결하고 동업자수를 제한함으로써 객주업은 하나의 권리주화하였던 것이다.

2. 출매선(빙장선)

빙상은 육상과 반대로 선박을 교통수단으로 하는 행상을 말한다. 특히 수산물 유통과정에 있어서 중요한 역할을 수행한 것은 수상의 범주에 속하는 출매선이었다. 이것은 어업의 조업장소가 수계라는 특성에서 생긴 어업특유의 유통기관이었다. 소규모 어업에 종사하는 어선이 생산물을 직접 육지에 운반하여 판매하는 경우는 예외에 속하나 그 외의 수산물은 대부분 출매선의 손을 거쳐 판매 처리되었다. 출매선에 의한 어획물유통이 가장 활발했던 것은 서해안중심의 조기어업이었다. 한말 서해안의 조기어업에 있어서 출매선의 성황을 보면 다음과 같다.

조기의 판매방법은 먼저 출매선의 손을 거쳐 인근시장에 운반된 후 각 지방에 분수(分輸)된다. 출매선은 대개 어선에 대하여 자금을 전대하고 출어 시에는 항상 이에 부수되는데 어장에 이르러 어획하는 옆에서 이를 매수한다. 어선은 절대로 그 특약 출매선 외에는 마음대로 매도(賣渡)하는 일이 없다. 출매선이 어획물을 매수할 때에는 조기 1,000미를 700미로 계산한다. 즉, 300미

---

35) 農商工部水産局, 앞의 책 第3輯, 448쪽.

> 는 대부금의 이자로 수득한다. 때에 따라 1척의 어선에 3척 내지 5척의 전대 출매선이 있다. 그들은 그 어선의 주위에 정박하여 순번으로 어획물을 매수한다. (중략) 출매선이 수송 판매하는 곳은 칠산리에 서는 법성포, 군산 및 강경이었다. 출매선은 생선 그대로 시장에 수송하지만 계절 혹은 장소에 따라 선중에서 염장하는 수도 있다. 염장품은 대개 선어보다 고가로서 어기 외의 경우에는 종종 10배 이상에 달하는 수가 있다. 특히 추계에는 김장용 등으로 가장 수요가 많다. 그러므로 자력이 풍부한 객주는 대통에 염장 밀봉하여 값이 오르는 시기를 기다려 방매한다.
>
> 어가는 평균 1미 5, 6장 내지 15~16장, 염건한 것은 20미를 일련으로 하여 그 가격은 100장 내지 120장이었다.[36)]

여기에서 보면, 출매선은 대개 일정량의 어획물을 확보하기 위하여 어선에 대해 전대를 통하여 어획물의 전매권을 장악하는데, 이는 유통을 통한 생산의 지배라는 형태임을 알 수 있다. 또한 조기 1,000미를 700미로 계산하여 매수하였다. 그만큼 전대한 자금에 대한 이자는 극히 고율이었다. 그리고 한 어선에 많은 것은 5척의 전대 출매선이 있었을 정도로 출매선의 상행위는 활발하였다.

이러한 출매선 중에는 빙장운반법을 사용하는 빙장선이 있었다. 이의 경영형태는 3종류가 있었다.

① 자본가 자신이 경영하는 것
② 단순히 대금을 받고 빙장운반을 행하는 것
③ 타인에게 자금을 차입하여 경영하는 것

①은 자본가 자신이 배를 운영하여 어획물을 집하 · 운반하는 것

36) 農商工部水産局, 위의 책 第1輯, 228~229쪽.

이고, ②는 경우에 따라 운반료가 상이하나 8인 내지 10인승의 선형범선인 경우 보통 200원 정도였다. 단 선원의 급료와 식량을 제외하고 일체의 비용은 중매업자의 부담으로 했다. ③의 경우는 이자 3~4분을 지불하고 수송비를 공제하고 잔금이 있다면 이를 출자자와 절반씩 나눠 갖는 경영법이었다.[37)]

죽도에는 위의 ①의 형태로 매년 8척 내지 12척의 배를 운영하는 자가 있었다 한다.[38)] 한말에 있어서 빙장선은 매년 90척 내외가 취항했고, 1척 적재 수는 10만 미 내지 16만 미, 비빙장선은 30만 미 내외였다 한다. 그리고 출매선(빙장선)이 집하한 어획물은 대개 소비지 또는 집산지의 객주에게 인도되었다.[39)]

3. 군산해산주식회사(어시장)

한말 일본인의 한해통어가 활발해짐에 따라 그들의 어획물을 판매하기 위하여 설립된 것이 어시장이다. 이는 전국 각지에 설립되었으며, 상술한 유통기관과는 달리 수산물의 근대적 유통기관이라 할 수 있다.

군산해산주식회사는 1907년 일본인 大澤藤十郎에 의해 설립되었다.[40)] 이 회사는 해산물의 위탁판매사업만을 행하였고, 위탁수수료는 운반선의 선어나 염어의 경우 8보로 하였다. 중매인은 어획물의 견본을 보고 나머지 가격을 정하고, 어획물을 저당한 판로에 수송한다. 여기에서 하양비는 하안에서 시장까지 1지게에 1전 정도였

37) 吉田敬市, 앞의 책, 151쪽.
38) 下啓助 · 山脇宗次, 앞의 책, 68쪽.
39) 吉田敬市, 앞의 책, 150~153쪽.
40) 박구병, 앞의 책(1966), 205쪽.

고, 1지게는 조기 약 400미를 운반할 수 있었다. 하주와 위탁자와의 정산은 당일 계산하고, 중매인과 회사 간에는 10일 이내로 했다. 중매인은 신원보증으로서 현금 25원 또는 이에 상당하는 유가증권의 제공을 요구하는데, 그 수는 27명으로 제한되었으며 대다수는 그 회사의 주주였다. 어업자의 장려방법으로 1년의 이송륙액이 1,000원 이상인 자에게는 사기(社旗) 1, 주(酒) 1준(樽)(5승)을 상여하고, 중매인의 장려방법으로서는 1개년 매상고의 1보 5리를 상여했다.

이 어시장의 양륙액 및 주요 어류의 가격을 표시하면 〈표 5〉, 〈표 6〉과 같다.

〈표 5〉 군산어시장 어류 양륙액

월 \ 연도	1907	1908
1	–	2,534
2	–	1,184
3	–	2,018
4	4,398	4,849
5	6,281	8,112
6	7,055	5,498
7	2,553	2,687
8	1,657	1,789
9	2,184	2,104
10	2,473	2,628
11	2,073	2,517
12	1,682	1,949
합계	30,356	37,868

자료: 農商工部水産局, 『韓國水産誌』 第1輯(1908).

〈표 6〉 군산어시장 어류별 양륙액(1906년)

어종	금액(원)
도미	8,774
삼치	4,563
농어	1,180
가오리	1,185
넙치	399
전어	1,049
갈치	1,303
조기	1,292
숭어	815
상어류	2,760
뱀장어	3,500
금두어	795

자료: 農商工部水産局, 『韓國水産誌』 第1輯(1908).

또한 이 어시장의 주요 판로는 인천, 군산, 강경, 웅포, 부안, 논산 등 금강하류 일대였다.[41)]

Ⅵ. 결어

지금까지 한말시기 고군산군도 인근지역의 수산업에 대해서 사적 변천을 검토해보았다. 이를 요약하면 다음과 같다.

당시 이 지역의 어업은 반이동성 어구·어법의 형태를 벗어나지

41) 農商工部水産局, 앞의 책 第1輯, 425~456쪽.

못해, 그 경영 면이나 기술 면에 있어서 영세의 단계에 머물고 있었다. 한편 중국, 일본 등의 열강들은 일찍이 이곳의 어장을 탐내 출어하여 반어반적적 형태로 어획했으며, 더욱이 어업권을 획득하여 자유로이 수산자원을 남획하고 우리 어민에 대한 갖가지 횡포를 자행하여 어장을 침식시켰다. 또한 대규모화한 어선과 근대적인 어구·어법으로 어획하여 이곳의 어장은 그들의 독무대였다 해도 과언이 아닐 정도였다.

계다가 국내적으로는 국가재정의 궁핍으로 인해 어민은 막대한 징세를 요구받았으며, 자본력 부족으로 인하여 고리대금업자인 객주나 출매선의 횡포에서 벗어나지 못한 채 어업은 악순환을 계속하면서 그 영세성을 탈피하지 못하고 있었다. 이 지역 어업발전의 저해요인 가운데 중요한 것이 바로 여기에 있었다고 생각된다.

당시 수산제조업은 염장·빙장·일건법 등의 저차 가공단계를 벗어나지 못했으며, 양식업은 거의 전무한 상태에 있었다.

수산물유통에 있어서 주요 기구에는 객주, 출매선, 어시장이 있었다. 객주는 어업에 대해서 자금대여, 집산, 보관, 운수, 숙박 등의 기능을 수행하면서 어민을 수탈하였고, 출매선은 영세어업에 전대하여 어획물에 대한 특약을 맺게 함으로써 어민을 자의적으로 이용하면서 수산물의 집산을 수행했다. 그리고 근대적 유통기구라 할 수 있는 해산주식회사 어시장이 군산에 설립되어 서해안 일대 및 기타지역에 대한 수산물의 유통을 담당했다.

한말시기 고군산군도지역 수산업 상황이 이후 어떻게 변화되었는가에 대해서는 향후 지속적인 연구가 진행되어야 할 것이다.

참 고 문 헌

군산시수산업협동조합, 『군산수산50년사』(1984).
堀江銀之助, 『朝鮮之水産』(1923).
吉田敬市, 『朝鮮水産開發史』(朝水會, 1952).
農商工部水産局, 『韓國水産誌』 第1 · 3輯(1908).
박구병, 『한국수산업사』(태화출판사, 1966).
박구병, 『한국어업사』(정음사, 1979).
수산사편찬위원회, 『한국수산사』(1968).
下啓助 · 山脇宗次, 『韓國水産業調査報告』(1905).

제2장 일제강점기의 수산업

Ⅰ. 서언

일본인이 본격적으로 한해침습을 시도한 것은 러일전쟁 당시로 소급된다. 일제는 전쟁의 발발과 더불어 강압적 수단으로 한·일의정서와 제1차 한·일협약을 체결함으로써 한해침어의 노골적인 수법을 자행하였다. 가장 대표적인 예로는 통어단을 구성하여 한국연안의 수산자원을 수탈하여 갔으며 일본어민들을 집단으로 거주토록 하는 이주어촌을 건설하여 수산업분야에 종사토록 하였다는 것을 들 수 있다.[1)]

마침내 1910년 8월 우리나라는 한·일조약에 의해 일본의 독점적 식민지로 전락하고 만다. 이로부터 일본은 통치기관인 조선총독부를 설치하여 총독정치를 시작한다. 이로써 그동안 명목상으로나마 유지되어 오던 우리의 수산행정권마저도 소멸되고 만다.

이후 일본은 이른바 산업개발이라는 명목으로 수산분야까지 면밀한 조사를 실시한다. 즉 한해의 어업, 양식, 제조를 비롯하여 자원에 이르기까지 광범한 조사작업을 시도한다. 동시에 일본인들은

1) 김수관 외, 『서해안의 주산업에 관한 사적고찰(Ⅰ)』(1985), 36쪽.

삼면연해에 골고루 침투하여 어업종은 물론 어장까지도 완전 독점하다시피 하였다.

일제 36년간을 통하여 우리나라는 일본의 식량 및 원료공급지로서 또한 일본공업제품의 시장으로서 일본경제에 크게 공헌하였다. 총산업 가운데 수산업이 차지하는 비중도 해마다 증가하여, 강점 직후에는 수산업의 비중이 보잘것없었으나 해를 거듭함에 따라 그 비중이 커져 농업과 공업에 다음가는 중요한 산업이 되었다.[2)]

따라서 여기에서는 일제 강점기 고군산군도지역의 수산업 상황과 변천과정을 고찰하여 향후 서해안지역 수산업에 관한 통사의 연구에 밑거름이 될 기초자료를 제공하고자 한다.

Ⅱ. 수산업의 개황

1. 어업

1) 어장의 형성과 특징

① 어장의 형성

한말 이후 일제시대에 있어서 서해안 중부의 주요어장은 고군산군도, 죽도, 연도, 칠산도, 위도, 어청도, 진도, 호도, 마량동, 천수만 근해어장으로 이루어져 있었다.[3)]

특히 고군산군도는 금강 · 만경강 · 동진강의 하구에 위치하고 있

2) 박구병, 『한국수산업사』(태화출판사, 1966), 331쪽.

3) 下啓助 · 山脇宗次, 『韓國水産業調査報告』(1905), 32~33쪽.

으며, 남으로는 칠산도 · 위도어장, 서로는 어청도어장, 북으로는 죽도 · 연도 · 천수만 등 좋은 어장이 형성되어 있었다.

〈표 1〉 주요 수산물 어기, 어장 및 어구

수산물	어기	성어기	주요어장	주요어구 및 어선
미역	3~8월	4~5월	어청도, 고군산도	간권염(竿捲簾)
김	1~4월	2~3월	어청도, 고군산도	수조망
해삼	3~8월	5~7월	어청도 근해	나잠 잠수기
상어	8~11월	5월 중순	어청도, 고군산군도	안강망, 중선망, 연승, 유승
가오리	주년	1~3월	어청도, 고군산군도, 줄포	연승, 연승공조안강망
넙치	5~8월	6월	어청도, 고군산군도, 죽도	수조망, 공조, 기선저인망
고등어	6~10월	6월	어청도 근해	유망, 건착망
멸치	7~10월	8~9월	어청도, 고군산군도	지인망, 분기망
조기	4~1월	5~6월	어청도, 고군산군도, 죽도, 연도 근해 일대	연승, 안강망, 주목망, 어전
삼치	5~6월	5월	고군산군도, 죽도, 연도	유망
대구	11~3월	12~1월	어청도, 고군산군도	연승
도미	5~11월	5~6, 9~11월	죽도, 고군산군도, 어청도	연승, 일본조
청어	4~11월	5~10월	죽도, 고군산군도	수조망, 기선저인망
전광어	6~7, 10월	6월	어청도 근해	유망, 건착망, 어전
새우	주년	5~9월	금강, 만경만, 줄포	예망, 안강망
숭어	11~3월	11~1월	금강	안강망
참장어	5~9월	6~7월	고군산군도, 안마도 근해	연승, 안강망
가사리	4~9월	6~7월	어청도, 고군산군도	유망, 건착망

병치	6월	6월 중순	금강하구	유망, 안강망, 중선망
민어	4~8월	5월	금강하구	연승, 안강망, 중선망
홍어	12~3월	12~2월	어청도 근해	연승, 안강망, 중선망
오징어	5~6월	5월	고군산군도, 죽도, 줄포만	오징어 연승
뱅어	4월	4월 중순	금강강내	미중선
갈치	5~6, 8~10월	6월	고군산군도, 연도, 어청도 근해	안강망, 연승, 유망

자료: 『조선총독부 통계연보』(1938).

1938년의 『조선총독부 통계연보』에 따라 고군산군도 인근지역의 주요수산물 어기, 어장 및 어구를 살펴보면 〈표 1〉과 같다.

즉 이곳은 타 해구에 비해 수심이 얕고 조류가 급하며, 오탁이 심하고 플랑크톤의 양이 적지만 계절에 따른 수온의 변화 또한 상당히 심하여 어군이 적수온을 찾아 회유하는 어장이었다.

서해의 대표적 어족이었던 조기를 비롯하여 민어, 갈치, 삼치, 고등어 등을 대상으로 한국재래의 중선망, 주목망, 지인망과 일본에서 전래된 안강망, 연승 및 유자망 등 각종 어업이 성행했다.

수온이 낮은 겨울에는 수온이 높은 서해의 남부해역에 남하하여 월동(越冬)하던 어족이 봄철에는 수온이 높아짐에 따라 북상, 산란하기 위해 회유해옴으로 4월 초부터 중순까지 금강에서 뱅어가 다획되고, 고군산군도를 중심으로 한 인근지역에서는 4월 중순부터 조기 · 도미 · 갈치를 대상으로 안강망 어업의 어기가 시작되어, 5월과 6월에는 삼치 · 고등어 · 갈치를 대상으로 하는 유자망어업과 도미 · 청어 · 오징어를 대상으로 하는 연승어업의 성어기가 된다.

수심이 얕은 연안에서 수온이 높은 6, 7월에는 어족이 외해로 분산하여 휴어기가 되나, 8월 이후에는 가을철 어장이 일시 이루어진다. 특히 비교적 수심이 깊은 어청도 근해에서는 10~12월에도 도미, 홍어, 대구를 대상으로 하는 연승어업이 이루어졌으나 자원이 풍부하지 못하여 주로 영세한 한국인에 의해 행해졌으며, 금강하구에서는 소형안강망, 중선 등으로 연중 조업이 행해졌다.

또한 3~8월에는 고군산군도와 어청도 근해에서 가자미 · 넙치 등 저서어족이 수조망과 기선저인망에 의해 출산되었고, 천연미역과 김이 소량 생산되었다.

② 어장의 특징

이곳은 지형지세, 해황, 어법 및 수산물 유통상 다른 해구에 비해 다음과 같은 특징을 가지고 있다.

㉠ 육지의 경사가 완만하여 수심이 얕고 조석간만의 차가 심하여 간조 시에는 방대한 간석지가 형성된다.

㉡ 해안선이 복잡하고 도서, 하천 등이 많으므로 각종 수산 동식물의 은신처가 되어 많은 어족의 산란장과 서식장이 이루어져 있다.

㉢ 군산항, 강경항, 줄포항 및 어청도, 죽도, 위도와 같은 근거지를 갖고 있기 때문에 정박 및 수산물의 판매와 각종 자료를 구입할 수 있는 좋은 입지조건을 갖고 있다.

㉣ 강한 조류를 이용하는 어법인 주목망, 궁선망, 중선망, 안강망 등이 발달하였다.

㉤ 조기와 같이 집단적 어군을 형성하여 이동하는 어족을 대상으

로 하는 어업이 계절적으로 이루어지므로 어기가 비교적 짧게 형성된다.[4)]

ⓑ 외해는 조류의 영향이 적고 수심이 비교적 깊으므로 고등어, 전갱이, 삼치 등을 대상으로 하는 유망, 건착망어업과 저서어족을 대상으로 하는 저인망어업의 좋은 어장을 이룬다.

ⓢ 흑조 해류의 한 갈래인 황해 온류와 북에서 서해연안을 따라 흐르는 한류인 한국연안류가 흐르고 있으며, 특히 금강 · 만경강 · 동진강 하류는 하계에 염분의 함유량과 투명도가 낮다.

이상과 같은 특징으로 인해 5~6월 동안 주요 어종에 대한 어업은 주로 일본인과 경남 · 전남 양지에서 출어하는 어선으로 성업을 이루나, 그 외의 어기는 영세한 지선 한국인에 의해 금강하구나 연해 및 도서 주변에서 연중 조업이 행해졌다.

2) 주요 어구 · 어법

이 시기에는 일본 이주어민에 의한 어업이 활기를 띠었는데, 이때부터 부분적 현상이기는 했으나, 일부 한국어민들은 한국구래의 어구 · 어법에 비해 능률적인 일본식어구 · 어법을 모방습득하기 시작한다. 즉 일본인 어업자에게 고용되어 있는 동안에 자연히 그들의 어구 · 어법을 습득하여 도입하게 되거나 일본인이 사용하던 고어구와 고어선을 구입하여 일본식어구 · 어법을 사용하게 되었던 것이다. 그렇다고 하여 이로 인해 한국 구래의 어구 · 어법에 의한 어업이 수량적으로 대폭 감소되었던 것은 아니었다. 이때는 오히려 한국구래의 어구 · 어법의 개량발전이 병행되었다.[5)]

4) 이병기, 『연근해어업개론』(태화출판사, 1983), 299쪽.

주요 어구 · 어법은 다음과 같다.

① 안강망

안강망은 한 · 일합방 이후 한국에 보급된 어구 · 어법 중에서 가장 많이 보급된 것이다.[6] 그 이유에 대해 吉田敬市는 『朝鮮水産開發史』에서 다음과 같이 열거하고 있다.

㉠ 적지적구의 이점을 발휘한 점이다. 즉 어구의 발상지인 일본의 유명해(有明海)는 일본 최대의 간만차가 있는 곳인데 거기에서 발달한 안강망을 그곳과 유사한 해황조건을 지니고 있는 서해안에 이용했다는 것이 성공의 최대 원인이었다.
㉡ 안강망은 그 구조가 간단하고 취급이 간편한 동시에 능률적이며 소자본으로도 상당한 수익을 획득할 수 있으므로 영세한 한국인어민에게 환영받게 되었던 것이다.
㉢ 한국인은 이와 어구 · 어법이 유사한 중선망, 주목망 등을 서해안의 조기어장에서 일찍이 사용하고 있었기 때문에 안강망어구 · 어법에 대한 기술적 소화가 빨랐다.
㉣ 한국인은 일본인 안강망업자에게 고용되어 그 기술을 습득하였고 그들로부터 고선, 고어구를 염가로 구입할 수 있었다.[7]

안강망은 이와 같은 이유로 급격히 보급되어 서해안에 알맞게끔 개량되면서 변천을 거듭하였다. 그리고 이 어업은 끝까지 한국인이 주도권을 장악하고 있었던 어업으로서 타 어업에 비해 더 큰 역사

---

5) 박구병, 앞의 책, 332쪽.
6) 수산사편찬위원회, 『한국수산사』(1968), 299쪽.
7) 吉田敬市, 『朝鮮水産開發史』(朝水會, 1954), 290쪽.

적 의의를 지닌다.

1900년 일본인에 의해 위도 근해에서 4척의 안강망어선이 조업을 시작한 이래로[8] 그 척수가 급증하다가 1933년의 5,530척, 1936년의 6,802척, 1939년의 7,678척으로 증가했다. 1924년의 어획고는 283만 원, 1926년에 381만 원, 1929년에 498만 원이었다.[9]

4월 초에 전남 및 위도 근해에서 조기어업으로 북상하여 5~6월경에는 고군산군도, 연도, 죽도 근해에서 도미, 갈치, 준치 등을 어획하고 또한 연평도 조기어업에 종사하다가 7월에는 휴업하고 11월에 어기가 끝난다.

소규모 안강망 어업자는 연안이나 하구에서 새우, 잡어를 대상으로 조업하였다. 1942년에 새우안강망의 선수는 2,397척, 종업인원 22,036명, 어획고 4,715천 원 정도였다.[10]

② 연승

명태연승 이외는 모두 일본에서 전래된 것으로 추정되며[11] 도미, 갯장어, 붕장어, 상어, 대구, 가오리 등의 연승을 주로 하여 그 종류가 30여 종에 달하였다.

이 어업은 서해안에서는 도미연승이 가장 성황을 이루었다. 5월 상순에 죽도 근해에서 시작되어 12월 상순에는 고군산군도에서 끝이 났다. 동계에는 가오리 및 대구연승어업이 이루어지고 민어, 상어, 갈치 등에 대해서는 5~11월까지 각처에서 이루어졌다.[12]

8) 김수관 외, 앞의 책, 35쪽.
9) 박구병, 앞의 책, 354~355쪽.
10) 조선총독부, 『조선수산통계』(1942), 42~43쪽.
11) 박구병, 앞의 책, 339쪽.
12) 군산시수산업협동조합, 『군산수협 50년사』(1984), 278쪽.

1939년 『조선총독부수산통계』에 의한 전갱이의 어획고는 충남이 129천 관, 전북이 95천 관이었고 고등어는 각각 24천 관, 39천 관이었다.[13]

③ 수조망

일본에서 전래된 어구·어법으로서 어획능률이 좋고 소자본과 소수인원으로 조업이 가능하여 5~7월에 주로 고군산군도·죽도·연도 근해에서 도미, 가자미, 넙치 등을 대상으로 조업하였다.[14]

④ 유자망

예로부터 명태·삼치·조기·게 등을 대상으로 하는 저자망만 있었으나,[15] 1911년부터 고등어·삼치·준치 등을 대상으로 하는 유자망이 급증하였다. 이 어업은 5~7월에 주로 삼치유자망은 고군산군도·죽도·연도 근해에서, 준치유자망은 금강 부근에서 조업이 이루어졌다.[16]

⑤ 일본조

원래 명태·갈치·조기·낙지·일본조 등이 있었으나, 일본인의 통어 이래 고등어·삼치·도미·농어·감성돔·오징어일본조 등이 성행했다. 서해안에서는 도미, 농어, 조기, 삼치를 대상으로 5~6월경에 각 어장에서 조업이 시작되어 11월경에 끝났다.[17]

---

13) 吉田敬市, 앞의 책, 310쪽.
14) 神田獻二, 『漁業一般』(成山堂, 1961), 168쪽.
15) 박구병, 앞의 책, 338쪽.
16) 군산시수산업협동조합, 앞의 책, 278쪽.
17) 군산시수산업협동조합, 위의 책, 278쪽.

⑥ 지인망

소형은 주로 멸치를 대상으로 했으며 대형은 도미, 전어, 삼치 등을 대상으로 하여 오식도, 내초도, 어청도에서 조업하였다.[18]

⑦ 기선저인망

일본에서 전래되었으며 타뢰망에서 발달된 어구·어법으로서 1919년부터 10통이 허가되어[19] 고군산군도와 죽도를 중심으로 저서어족인 가자미, 넙치 등을 대상으로 이루어졌다.

⑧ 기타의 어구·어법[20]

그 밖에 전래의 주목망, 궁선망, 어전, 중선망 등은 일제 강점이후 30여 년 동안 그 수가 증가하며 이용되었고,[21] 일본인에 의해 독점되었던 고등어, 전갱이를 대상으로 한 건착망어업은 1930년부터 행해졌다.

3) 어선 및 어획고

① 어선

일제 강점 이후 서해안에서도 일본인에 의한 어업이 활발해짐에 따라 한국어선은 성능이 우수한 일본식으로 개량하거나 일본인으로부터 어선을 구입하여 그 수가 급증하였다.

한국과 일본의 출어선 수는 전국적으로 매년 증가하였다. 즉 1912

---

18) 군산시수산업협동조합, 위의 책, 279쪽.

19) 吉田敬市, 앞의 책, 336쪽.

20) 박구병, 앞의 책, 364쪽.

21) 수산사편찬위원회, 앞의 책, 305쪽.

년 한국인 및 일본인에 의한 출어선 수는 각각 10,502척, 5,653척이었던 것이 1932년에는 각각 62,249척, 14,714척으로 증가하였다.

1척당 어획고를 비교해 보면 일본어선의 우수성으로 차이가 많이 난다. 즉 1912년 한국어선과 일본어선의 1척당 어획고는 각각 459.9원, 643.2원이었으나 1932년에는 각각 411원, 1,402원으로 해가 갈수록 그 차이가 많아졌다.[22)]

이와 같은 상황에서 서해안 중부의 어선세를 알아보기 위하여 전북의 어선보유 현황을 알아보면 〈표 2〉와 같다.

〈표 2〉 1930년대 후반의 어선보유 현황(1939년 말 현재)

구분	무동력선					동력선			계
	소계	한국형	일본형	기타	증기선	발동선	총 톤수	마력	
전국 (A)	54,528 (2,676)	19,779 (1,136)	34,349 (1,438)	347 (99)	53 (3)	2,718 (1,228)	40,720.75 (1,991,247)	105,901 (4,142,630)	57,246 (51,151)
전북 (B)	817 (114)	68 (3)	749 (103)	 (8)		96 (16)	1,477.64 (5,554)	2,942 (111)	913 (130)
B/A (%)	1.50 (4.3)	0.34 (0.26)	218 (7.16)	 (8.08)		3.53 (1.3)	3.53 (1.3)	2.78 (0.27)	1.59 (0.2)

주: ( )는 제조 및 운반선.

자료: 『조선총독부수산통계연보』(1939).

이에 의하면 전북의 총 보유어선 910척 가운데 동력선이 약 10%, 무동력선이 약 90%로 무동력선의 보유율이 상대적으로 매우 높았다. 그리고 전국 어선보유 수 57,246척 중에서 전북의 어선 수는 910척으로 1.6%에 불과하나, 동력선은 96척(전국 2,718척)으로 3.5%

22) 박구병, 앞의 책, 371쪽.

를 차지했다.

1942년 일본형 어선의 보급상황은 〈표 3〉과 같으며 이때 충남과 전북의 일본형 어선의 보급률은 남해안의 전남과 경남에 비해 매우 낮은 상태였다.[23]

〈표 3〉 1940년대 초기의 어선보유 현황(단위: 척)

	총수	무동력선								유동력선		
		미등록선					등록선			미등록선		등록선
		등록 예정선		기타								
		10톤 미만	10톤 이상	한국형	일본형	기타	30톤 미만	50톤 미만	50톤 이상	등록 예정선	기타	10톤 이상
전국	65,156	5,296	3,121	14,458	36,625	2,368	6	2	2	2,558	335	384
전북	1,092	114	157	69	623	–	–	–	–	115	–	14
충남	1,438	34	164	234	923	31	–	–	–	33	19	–

자료: 『조선총독부통계연보』(1942).

이처럼 일제 강점기 우리 어민에게 일본식어구·어법이 많이 보급되었으나, 동시에 한국재래식어구·어법도 수적 증가를 보였다. 왜냐하면 영세어촌에서는 일본형 어선의 선장이 귀하고, 일본형 어선의 수리도 불리하고 또한 선가도 고가였기 때문이었다.[24] 그리고 한국재래의 어업에는 한국형 어선이 오히려 더 적합한 점이 있

23) 수산사편찬위원회, 앞의 책, 310쪽.
24) 수산사편찬위원회, 위의 책, 311쪽.

었던 것을 간과할 수 없다. 지선연안의 천해에서 행해진 한국구래의 영세어업에는 반드시 안전하고 견고한 어선이 필요한 것이 아니었으므로 염가로 준비할 수 있는 한국형 어선이 환영받는 상황이었던 것이다.

② 어획고

강점 이후 일제의 대륙침략정책에 따라 급격히 발달한 수산업은 일제의 식량사정 완화에 크게 뒷받침하였다. 고급 활어를 비롯한 막대한 양의 각종 수산물이 일본 및 대륙 방면으로 수출되었다. 특히 수산물은 동물성단백질의 공급원이기에 보건식품으로서 미곡과는 다른 의미에서 중요한 구실을 하였다. 뿐만 아니라 근대공업의 원료로도 많이 공급되었다.

1911년부터 30여 년 동안의 전국 및 전북의 어획고를 대비해 보면 〈표 4〉와 같다.

〈표 4〉 일제 강점기의 누계 어획고(단위: M/T 원)

구분 연도	전국		전북			B/A(%)
	어획고(A)	지수	어획고(B)	지수	어가	
1911	66,356	100.0	2,824	100	84	4.3
1912	92,216	139.0	1,680	59.5	133	1.8
1913	168,331	250.7	1,331	47.1	128	1.0
1914	218,250	328.9	2,918	103.3	404	1.3
1915	328,598	495.2	4,234	150.3	460	0.3
1916	349,076	526.1	3,386	119.9	487	0.1
1917	322,018	485.3	3,375	119.5	532	1.1
1918	357,154	538.2	3,563	126.2	801	0.1
1919	407,355	613.9	2,861	101.3	886	0.7

1920	379,526	572.0	3,536	125.2	1,074	0.9
1921	442,234	666.5	3,675	130.1	1,019	0.9
1922	490,369	739.0	4,391	155.5	1,085	0.9
1923	551,985	831.9	6,581	266.0	1,287	1.2
1924	538,910	812.1	13,972	494.8	1,579	2.6
1925	537,383	809.8	7,875	278.9	1,409	1.5
1926	586,954	884.0	8,674	307.2	1,486	1.5
1927	830,501	1,251.6	10,013	356.7	1,656	1.2
1928	848,486	1,278.7	11,794	417.6	1,878	1.4
1929	904,834	1,363.6	49,328	1,748.8	1,983	5.4
1930	866,644	1,306.1	10,110	358.0	1,522	1.2
1931	1,039,470	1,566.5	9,668	342.4	1,436	0.9
1932	1,168,178	1,760.5	9,244	327.3	1,428	0.8
1933	1,007,258	1,568.0	40,178	1,427.4	1,510	4.0
1934	1,393,448	2,100.0	49,294	1,745.5	1,568	3.5
1935	1,503,219	2,265.4	52,729	1,867.2	1,719	3.5
1936	1,668,228	2,514.1	57,056	2,020.4	1,760	3.4
1937	2,115,785	3,188.5	62,754	2,221.5	1,819	3.0
1938	1,759,100	2,651.0	59,468	2,105.8	1,997	3.4
1939	2,046,244	3,083.7	59,936	2,122.5	2,462	3.0

주: 1911~1920년의 전국어획고 중에는 연간 200~300여 두가 포획된 고래의 어획고가 포함되지 않음.

자료: 『조선총독부통계연보』(1911~1942).

〈표 4〉에서 보면 전국의 어획고와 함께 전북도 대체적으로 증가추세에 있으나, 전국의 어획고와 대비해 보면 1~5% 내외이어서 비교적 미약한 어세를 나타내고 있음을 알 수 있다. 이는 일본인들의 어업이 남해안과 동해안으로 치중되었기 때문이라고 생각된다.

그리고 1939년도에 있어서 전북의 어종별 어획고를 살펴보면 〈표

〈표 5〉 1930년대 후반 전북의 주요 어종

어종	어획량(M/T)	금액(원)	단위당 금액(원)
전갱이	355.4	52,000	146.3
붕장어	267.3	17,701	66.2
달강어	1,277.3	51,070	40.0
가자미	1,179.0	47,070	40.0
조 기	11,215.9	388,260	34.6
양 태	777.0	31,225	40.2
전 어	716.3	11,352	15.8
고등어	147.8	7,880	53.3
삼 치	78.8	4,363	55.4
병 어	1,693.1	72,250	42.7
농 어	283.5	24,406	86.1
돔	461.3	79,075	171.4
갈 치	8,829.0	355,280	40.2
대 구	2,313.8	92,550	40.0
도다리	1,968.0	78,720	40.0
양 어	1,012.3	35,184	34.7
복 어	120.0	3,350	27.9
성 대	594.0	14,715	24.8
숭 어	486.9	20,500	42.1
병 치	676.7	34,890	51.6
뽈 닥	413.3	22,040	53.3

자료: 『조선총독부통계연보』(1939).

5〉와 같다. 즉 서해의 대표적 어종이라 할 수 있었던 조기(안강망)가 가장 많이 어획되었음을 알 수 있고, 그 다음으로 갈치(연승, 유망, 안강망)가 두드러지게 다획되었다.

단위당 어가를 살펴보면 돔과 전갱이가 월등하게 비싼 어종에 속해 있고 전어, 복어 등은 가장 싼 어종으로 나타나 있다.

2. 양식업 및 수산제조업

1) 양식업

한국구래의 양식업으로서는 해태양식이 유일한 것이었다고 할 수 있으나, 강점 이후로는 내수면 및 연안에서 어종 및 구래양식이 행해지게 되었다. 즉 1909년 4월 1일부터 실시된 「구한국어업법」에서 양식업을 제2종 면허어업으로 규정하면서부터 재한일본인도 면허를 얻어 합법적으로 양식업을 경영할 수 있게 되었다.

전국적으로 볼 때에 이 시대 전반을 통한 양식업의 발달은 경이적이었다. 그 대표적인 것인 해태양식업이었다. 이는 한국의 자연조건이 해태양식에 적합할 뿐 아니라 소자본으로써 가족노동에 기반을 두고 부업적 영세경영이 가능했던 것과 주로 일본을 상대로 한 시장개척이 용이했기 때문이었다.[25)]

해태양식 다음으로는 굴양식이 있었다. 이는 각지에서 간척지를 이용한 투석식양식 및 근대화된 수하식양식법에 의해 생산되었다.

그 외에도 뱀장어, 잉어, 꼬막, 백합 등 15여 종이 양식되었으나 그 양식고는 미미한 것이었다.[26)]

전북의 연도별 양식고와 금액을 〈표 6〉에서 살펴보면, 1923년에 각각 700관, 350원으로 보잘것 없는 상황이었으나 1939년에는 1923년에 비해 무려 218배의 급진적 성장을 보였다.

---

25) 박구병, 앞의 책, 398쪽.

26) 수산사편찬위원회, 앞의 책, 333쪽.

〈표 6〉 1920, 1930년대 전북의 양식고와 금액(단위: 관/원)

연도	양식고	금액	연도	양식고	금액
1923	700	350	1932	387	480
1924	1,000	500	1933	3,865	4,191
1925	1,200	700	1934	2,038	1,656
1926		–	1935	3,445	6,588
1927	120	96	1936	3,268	4,460
1928	1,300	646	1937	17,144	5,750
1929	2,711	1,796	1938	42,937	17,338
1930	2,732	2,521	1939	152,787	20,957
1931	10,170	2,825			

자료: 『조선총독부통계연보』(1923~1939).

여기에 나타난 양식고를 구성하는 양식물의 종류는 기록상 세부적으로 알 수는 없으나 해태와 굴의 양식고가 포함되었음은 확실한 것 같다. 그리고 『朝鮮水産開發史』를 보면, "1936년경 밀양의 양어장에서 은어의 알을 채취하여 전북의 대저수지에 양식했으나 저수온에서도 잘 발육되었다."[27]라는 기록이 있는데 이의 포함 여부는 알 수가 없다.

한편 이 시대 초기 일본인들은 한국 각지에서 각종 양식물의 양식가능성을 알아보기 위해 시험양식을 실시했으나 그 성과는 대체적으로 좋지 못했다.[28] 〈표 7〉은 충남과 전북에서의 양식시험과 성과를 나타낸 것이다.

〈표 7〉에서 보면, 충남 당진에서의 가리맛 양식을 제외하고는 모두 시험양식에 실패했다.

27) 吉田敬市, 앞의 책, 331쪽.
28) 吉田敬市, 위의 책, 332~333쪽.

〈표 7〉 1910년대 양식에 관한 시험과 효과

도별	연도	시험지	시험종별	성과
전북	1913	전주만	굴·가리맛 양식	1916년 중지
	1913~1915	금강 하류	김 양식	불량 중지
충남	1914	당진군도정리	가리맛 양식	양호
	1915	서천군왕남리	가리맛 양식	불량 중지
	1917	서천군왕남리	굴 양식	불량 중지

자료: 吉田敬市, 『朝鮮水産開發史』(1923).

그리고 이 시대 초기에는 일본인들이 앞을 다투어 어업권을 취득하여 어구류 양식업을 경영하였는데, 기후풍토가 일본과 상이한 한국에서 일본식 양식법을 그대로 채용하였기 때문에 소기의 성과를 올리지 못하여 결국 1920년대에 접어들기도 전에 중도에서 폐기하는 자가 속출하였다.[29)]

2) 수산제조업

어업 및 양식업의 발달과 수산물수출의 증대에 보조를 맞추어 수산제조업도 눈부시게 발달하였다. 강점 이후 30여 년 동안의 제조액은 전국적으로 약 30~40배까지 증가하고 있다. 1939년에는 금액 면에서 어획고에 양식고를 합하여도 제조액에 미치지 못하고 있다. 이는 어획물 및 양식물의 3할 이상을 제조가공하여 부가가치를 증가시킨 결과였다.[30)]

여기에서 전북의 제조량과 금액을 살펴보면 〈표 8〉과 같다.

29) 박구병, 앞의 책, 377쪽.

30) 수산사편찬위원회, 앞의 책, 334쪽.

〈표 8〉 1910, 1920년대 전북의 수산제조액과 금액

연도	제조액	금액	연도	제조액	금액
1911	29(천 관)	12(천 원)	1926	294(천 관)	352(천 원)
1912	23	12	1927	432	459
1913	11	46	1928	617	519
1914	214	123	1929	740,729(kg)	732,526(원)
1915	229	176	1930	577,480	505,182
1916	134	156	1931	552,527	498,665
1917	204	169	1932	606,412	515,951
1918	264	262	1933	2,446,561	538,053
1919	281	312	1934	2,143,506	506,103
1920	284	331	1935	1,768,804	469,521
1921	255	230	1936	1,924,137	501,855
1922	261	315	1937	2,448,123	527,503
1923	249	264	1938	3,241,953	667,903
1924	441	468	1939	4,239,710	1,034,326
1925	297	366			

자료: 『조선총독부 통계연보』.

전북의 제조금액을 전국에 대비해 보면, 1911년에 약 0.5%, 1939년에 0.6%로서 전북의 제조업이 매우 미미한 상태였다는 것을 알 수 있다.

〈표 8〉에 나타난 제조량과 금액을 구성하는 어종 및 제조공법은 기록상 상세하게 알 수는 없으나, 『조선지수산』에 기록된 전북의 제조·가공공장의 내역(〈표 9〉 참조)을 통해 뱀장어, 청어, 뱅어, 새우, 전복, 해파리 등에 대해 된장담그기, 장조림, 보일드(Boiled) 등 다양한 제조가공법이 사용되었고, 기타 어묵이 생산되었음을 알 수 있다.

〈표 9〉 제조 · 가공 공장 및 종류

허가번호	공장의 위치	제조 종류	경영자
96	군산부 영정	뱀장어, 청어, 뱅어, 새우, 전복, 해파리 등에 대해 된장담그기(미쟁), 장조림(전자), 보일드(Boiled: 수자), 어묵	武部靜雄
98	김제군 김제읍 요촌리	뱀장어	野萬善吉

자료: 조선수산회, 『조선지수산』 119호.

수산제조업과 불가분의 관계에 있는 얼음의 수요량은 수산업의 발달과 함께 매년 급격히 증가하였는데, 전체적으로 보아 수요량이 공급량을 초과하였다. 1923년경에는 전국에 저빙고가 123개 있었는데, 충남과 전북에 각각 11개, 2개가 있었고 저빙가능력은 1,160t, 1,000t 정도였다.[31] 같은 해 선어냉장용빙의 수요량은 약 2,120만 관으로 각 도별 내역은 〈표 10〉과 같다. 도별 수요고를 보면, 전북을 포함한 4개 도가 전국 총 수요량의 약 91%를 점하고 있는 것을 볼 수 있는데, 이를 통해 당시 냉장빙은 대부분 일본으로 향한 선

〈표 10〉 선어냉장용 얼음의 도별 수급액(단위: 천 관)

도별	평북	평남	황해	경기	충남	전북	전남	경남	경북	강원	함남	함북	계
수요고	34	34	16	36	50	4,752	5,400	4,621	4,658	446	1,080	108	21,235

자료: 吉田敬市, 『朝鮮水産開發史』(1923).

31) 수산사편찬위원회, 위의 책, 351~353쪽.

어수송에 이용되고 있었음을 추측할 수 있다.

그리고 총독부는 1927년 이후 얼음수급을 원활히 하기 위하여 10개년 계획을 수립하고 제빙공장 및 저장고를 신설하는 자에 대해서 국고보조를 주어 장려하였다. 즉 총독부는 부령 제77호로 수산물냉장장려보조규칙을 제정하고 동년 2월 8일부터 이를 실시한 바 있다. 정부보조에 의하여 건설된 것으로는 1929년 3월에 준공된 일본인회사 임겸의 군산냉장고가 있었는데, 이는 당시 국내에서 가장 손꼽히는 시설로서 냉장고 약 500평, 냉동능력 약 35만 관이었다.[32] 이 외에도 이러한 냉장고는 목포, 여수 등을 비롯하여 전국 각지에 건설되어 한해어업은 늘어나고 이와 함께 일본으로의 선어유출도 증가함으로써 국내제빙사업도 높은 신장세를 보이게 되었다.

3. 수산업경영 호수 및 종사자 수

이 시기 국내의 수산업은 일본인의 통어와 이주어민에 의해 주도되었다고 해도 과언이 아닐 것이다. 한국인의 수산업은 대부분 영세한 형태였고 반농반어의 겸업경영이었다.[33]

1939년 말 전국 및 전북의 수산업에 종사하는 호수와 종사자 수를 〈표 11〉에서 살펴보면, 전국의 경우 어업 호수와 종사자 수가 각각 72%, 67%로 나타났으며, 전북의 경우에도 각각 83%, 84%로 전북의 수산업이 두드러지게 어업에 의존했음을 알 수 있다.

전국에 일본인 수산업 경영 호수는 1920년대 말경 약 10,000호수였으나 1939년에 3,465호수로 감소하였고, 전북에서는 어청도·군산 등지에 69호수가 정착하여 주로 안강망, 기선저인망 어업에

32) 수산사편찬위원회, 위의 책, 353쪽.

33) 박구병, 앞의 책, 373쪽.

〈표 11〉 전북의 어가 호수와 종사자 수

종류 및 민족별 / 구분	어로	제조	양식	계	일본인	한국인	외국인	계
호수	2,972 (129,283)	241 (12,786)	368 (96,492)	3,581 (178,561)	69 (3,465)	3,512 (175,043)	- (53)	3,581 (178,561)
종사자 수	11,485 (278,443)	753 (34,249)	1,433 (98,145)	13,671 (410,837)				

주: ( )은 전국임.

자료: 『조선총독부통계연보』(1939).

종사하였다.

한편 1940년 초 전북의 상황을 〈표 12〉를 통해 살펴보면, 어업 및 양식업 호수가 1939년에 비해 약간 증가했으나 종사자 수는 감소하였고 특히 제조업에 있어서는 호수와 종사자 수가 급격히 감소하였음을 확인할 수 있다. 또한 충남에 비해 매우 열세에 있었음도 알 수 있다.

〈표 12〉 1940년대 초의 수산업경영 호수 및 종사자 수

종류 / 지역	어업		제조업	
	호수	종사자 수	호수	종사자 수
전북	3,512	12,167	133	365
충남	11,936	23,959	721	1,181
전국	177,883	430,223	14,335	39,298

주: 어업은 어로업과 양식업임.

자료: 『조선총독부 통계연보』(1941).

Ⅲ. 수산물 유통기구 및 수산금융

1. 수산물 유통기구

이 시기 수산물 유통기구는 한말의 유통기구가 기본적으로 존속되었다. 그 가운데 근대적 형태라 할 수 있는 어시장이 물량의 증대와 함께 남설(濫設)되기 시작하자 총독부는 1914년 부령 제136호로 시장규칙을 발포하기에 이른다. 이것은 생산자의 위탁을 받아 경매법으로 수산물의 판매를 행하는 장소를 어시장으로 규정하였으며, 개설 및 경영에 관해서는 인가를 받도록 하고 있는데, 이를 근거로 주요도시 및 어업근거지에 시장조령에 따라 어시장이 개설되었다.

당시의 어시장은 대개 두 계통으로 대별할 수 있다. 즉 일본인 경영자에 의한 어시장은 한국 내에 거주하는 일본인을 상대로 그들 기호에 알맞은 고급어류를 취급하였음에 반하여 한국인 측은 객주, 여객과 병행하여 소매업자가 주로 담당하였으며 염어, 염건어, 건어 등을 취급하였다.

후자의 경우, 1942년 충남과 전북 내 어시장은 각각 3개소와 6개소가 있었고, 그 매상액은 전부 국내에서 소비되었다(〈표 13〉 참조).

〈표 13〉 어시장 매상액

구분 지역	시장 수	총 매상액		국내소비량	
		수량(관)	가액(원)	수량(관)	가액(원)
전 북	6	1,892,814	739,540	1,892,814	739,540
충 남	3	461,112	315,984	461,112	315,984
전 국	19	38,794,816	20,634,079	32,848,257	16,730,044

자료: 『조선총독부통계연보』(1942).

전북의 어시장 가운데 군산부영의 군산어시장은 서빈정에 위치했으며 그 집산구역은 전주, 이리, 강경, 대전, 조치원, 용산, 경성 등이었다.[34)]

또한 이 시기 어업조합이 설립되어 수산물유통의 일익을 담당하였다. 이에 대해서는 다음 장에서 상론하겠다.

2. 수산금융

예부터 우리나라에서는 어업을 천시해왔기 때문에 어로기술이나 경영 면에서도 거의 원시적인 자연경제상태를 그대로 지속하여 왔다. 그러므로 어업을 뒷받침하기 위한 정부시책이라든가 어업경영을 위한 자금의 방출 같은 것은 생각할 수조차 없었다. 다만 유치한 방법에 의해서나마 소액의 자금이 유통되었는데, 그것은 조선 후기부터 싹트기 시작한 상인자금에 의한 약간의 선대제가 행하여진 것뿐이었다.

이러한 상황에서 일제강점 이후부터 이른바 어업자금의 형태가 보이기 시작한다. 즉 총독정치가 실시되면서 어업진흥책이라는 명목하에 조선식산은행 및 동양척식회사와 기타 금융기관에서 상대적으로 저리의 자금을 어업분야에 배분하기 시작하였다. 그러나 수혜자의 대부분은 일인이었으며 어업인의 절대다수를 점하던 한국인은 극히 소액의 대부밖에 얻지 못하였을 뿐더러 변제능력이 없다는 구실 아래 사실상 큰 혜택을 입지 못하였다. 또한 어업분야에 대한 방출자금은 규모 면에서도 농업 및 상공업에 비해 극히 소액이었다.[35)] 그래서 대부분의 한인어업자는 고래의 고리성융자에게 속박

34) 수산사편찬위원회, 앞의 책, 375쪽.

35) 수산사편찬위원회, 위의 책, 377쪽.

되어 있었다.

특히 어업분야의 융자가 쉽지 않았던 이유는 어업자의 유일한 재산적 성질을 가진 어업권이 담보의 대상에서 제외되어 있었기 때문이다. 그 후 1930년에 신어업령이 발효됨으로써 비로소 어업권이 물권으로 인정받게 되어 다른 부동산과 마찬가지로 담보대상이 되었다. 그러나 어업권을 소유한 자가 대부분 일인이어서 일반한국인 어업자에게는 별다른 효과를 주지 못했다.

당시 어업자금을 공급하는 기관으로는 금융조합 및 금융조합연합회가 있었다. 이러한 금융제도는 1912년 5월 지방금융조합회를 제정하고 정부자금의 대부에 의하여 설립된 것이 처음이었다. 그 후 1918년에는 이를 개정하여 식산은행으로부터 융자를 받은 다음 정부감독 아래 운영하게 했는데 이는 특유의 서민금융기관이었다.

또한 어업조합이 점차 발달하여 감에 따라 정부는 조합을 통하여 저리자금의 대부를 실시했는데, 매년 15만 원 한도로 10년에 걸쳐 융자를 실시함으로써 질식상태에 놓여있던 영세어업자의 회생을 꾀하였다.

또한 각 도의 지방예산에 의해 수산사업비가 방출되었는데 충남 및 전북의 경우는 〈표 14〉와 같다.

〈표 14〉 지방 수산사업비의 추이

도별 / 연도	전북	충남	전국
1911	908(원)	1600(원)	45,314(원)
1930	25,195	48,125	945,047
1931	29,169	48,267	1,134,447
1932	21,743	38,195	684,826

1933	23,022	34,912	698,010
1934	78,386	37,688	933,449
1935	27,381	45,278	927,373
1936	21,241	20,622	618,167
1937	24,796	24,075	759,550
1938	50,746	686,000	1,899,783
1939	48,519	71,370	1,468,614
1940	54,252	88,602	1,822,785
1941	58,528	77,935	2,205,515

자료: 『조선총독부 통계연보』(1911~1941).

주지하듯이 수산금융의 조달이 대체로 어려웠던 이유는 수산업 자체가 위험성을 내포한 사업인 데다 어획의 풍흉을 예측하기 어렵다는 일반적 우려 및 담보물건의 불비 등에서 그 원인을 찾을 수 있다.

Ⅳ. 수산단체

조선총독부는 일본의 어업조합령을 모방하여 어업조합규칙을 제정해 이를 어업령 시행직전인 1912년 2월 23일에 조선총독부령 제14호로써 공포하였고 동년 4월 1일 어업령과 함께 시행하였다.

이로써 지구별 조합이라 할 수 있는 어업조합과 업종별 조합이라 할 수 있는 수산조합이라는 2원적 조합에 의해 수산단체의 설립이 제도화되었다. 여기에서는 충남과 전북의 어업조합에 관해서 알아보기로 하겠다.

1. 어업조합의 설립과 보급

어업조합의 설립은 면 또는 면내의 구역을 지구로 1지 1조합의 설립을 원칙으로 하고 있었다. 즉 조합을 설립하고자 할 때는 발기인은 구역 내에 거주하는 어업자 3분의 2의 동의를 얻어 규약과 초년도 경비의 수지예산 및 부과징수방법을 구비하여 조합설립을 청원하게 되어 있었다. 그리고 조합은 설립허가를 받은 후에 법인격을 취득하였다. 이렇게 하여 조합이 설립되었을 때는 그 지구 내에 거주하는 어업자들이 그 조합에 가입하여야 했다. 즉 강제가입을 규정했던 것이다.

최초의 어업조합은 1912년 11월 30일에 설립된 경남 거제어업조합이었다. 충남에는 1916년에 보령군의 진도리어업조합이, 전북에는 옥구의 어청도어업조합이 설립되었는데 1918년 말 현재 조합원 수는 충남과 전북의 경우 각각 49명(한국인), 101명(한국인 83명, 일본인 18명)이었다.[36]

조선총독부는 어업조합의 보다 확실한 설립보급과 발전을 촉진하기 위해 1922년 어업조합보조규칙을 공포하고 어업조합에 대한 국비보조를 개시하였다. 동규칙에 의해 처음에는 신설조합에 대하여 설립보조금과 경비보조금을 지급해 어업조합의 신설을 유도하였고, 그 후 규칙을 개정하여 조합의 공동시설비를 보조하였다.[37]

이처럼 관으로부터 보조를 받음으로써 어업조합의 수는 해마다 꾸준히 증가하였는데 1916년부터 통계가 공표된 최종년인 1942년까지의 어업조합 수의 추이를 보면 〈표 15〉와 같다.

---

36) 수산업협동조합중앙회, 위의 책, 102쪽.

37) 수산업협동조합중앙회, 위의 책, 104쪽.

〈표 15〉 어업조합 보급추이(당해년 12월 말 현재)

연도	전북	충남	연도	전북	충남	연도	전북	충남
1916	–	1	1925	4	4	1934	6	5
1917	1	–	1926	6	4	1935	6	6
1918	1	1	1927	6	4	1936	6	7
1919	2	3	1928	6	4	1937	7	8
1920	2	4	1929	6	5	1938	7	10
1921	3	4	1930	6	5	1939	7	11
1922	3	4	1931	6	5	1940	7	12
1923	4	4	1932	6	5	1941	7	12
1924	4	4	1933	6	5	1942	7	12

자료: 조선총독부, 『조선수산통계』(1916~1942).

일제강점기 전반을 통하여 도별 조합 수를 보면 해안선이 가장 긴 전남이 가장 많았고, 그 다음이 경남, 함북 등의 순위로 되어 있다. 그리고 그 말기에 이르러서는 어업조합의 보급이 거의 포화상태에 달하여 200조합 내외에 머물러 전국 주요어촌 도처에 설립되어 있었다.

전북 내의 어업조합에 관해서 구체적으로 알아보면, 1917년 어청도어업조합이 처음 설립되었고, 1919년에 고군산어부어업조합, 1921년에 부안군의 의복리어업조합, 1923년에 고창연해어업조합, 1926년에 옥구군의 오식도어업조합과 개야도어업조합, 1933년에 군산어업조합에 설립되었는데, 이때 오식도어업조합과 개야도어업조합이 군산어업조합에 합병되었다.[38] 이후 줄포만어업조합과 김제어업조합이 설립되었다.

그리고 어업활동과 어업경제의 진전으로 인해 어업자금의 융통,

38) 군산시수산업협동조합, 앞의 책, 45쪽.

어업용 물자의 구입, 기타 제품의 운반과 판매, 통신연락 등은 어업조합 각 시설로 그 목적을 달성하기 어렵게 되었으므로 공동의 힘으로 그 확대충실을 도모하고자 어업조합연합회의 설립을 권장하였는데, 그 설립은 1도 1연합회로 하고 그 소속어업조합은 도내어업조합전부를 망라하였다.

따라서 1936년 12월 12일에는 전북어업조합연합회(군산부 서빈정)가, 1940년 1월 16일에는 충남어업조합연합회(대전부 춘일정 도청 내)가 각각 설립되었다.[39)]

2. 어업조합의 기능과 사업

1) 어업 조합의 기능

어업조합의 기능은 어업령 제17조와 조선어업령 제47조에 그 윤곽이 들어나 있다. 그 조항의 주요한 부분을 보면 어업에서는 "어업조합은 어업권을 취득하거나 어업권의 대부를 받아 조합원의 어업에 관한 공동의 시설을 둠을 목적으로 한다."라고 되어 있다. 또한 조선어업령에서는 "어업조합은 조합원으로 하여금 어업을 하게 하기 위해 어업권을 취득하거나 대부를 받고 또한 조합원의 어업 또는 이에 관한 경제 혹은 구제에 필요한 시설을 함을 목적으로 한다."라고 되어 있다. 양자 모두 어업조합이 조합원을 위해 어업권을 취득하거나 대부받아 이를 관리하는 동시에 공동시설사업 또는 경제사업도 겸하는 것으로 규정하고 있다.

상술한 어업조합의 목적에서 밝혀져 있는 바와 같이 어업조합은

39) 수산업협동조합중앙회, 앞의 책, 150쪽.

어업권의 향유관리주체로서 어업관리단체인 동시에 경제사업도 담당하는 경제사업수체로서의 경제단체이기도 한 이중적 성격을 지니는 것이었다. 그러나 일제 강점 초기까지만 하더라도 어업조합은 어업권관리기능을 조합의 중추적 기능으로 삼고 있었다. 또한 어업권 행사료 수입은 조합운영의 중요한 재원이 되어 있었다.

충남과 전북의 경우, 조합행사어업권 건수를 〈표 16〉과 〈표 17〉에서 살펴보면 1931년 말에 각각 39개, 45개이었던 것이 1941년 말에는 각각 80개, 65개로 증가하였다. 그리고 어업권행사료 수입은

〈표 16〉 어업조합조사표(1931년 말 현재)

도명	조합명	조합원수	어선수	총어획고(원)	공동판매고(원)	어업자	금대부	조합어업권의 종류[40] 및 건수
전북	어청도	157	41	27,190	16,208	30	4,870	전용2, 정소예망1
	고군산서면	110	42	29,866	16,666	6	2,000	정치2, 전용2, 양식1
	미면	227	104	50,046	–	4	800	정치2, 양식1
	의복리	199	15	20,643	11,961	31	4,375	정치12, 양식1
	변산	168	48	10,500	3,215	4	29	
	고창연해	401	100	65,180	90	29	1,895	정치19, 양식2
계		**1,262**	**351**	**203,425**	**48,141**	**104**	**14,640**	**45**
충남		318	77	50,000	5,749	62	3,000	전용2
	녹도리	114	15	16,172	41,444	–	1,950	정치11, 전용1
	외연도리	86	–	11,500	1,150	–	–	전용2
	안흥	304	45	29,310	5,928	–	–	정치13, 전용8
	석문면	526	25	32,000		–	–	정치13, 양식1
계		**1,348**	**162**	**138,982**	**27,271**	**82**	**4,950**	**39**

자료: 수산업협동조합중앙회, 『한국수산업 단체사』(1980).

40) 조선어업회에서는 기존에 사용되던 면허어업의 명칭을 변경하였는데,

충남의 어업조합이 511원, 전북의 어업조합이 3,736원으로 나타나 있다(〈표 18〉 참조).

〈표 17〉 도별 어업조합 조사표(1941년도 말 현재)

도명	전북	충남	전국
조합 수	7	12	205
조합원 수	2,521	10,626	167,894
어선 수	1,059	1,350	66,111
총어획고(원)	1,452,387	2,672,639	182,700,102
위탁판매고(원)	1,042,933	1,919,057	137,957,707
대부금(원)	224,807	83,581	6,684,932
공동구입고(원)	171,877	518,344	16,557,925
정유어업권의 종류 및 건수	전용4, 정치44, 양식18, 정예1	전용8, 포개1, 정치32, 해조1, 양식38	전용1,250, 해조1, 양식781, 정부4, 정치1,092, 어전3, 정집16, 채조2, 정예478, 포어2, 포개3

2) 어업조합의 사업

앞에서 설명한 어업령 제17조에서는 어업조합의 주목적의 하나

변경된 명칭에 따른 면허어업의 종류를 살펴보면 다음과 같다.
① 양식어업: 일정한 수면에서 구획 기지시설을 하여 양식하는 어업.
② 정치어업: 일정한 수면에서 어구를 정치하여 채포하는 어업.
③ 정소집어어업: 일정한 수면에서 수산동식물을 집합시키는 장치를 하여 채포하는 어업.
④ 정소예망어업: 일정한 수면에서 반복하여 어망을 예양하거나 예기하여 채포하는 어업.
⑤ 정소부망어업: 일정한 수면에서 반복하여 어망을 부설하여 채포하는 어업.
⑥ 전용어업: 일정한 수면을 전용하여 전각호에 해당하는 이외의 방법에 의하여 하는 어업.

가 '공동의 시설'을 하는 것, 즉 공동시설사업을 하는 것임을 밝히고 있다. 이를 구체적으로 살펴보면 다음과 같다.[41)]

① 어획물 및 그 제품의 공동판매와 이의 실시를 조장할 시설(공동판매소, 저빙고, 창고의 건설 등)
② 어획물 및 그 제품의 공동운반에 관한 시설(공동운반의 건조 및 매입)
③ 어획물의 공동제조에 관한 시설(공동제조소의 건설제조에 필요한 공동우물의 굴착, 염장탱크의 설치 등)
④ 간이 어선의 계류정박 및 양식에 관한 시설(선양장, 기계시설 등)
⑤ 어구의 보존에 관한 시설(공동염망소, 건망장 및 보관창고설치 등)
⑥ 어업개선에 관한 시설(모범어선어구의 제작 또는 매입 등)
⑦ 간이 구제시설(폭풍경보신호표, 어선통로개착 등)
⑧ 증식상의 공동시설(계식장의 설비, 종묘부착장 및 집합장의 설치 등)

충남과 전북의 어업조합이 행한 시설사업의 종류는 〈표 18〉에 나타나 있다.[42)]

41) 수산업협동조합중앙회, 앞의 책, 208~209쪽.
42) 이업령 시대의 면허이업은 다음과 같이 분류된다.
① 제1종면허어업: 일정한 수면에 어구를 건설 또는 부설하고 일정한 어기간 이를 정치하여 하는 어업.
② 제2종면허어업: 일정한 수면을 구획하여 양식을 하는 어업.
③ 제3종면어어업: 해빈의 일정한 장소에서 일정한 어기간 반복하여 어망을 예게 또는 예기하여 하는 어업.
④ 제4종면허어업: 일정한 수면에서 일정한 어기간 반복하여 어망을 건설 또는 부설하여 하는 어업.

〈표 18〉 어업조합에 관한 조사(1927년도)[43)]

	조합명	조합원 수	어선 수	총어획고(원)	동상중 공동판매고(원)	기금 및 자금적립금(원)				조합 어업권의 종류	건수	행사료 수입(원)	시설사업의 종류
						기금	사업자금	구휼자금	계				
전북	어청도	136	45	59,000	–	104	111	104	319	제6종2 제3종1	3	412.63	어부림설정, 수산물검사소, 제품검사
	고군산 서부	111	27	40,019	28,907	521	531	521	1,573	제1종2	2	185.00	어부림설정, 공동염망소, 공동우물 설정기지
	의복리	139	14	21,750	5,837	156	36	36	228	제1종11	11	2,500.00	어부림설정
	고창 연해	435	71	66,904	12,588	263	30	293	586	제1종16	16	638.50	동
	개야도리	102	42	33,000	3,466	36	36	36	108	–	–	–	동
	오식도리	119	57	44,320	–	1	1	1	3	–	–	–	어부림설정, 공동우물굴착
계		1,042	256	264,993	50,798	1,081	745	991	2,817	–	32	3,736.13	
충남	녹도리	113	15	27,633	21,991	215	275	210	700	제1종주 목망11	11	–	공동판매, 돌닦기, 대부(자금), 교육보조, 어부림
	외연도리	97	15	13,000	1,400	20	40	–	60	제6종2	2	30.00	공동판매, 기세
	서면	234	66	25,729	10,983	100	100	100	300	제6종2	2	9.80	동
	안면	281	49	64,134	12,283	275	264	275	814	제6종8	9	471.50	공동판매, 공동구입
										제1종1			기타
계		725	145	130,496	46,657	610	679	585	1,874		24	511.30	

---

⑤ 제5종면허어업: 일정한 수면에 어류를 집합시키는 설비를 하여 경영하는 어업.

⑥ 제6종면허어업: 전각호에 든 것을 제외한 수면을 전용하여 하는 어업.

1930년 5월 1일부터 시행된 조선어업조합 관련 법령에서는 "조합원의 어업 또는 이에 관한 경제 혹은 구제에 필요한 공동의 시설을 함을 목적으로 한다."라고 하여 그 표현을 달리하고 있다.

상기한 목적에는 이 공동시설을 세 가지로 나누고 있는데, 그 당시에 있어서 이는 대체로 다음과 같이 분류되었던 것으로 보인다.

① 어업에 필요한 공동시설 - 계선장, 어류양륙장, 건망장, 염망장 등의 설치와 같이 직접적으로 어업상의 편익을 제공하는 시설
② 어업에 관한 경제에 필요한 공동시설 - 어업자금의 대부, 예금, 어획물 또는 그 제품의 위탁판매, 어업필수품의 공동구입과 같이 주로 어업에 관한 경제의 발달에 도움이 되는 시설
③ 어업에 관한 구제에 필요한 공동시설 - 어업에 관한 조난자에 대한 구혈금의 교부, 어선어구의 대부 등과 같은 사업

이 가운데 어업조합에 있어 가장 중요한 사업은 ②에 속하는 경제사업이었으며, 그중에서도 위탁판매, 자금대부, 공동구입 등의 경제사업이 가장 활발하였다.[43]

충남과 전북의 어업조합의 경우 이 사업에 관한 성과는 〈표 16〉과 〈표 17〉에 나타나 있다.

각 도의 어업조합으로 구성된 어업조합연합회의 사업은 조선어업회 제50조 제2항에 "소속조합의 목적을 달성시키기 위하여 필요한 시설을 하거나 소속어업조합에 대하여 업무상의 지도를 함을 목적으로 한다."라고 명시되어 있는 바와 같이 회원조합을 위한 공동

43) 수산업협동조합중앙회, 앞의 책, 210~211쪽.

시설사업과 업무지도를 하게 되어 있었다.

어업조합연합회가 실제로 실시하였던 사업은 소속조합에 대한 금융사업, 위탁판매, 공동구입 등의 경제사업이었다. 국고보조금 지원하에 실시된 이들 사업 가운데서 금융사업이 중심적 사업이었다.[44)]

V. 결어

지금까지 일제 강점기 고군산군도 인근지역의 수산업에 대해서 사적인 고찰을 해 보았다. 이것을 요약하면 다음과 같다.

어업의 경우 일본 이주어민에 의한 근대적 어업이 활기를 띠면서부터 부분적 현상이기는 했으나, 한국 어민 중에서도 한국재래의 어구·어법에 비해서 능률적인 일본식어구·어법을 모방습득하기 시작하여 그 수가 증가해 갔다. 특히 이 지역에 보급된 안강망은 한국에 보급된 어구·어법 중에서 가장 많이 보급된 것이었다. 이 외에도 연승, 수조망, 기선저인망 등이 보급되어 성행하였다. 그러나 한국의 재래어구·어법도 수적 증가를 보이면서 개량·발전하였다.

따라서 어획량에 있어서도 이 시기 말기에는 초기보다 21배의 증가를 기록하고 있으나 전국의 어획량에 비해서는 그 비중이 1~5% 내외여서 비교적 미약한 어세를 나타내었다. 이는 일본인에 의한 어업이 대부분 일본과 거리상 가까운 경남과 전남에 치중되었기 때문으로 보인다.

양식업의 경우에는 일본인에 의해 금강하류, 서천, 당진 등지에

---

44) 수산업협동조합중앙회, 위의 책, 214쪽.

서 해태, 가리맛, 굴 등에 대한 양식가능성을 시험해보았으나 그 성과는 대체로 좋지 않았다. 그러나 전북의 각 도서에서 해태양식이 시작되면서 양식고는 매년 증가추세를 보였다.

수산제조업의 경우에서도 제조량과 제조가공방법에서 많은 변화가 있었다. 제조량에 있어서 이 시대 말기에는 초기보다 무려 43배의 증가를 보였고 제조가공법도 저차가공단계를 벗어나 된장담그기, 장조림, 보일드, 조미법 등이 이용되었다. 그리고 수산제조업과 불가분의 관계에 있는 얼음의 수요량도 수산업의 발달과 함께 전체적으로 보아 공급량을 초과하였다. 수산물 유통기구에 있어서는 한말에 존재했던 유통기구가 존속되었고, 어업조합이 설립되어 공동판매, 공동구매, 자금대부 등의 경제사업을 활발히 전개하여 수산물 유통과 수산금융에 막중한 역할을 담당하였다.

이상과 같이 일제 강점기 이 지역의 수산업 상황이 어떻게 변천되었는가에 대한 기초적 검토와 함께 향후 보다 세부적인 사항에 대한 심화연구가 진행되어야 할 것이다.

참고문헌

군산시수산업협동조합, 『군산수협 50년사』(1984).

吉田敬市, 『朝鮮水産開發史』(朝水會, 1954).

김수관 외, 『서해안의 수산업에 관한 사적고찰(Ⅰ)』(1985).

박구병, 『한국수산개발사』(태화출판사, 1966).

수산사편찬위원회, 『한국수산사』(1968).

수산업협동조합중앙회, 『한국수산업 단체사』(1980).

神田獻二, 『漁業一般』(成山堂, 1981).

이병기, 『연근해 어업개론』(태화출판사, 1983).

조선총독부, 『조선수산통계』(1942).

下啓助·山脇宗次, 『韓國水産業 調査告』(1905).

제2부

어구 · 어법

제1장 어전(漁箭)

Ⅰ. 서언

우리나라는 삼면이 바다로 둘러싸인 해양국가다. 따라서 사람이 살기 시작한 이래로 수렵과 함께 어로작업이 식량해결의 중요 수단이었다. 그 결과 전통적 어로방법이 발달하였는데 그 대표적인 어로방법이 바로 연근해에서 이루어지는 어전(漁箭)이다. 일명 정치어업(定置漁業)이라고도 불리는 어전은 조수간만의 차이를 이용하여 물고기를 함정에 빠뜨려 포획하는 어로 방법을 말한다.

어전은 우리나라의 서해안과 남해안지역에서 유독 발전하였는데 그 이유는 이들 지역이 어전의 필수조건을 갖추고 있기 때문이다. 그 필수조건이란 이 지역이 조수간만의 차가 큰 지역이라는 점과, 넓은 갯벌이 형성되는 지역이라는 점이다. 또한 이 지역은 반도형 지형의 굴곡해안선이 형성되어 있어 어전을 행하는 데 최상의 주변조건이 갖추어져 있다는 점 또한 간과할 수 없다.

이러한 어전의 발생조건은 우리나라의 중부서해안에 자리한 군산지역의 자연조건과도 일치하여 군산 인근 지역에서는 오래전부터 어전을 해왔는데, 군산과 고군산군도에서 행해진 어전은 그 방법과 종류가 독특하여 우리나라 서해안 어전의 한 지류를 형성하는 데 부족함이 없다고 볼 수 있다.

이 글에서는 우리나라 중부 서해안 지역 전통어로의 특징과 형태를 군산, 고군산군도 지역 어전의 유형 및 분포현황을 조사함으로써 확인해 보도록 하겠다.

이 글의 조사방법은 이지역의 전통어전이 80% 이상 사라지고 말아 부득이 지역 촌로들의 구술 채록에 역점을 두어 실시하였다.

더불어 조사과정에서 이 지역 어전의 다양한 명칭 및 형태가 명확하게 분류되어 있지 않아 혼란을 주기 때문에 글의 서두에서 연구자가 고군산·군산지역 어전의 포획방법, 어전의 재료, 어전의 설치위치, 포획하는 어종에 따른 명칭의 차이점을 구분하여 분류표들을 만들어 보았다.

또한 각 섬 및 마을들의 어전에 대한 특징을 확인하기 위하여 연구자가 모든 지역 어전의 조사표와 그림을 자체적으로 작성하였다.

Ⅱ. 기원과 변천

어전은 기존에 정치어업이라고 불리던 어업의 전통적 표현 방법으로 과거에는 漁箭, 魚梁, 漁基, 魚腸, 防簾, 漁磯[1] 등의 다양한 명칭으로 불렸다. 일반적으로 강변이나 해안에 고정된 구조물을 만들어 물고기를 잡는 어법을 말한다. 어전의 가장 큰 특징은 자연의 주기적 변화인 밀물과 썰물을 이용한다는 점이다. 즉 물이 들어 왔을 때 함께 들어온 물고기를 특정한 모양의 구조물을 이용하여 함

1) 박구병, 『한국수산업사』(부산태화출판사, 1966).

정에 빠뜨림으로써 물고기를 잡는 것이다.

고군산군도와 군산지역의 어전에 관한 기원을 살펴보면 이 지역의 자연 환경을 알 수 있는데, 이곳은 육지의 토사 유입이 많아 수심이 얕고 조석간만의 차가 심하여 간조 시에는 광대한 갯벌지대가 형성되며, 해안선이 복잡하고 도서, 하천 등이 많으므로 각종 수산 동식물의 은신처가 되어 많은 어족의 산란장과 서식 장으로 오랜 옛날부터 원시적 어전어업이 행해졌던 곳이다.

군산에서의 어로작업에 대한 문헌기록을 보면 옥구지방의 해산물인 숭어, 조기, 준치 등이 진상품으로 기록되어 있어 어로활동이 활발했던 곳임을 알 수 있다. 또 『湖南誌』에서는 함열, 익산, 임피, 옥구와 김제, 만경, 부안까지 칡넝쿨로 엮은 그물과 대나무가지로 엮어 만든 어살 등의 어전에 의하여 잡아들인 수산물로 임피: 응어(葦魚), 붕어(鯽魚), 숭어(秀魚), 준치(俊魚), 게(石鰕), 호(蝴), 백합(蛤), 참게(蟹), 옥구: 대하(蝦), 조기(石首魚), 대합(蛤), 토하(土鰕), 홍어(洪魚), 숭어(秀魚), 붕어(鯽魚), 민어(民魚), 도미(鯛魚), 붕장어(蘆魚) 등이 주로 나온다 하였다.[2)]

이 밖에도 다른 기록에서는 "진포(鎭浦)는 현의 북쪽 16리에 있는데 어량(魚梁)이 있다."[3)]라고 적고 있는데 여기에서 어량이라 함은 강에 설치하는 어살을 말하는 것으로 금강 하구의 인근지역에서 대규모 어전이 행해졌음을 짐작할 수 있게 한다. 이 밖에도 "호남에 어살이 3분되어 있으니 울타리 길이가 600파에서 최소 300파에 이르며 어살에 부과하는 세율을 보면 고군산군도의 세율이 가장 높고, 위도가 그 다음, 영광, 무안, 만경이 그 다음, 무장, 홍덕, 고부, 옥구가 그 다음"[4)] 이라고 하여 고군산군도의 어전이 가장 규모

2) 『湖南誌』 世宗 25年(1424년).

3) 『東國與地勝覽』 劵314, 沃構縣, 山川條 .

가 크고 옥구지역 또한 어전을 이용한 어로작업이 활발했던 곳임을 알 수 있게 한다.

조선시대에 수산업은 농업생산물에는 뒤지지만 백성들의 식생활에 도외시 할 수 없는 중요한 자리를 차지하였다.[5] 그러한 이유로 소금과 더불어 어전의 대표적 방법인 어살의 등급을 나누어 장적을 만들어 등록시켰는데 그 와중에 고군산군도와 군산지역의 어전은 최고 성수기를 맞이했다고 볼 수 있다.[6]

이후 식민지시대에 이르면 우리의 전통적인 어법인 주목망(柱木網)[7], 궁선망(弓船網), 어전, 중선망(中船網) 등은 꾸준히 행해졌지만 총독부에서 우리나라 어업생산량 증대방안의 일환으로 일본에서 유입된 어구어법의 보급을 꾸준하게 추진한 결과 점진적으로 일본의 어로방법이 보편화되게 된다. 그중 가장 큰 변화는 안강망어법의 활용이다. 당시 조선의 주요 어로방법은 고정식 정치어업이었는

4) 『經世遺表』 卷14, 『均役事目』, 追議, 漁稅.

5) 『世宗實錄』 卷77 世宗 19年 5月 庚寅條 戶曹報政府日 …… 竊思常賦之外可以資用者 無如漁鹽 魚鹽亞於農務 農務有終勢之勞 而重因於賦役 魚鹽則不曠日月 富貴財力 功省而利多 云云.

6) 『經國大典』, 戶典 收稅篇.

7) "주목어법은 조수간만의 차이가 큰 서해안의 특이한 자연조건에 상응해서 발달한 어법으로 동해안의 지예망(地曳網), 남해안의 어장과 함께 조선시대 3대 어구 중의 하나였다. 주목망 어법은 어살 어전이 발전된 형태로 배를 타고 나가 어류가 지나가는 물길에 나무 말장을 세우고 자루 모양의 그물을 말장에 고정시켜서 조류 때 어류를 잡는 어법이다. 주목망이라는 명칭은 고군산군도에서는 주벅이라고도 부르는데 이 어구에 나무기둥을 이용하기 때문이다. 주목망은 어살과 함께 조선시대의 대표적인 함정어구로서 대규모로 경영하는 조기잡이 어업에 이용했다. 주목망으로 잡은 어류는 어살로 잡은 어류보다 크고 어획 시 망에 들어간 상태로 바다 속에서 건져내기 때문에 어체에 손상을 입히지 않아 고가로 판매가 가능했다고 한다." 農商工部水産局, 『韓國水産誌』 第1輯(1908), 주목망.

데, 안강망은 배에 포획어구를 장착하고 어류의 이동에 따라 어선이 함께 옮겨 다니며 어류를 잡는 장점을 지니고 있어 어업 생산성을 비교할 때 안강망이 우리의 전통어구보다 효율적이었다. 이러한 어업 생산성의 차이점을 알고 있던 총독부는 조선의 어부들로 하여금 자신들의 어로방법인 안강망어법을 이용하도록 권장하였다. 일제시대 총독부에서 조사한 어세(漁稅) 납부 실적으로 당시 어전의 상황을 알 수 있다. 개항 이후 전라 · 충청 양 지역의 경우를 통해 보면 충청도 지역보다는 전라도 지역의 어세(漁稅: 箭稅, 簾稅, 網稅, 漁場稅 등 포함)가 월등하고 그중에서도 고군산군도 인접지역의 어세가 비교적 많았다는 것을 알 수 있다.[8] 또한 선박세(船稅: 漁船, 商船, 運搬船 포함)의 상당 부분이 어선세에 의해서 충당된 것으로 추정한다면 전라도에서의 해세(海稅)는 거의 대부분이 어세로 이루어지고 있었다고 생각할 수 있다. 일제시대 해세의 규모는 삼남지방(三南地方) 중에서 충청도가 가장 적었으며, 전라도가 가장 많았다. 그러나 그 해세의 규모는 '均役海稅'실시 당시 즉 140년 전에 비해서는 감소된 것이었으니 군산 · 고군산군도 지역에서 어전의 규모가 얼마나 컸는지 알 수 있다.

이처럼 호황을 누리던 서해안의 수산업과 어전은 일제시대를 거치며 전승되지만 해방과 함께 선박 어법의 발달과 어족자원의 부족으로 쇠퇴하기 시작하여 70년대에는 거의 사라지게 된다.[9]

8) 農商工部水産局, 『韓國水産誌』 第1輯(1908).
9) 국립민속박물관, 『경남어촌민속지』(2002).

Ⅲ. 명칭과 유형

1. 명칭

조선시대 어전에 대한 명칭은 다양하지만 어장(漁場), 어조(漁條), 방렴(防簾)이 보편적으로 이용되었다.10) 여기에서 방렴이라 함은 어전의 또 다른 명칭인데 당시에는 같은 어전이라 할지라도 바다에서 이용하는 어전인 '렴'과 내륙의 강에서 이용하는 어전인 '살'을 구별하여 썼다. 어전이라는 명칭 안에는 전통적으로 방렴, 어장, 줄시(乼矢) 등의 형태에 따른 각각의 유형이 있고 방렴, 어장, 줄시들은 다시 어살, 석방렴, 건방렴, 독살, 개막이, 주목망, 통발 등의 무수히 다양한 형태와 명칭을 지니고 있어 혼돈을 겪게 한다.

고군산 · 군산지역의 명칭 또한 다양하여 6가지 유형에서 20가지의 유사명칭이 혼재하고 있어 유형만큼이나 명칭이 다양했음을 〈표 1〉로 알 수 있다.

〈표 1〉 고군산 · 군산지역의 어전의 유형에 따른 명칭

유형	유사명칭
살	살, 어살, 궁발, 대발, 발, 어망, 어망살, 들장, 통발
독살	독살, 주벅
찌기	찌기
개메기	개메기, 고 정 개메기, 똘메기, 풀메기
주목망	주목망, 주곡대, 주벅
주벅	주벅

10) 『萬機要覽』(1808), 財用篇, 魚採名色.

그런데 20가지의 유사명칭에도 불구하고 이 지역의 어전 명칭에는 방렴계통인 석방렴, 건방렴 등의 명칭은 전혀 발견되지 않아 이 지역에서는 사용하지 않았음을 알 수 있다. 하지만 방렴계통의 명칭을 제외하면 전국에서 통용되는 거의 모든 종류의 어전관련 명칭이 이 지역에서 조사되고 있어 고군산 · 군산지역이 면적의 한계성에도 불구하고 다양한 자연환경과 오랜 전통어로 작업의 역사로 인하여 많은 종류(명칭)의 어전이 행해졌던 지역임을 확인할 수 있다.

2. 유형별 분류

어전의 명칭이 이처럼 다양한 유사 명칭으로 나타나는 이유는 어전의 명칭이 시대와 지역에 따라 여러 형태로 변화했기 때문인데 이 글에서는 어전의 다양한 명칭을 크게 포획 방법에 따른 도구의 차이와 포획어구를 만드는 재료의 차이점 그리고 포획 장소와 포획물의 차이에 따라 분류해 보고자 한다.

이 지역 어전의 다양한 유형과 명칭 혼동의 예로 가령 개야도에서는 돌로 만든 어살인 독살을 주목이라고 불렀는데 이는 현지 주민들이 독살과 주목망을 혼돈한 결과인 듯싶다. 또한 정작 주목망 어업은 개막이로 불렀으며, 작은 대나무로 만든 어살은 '궁발'이라 불렀고 규모가 큰 어살은 그냥 '살'이라 불렀다. 이처럼 작은 섬인 개야도의 경우만 봐도 독살, 궁발, 개막이, 살 등의 다양한 어전 유형과 명칭이 존재했으며 인근 섬과는 같은 형태의 어구도 전혀 다르게 칭하고 있음을 알 수 있다.[11] 이 지역 어전의 명칭들을 분류 정리하기 위하여 네 가지의 분류 방법으로 나누어 표로 만들어 보

11) 구술: 박창연(75세), 김두성(73세), 이대진(67세) 개야도 거주(녹취).

면 〈표 2〉와 같다.

〈표 2〉 어전의 분류방식

구분	종류
포획방법	어살종류, 개막이, 주목망
포획재료	독살(돌), 죽살(대나무), 주목망(소나무 주목과 그물), 살(칡넝쿨, 싸리나무, 나일론 그물, 명주그물)
어구 설치위치	어량(강변), 어전(바다), 주목망(바다), 주벅(금강), 똘메기(강과 연결된 하천)
포획어종	청석어살(청어와 조기), 진잡어살(준치와 잡어), 찌기(화란새우)

(1) 포획방법에 따른 분류

포획방법에 따른 분류는 어전의 가장 중심이 되는 분류 방법이라 할 수 있다. 그 이유는 포획방법에 따른 분류가 모든 종류의 어전이 망라되는 가장 큰 개념의 분류이기 때문이다.

포획방법에 따른 분류는 어전으로 물고기를 잡는 방법에서 주도구로 이용되는 포획망이 고정되어 있는가, 아니면 이동 및 가 이동이 가능한가에 따른 분류 방법으로 〈표 3〉과 같이 나누어진다.

〈표 3〉 포획방법에 따른 분류

구분	명칭 및 종류
고정식 포획법	어살, 독살(돌), 죽살(대나무), 살(칡넝쿨, 싸리나무, 나일론 그물, 명주그물)
반 고정식 포획법	개막이
이동식 포획법	주목망(어장)

포획방법에 따른 분류의 대표적 어전으로는 어살과 개막이,[12] 주목망을 들 수 있다. 이들 어전은 조류의 힘에 의지하여 고기를 함정에 빠트려 잡는다는 기본 원리는 같지만 주도구인 포획망을 고정시키는가 아니면 이동가능한가라는 차이점이 나타나는데, 어살이 고정식 포획망을 이용한다면 개막이는 반 고정식 포획망을 이용하고 주목망은 이동식 포획망을 이용한다. 이러한 분류는 정치망어구의 제작기술 및 활용방법에 따라 시기적으로 정치망 어구의 등장순서를 가늠할 수 있는 단초를 제공하는데, 가령 제작기술에 따른 활용순서를 보면 가장 처음 만들어지기 시작한 어구는 단순 고정식 정치망(어살 등)이며 이 방법이 다소 개량되어 반고정식(개막이 등)이 등장했고, 이후에 선박의 운영이 가능해지며 바다 가운데 설치하는 이동식 포획법이 등장한 것을 알 수 있다. 이들 어전의 특징을 자세하게 살펴보면 다음과 같다.

㉠ 고정식 포획법: 어살로[13] 대표되는 고정식 포획망을 활용하는

12) "개막이는 반 고정식 어전이다. 고정식 어업인 어살이 발전한 단계의 어전으로 주로 해안과 바다와 만나는 강의 하구에서 활용되는 어법이다. 어구의 형태는 대나무나 나무로 된 말뚝을 3~5m 간격으로 세우고 그 말뚝에 그물을 걸어 놓는 모습이다. 포획 방법은 썰물 때 그물을 갯벌에 묻어 놓아 밀물 때 고기들이 해안에 접근하기 용이하게 한 후 물이 빠져나가기 시작하면 배를 탄 3~5명의 어부들이 재빨리 그물에 매여진 끈을 잡아당겨 포획망을 펼쳐 말뚝에 묶어 놓는 작업을 하여 물고기를 가두는데 개막이의 특징은 전체 형태가 완벽한 추승달 모양이라 어구자체가 함정 역할을 하므로 따로 물고기가 모이는 임통이 필요치 않다는 점이다." 구술: 문연조(82세) 내초도 거주.

13) "어살은 바닷가에서 육지를 향하여 방사형, 또는 만형으로 일정한 간격을 두고 지주를 세우고 이곳에 대, 싸리, 일반 나뭇가지, 갈대 등으로 엮은 발을 결합시켜 양익(兩翼)이 맞닿은 중앙 부분의 한곳 또는 중앙 및 좌우 양익의 각 1개소에 함정장치인 임통을 설치한 것이다. 어살은 어전의 대표적 어법으로 대부분의 어전은 어살 혹은 살이라 불렸는데 1908년 어업

어전은 구한말『韓國水産誌』에서 말하기를 "우리나라의 대표적인 전통 어법으로 어살(어전)과 주목망(어장)을 꼽으면서, 어살로는 방렴, 살, 석방렴, 토방렴을 꼽았다."라고 하는데 여기서 석방렴이 바로 돌로 만드는 독살이다. 즉 독살은 어살에 포함되는 하위 개념인 것이다. 그러나 이처럼 어살이 대표적 함정어구법의 고유명사로 불릴 수 있었던 이유는 어살이 포획망의 재료에 관계없이 포획망을 해안가에 반달형태 및 'ㄴ'자, 'ㄷ'자 형태로 고정시켜 밀물 때 해안에 들어온 물고기를 썰물 때 포획망 안에 가두는 어전 중 가장 일반적인 형태였기 때문이다. 어살(어전)을 비롯한 고정식 포획방법은 인간이 정치어업을 하기 시작한 초창기 정치구어 형태의 원형을 가장 잘 표현하고 있는데 본래는 싸리나무나 돌, 칡넝쿨을 재료로 작은 개울을 막는 원시적 형태였을 것으로 보인다. 그러나 고정식 정치어구는 이후 어로기술의 단순성에도 불구하고 가장 다양한 형태로 변형·발전하여 작은 대나무살로 만드는 소형 어살로부터 규모가 1~2km에 달하는 대규모 어살에 이르기까지 종류가 다양하게 만들어지면서 많은 별칭(살, 방렴, 어량, 어살, 등)들이 생긴 정치어구이다.

〈표 4〉 어살 명칭 분류

명칭	유사명칭	어살의 종류
어살(어전)	살, 방렴, 어량 등	살, 독살(석방렴), 토방렴 등

법이 제정되면서 종전에 어살에 포함되었던 독살, 토전 및 방렴류를 제외한 대나무 및 싸리나무 그물을 이용한 협의의 어살만을 어살어업이라고 부르게 되었다. 따라서 오늘날 어민들은 대나무, 싸리나무 등을 활용하여 고기를 잡는 방법에 국한하여 어살이라고 한다" 해양수산부,『한국의 해양문화』 서해해역, 220쪽.

㉡ 반 고정식 포획법: 개막이는 포획망이 반 고정식으로 어구의 형태는 반달형태 및 'ㄴ'자, 'ㄷ'자 등으로 어살과 같지만 포획망을 고정시키지 않고 해안의 바닥에 내려놓아 밀물 때 물고기가 해안에 접근하기 용이하게 한 후 썰물이 시작되면 재빨리 바닥에 숨겨둔 포획망을 들어올려 나무기둥에 묶어줌으로써 물고기를 잡는 형태이다. 이러한 어법은 어살 등의 고정식 어전이 발전한 단계로 보이는데 개막이를 하기 위해서는 4~5인의 사람과 작은 배 1~2척이 필요하여 상당한 노동력과 자본력이 필요한 작업이었다. 고정식 포획방법이 한 단계 진보한 형태라 할 수 있는 반 고정식 어법은 어민들의 구술에 따르면 고정식 어법에 많은 피해를 본 물고기들이 어살 주변에 나타나지 않는 현상과 물고기가 그물의 냄새를 맡아 어살을 피하는 과학으로로는 설명이 불가능한 상황을 타계하기 위한 대안 방법으로 만들어졌다고 한다.

㉢ 이동식 포획법: 어살이나 개막이와는 달리 주목망은 설치위치가 해안이 아닌 섬과 섬 사이 등의 물길에 설치되고, 포획망은 명주실이나 삼줄 혹은 칡넝쿨로 엮으며 이렇게 만든 포획망을 나무기둥에 매달아 놓는 형태로 기둥을 여러 곳에 박아 놓아 특정지역의 어류 포획량이 적으면 물고기가 많이 잡히는 다른 지역의 나무기둥(주목)으로 포획망 혹은 주목 전체를 이동시켜 잡는 어법이다. 전통어법 중 가장 규모가 큰 어전이었던 주목망[14]은 전통 풍선(어선)을 이용하여 수십 명의 어부들

14) "주목망의 제작 과정을 보면 주목은 얕은 곳은 7발, 깊은 곳은 16발 정도의 소나무 말장을 섰다. 주목의 재료인 큰 나무는 섬이나 해안에 없어 내륙에서 나무를 사왔다고 한다. 큰 나무를 말장이라고 부르는데 말장에 구멍을 파고 구멍에 끈을 엮은 후 끈에 돌을 매달아 갯벌에 세워놓고 흔들면 돌과 말장의 힘으로 말장이 펄에 묻혀서 주목이 선다. 앞줄, 뒷줄을

이 함께 작업을 하는 어법으로 정치어구 중 가장 발전한 형태로 볼 수 있는데 생산성에서는 다른 어구와 비교할 수 없이 많은 어류를 잡았다. 그 이유는 이동식 정치어구는 물길을 따라 이동하는 어류의 이동길목에 설치되기 때문이다.

(2) 포획물 재료에 따른 분류

어전의 재료에 따른 구분은 고정식 포획방법을 활용하는 어살의 세부명칭으로 이해할 수도 있는데, 어살이라 불리지만 재료에 따라 돌로 만든 독살과 대나무를 이용한 죽살, 그리고 칡넝쿨이나 싸리나무를 이용한 살 등이 그것이다. 이처럼 다양한 재료에 따른 어전의 제작과 재료에 따른 명칭구분은 너무도 다양하여 일일이 다 살피기가 어려울 정도인데 대표적 재료를 들라면 돌(石), 대나무, 명주실, 칡넝쿨, 싸리나무, 나일론 그물, 갈대 등을 들 수 있다. 이러

연사가 당기므로 나무가 그대로 있게 된다.
말장은 12발 간격으로 세웠다. 그물의 위는 '웃기다리'라고 하여 위에 달아맸고, 아래는 '아랫기다리'라고 하여 돌을 달아매서 고정시켰다. 주목의 끝은 '불뚝'이라고 하였으며, 여기서 물에 뜨는 '아낫줄'이 연결되었다. 어살과 달리 주목은 해안이 아닌 물고기가 주로 다니는 수로의 물살이 빠른 곳에 설치했다. 그래야 고기가 물살에 빨려 들어서 잡히기 때문이다. 주목은 완전한 썰물 때만 들어간다. 이를 '신 썰물'이라고 하는데 그때 많이 잡힌다. 물발이 세야만 고기가 그물 안에 들어가며 물발이 약할 때는 그물 주위를 돌아다니다가 걸려든다. 북서 방향으로 물이 들 때 물살이 세다. 주목은 사리 때만 했다. 조금 때는 그물을 거두어서 말리는 '볏가리'를 했다.
주목 설치는 섬과 섬 사이의 물발과 산을 가늠해 보아서 산과 산 사이를 연결하여 위치를 정하였는데 그 목이 한정되어 있어 주목 위치를 놓고서 서로 영역을 침범하였다고 시비가 붙는 경우도 있었다. 주목터는 위치 자체를 타인에게 팔기도 하고 자손에게 상속시켜 주기도 하는 재산 목록이었다." 주강현, 『조기에 대한 명상』(한겨레신문사, 1998), 140쪽.

한 재료의 다양성은 어전을 하는 지역의 자연환경 때문인 경우가 많은데 돌을 쉽게 구할 수 있는 태안반도 지역에서 돌로 만든 독살이 많이 만들어지고, 군산 · 고군산군도 지역에서 대나무를 이용한 어살이 많이 만들어지고, 만경강변에서 갈대를 이용한 어살(찌기)이 만들어진 것은 이 지역에서 흔하게 구할 수 있는 재료를 활용하여 어전을 만들었음을 알 수 있게 한다. 다만 이 지역 어전 중 독특한 예로 개야도와 비안도 등에서 독살이 발견됨을 들 수 있는데 개야도의 경우 과거에는 행정구역상 충청도에 속할 정도로 충청도와 가까운 지리적 요인 때문에 독살이 만들어진 것으로 보이며, 비안도는 현재 남아있는 독살이 본래 비안도 전래의 전통적 형태는 아니고 이 섬 출신인 정복동 씨가 부안 고사포에서 그물로 만든 어살을 본 후 해방 직후에 비안도에 들어와 서대목이라는 외진 곳에 정착하여 처남되는 박연태 씨와 함께 독살 두 기를 만들어 유래했다고 한다. 정복동 씨가 독살로는 만든 이유는 그물 어망과 달리 독살은 매일 고기를 잡을 수 있기 때문이었다고 한다.

〈표 5〉 포획물 재료에 따른 분류

재료	명칭
돌(石)	독살
대나무	죽살, 어살, 살, 죽방렴, 주벅(금강)
칡넝쿨, 싸리나무, 나일론 그물, 명주그물	살, 어살, 주목망, 개막이
갈대	찌기

(3) 설치 장소에 따른 분류

금강의 어전에 대한 옛 기록을 보면 "진포(鎭浦)는 현의 북쪽 16

리에 있는데 어량(魚梁)이 있다."[15]라는 내용이 있다. 여기서 말하는 어량은 강변에 설치한 어살의 다른 이름이다. 어살은 애초에 강에서 사용하기 시작하였으나 차츰 바다에서도 널리 쓰이게 되었다. 때문에 고려시대에 어량은 강과 바다에서 두루 이용되는 어전 어법을 지칭하였으나, 조선 전기에 이르러 어량과 어살의 쓰임새가 구분되면서 어량은 강, 어살은 바다에 한정되어 쓰여졌다.

그러나 어전의 다양성처럼 설치 위치도 분명한 차이점을 나타내는데 군산시 옥서면의 하제마을의 경우 이 마을에서 운영하는 어전의 한 유형인 '발'은 규모가 적은 어살로 얕은 물에 설치하는데 하제 인근에서 주로 이용했고, 또 다른 유형인 '살'은 수심이 깊은 곳에서 이용하는 어구로 규모도 컸는데 주로 인근의 수라에서 설치했다.[16] 이처럼 수심에 따른 차이 외에도 똘매기는 작은 개천에서만 운영하고 주목망은 바다에만 설치하는 특징이 있는데 설치위치는 아래 〈표 6〉와 같이 바다, 해안, 강, 작은 개천 등 네 곳으로 나누어 살펴볼 수 있다.

〈표 6〉 설치 위치에 따른 분류

위치	명칭	재료
바다	주목망	각종 그물
해안	모든 어살 종류(독살, 죽살, 어살, 죽방렴, 살)	대나무, 칡넝쿨, 명주그물, 그물
강	어살, 개막이, 찌기, 주목	그물, 싸리나무, 대나무, 갈대
작은 개천	살, 돌메기	그물

15) 『東國輿地勝覽』, 沃溝縣, 山川條.
16) 구술: 박수남(74세) 하제 거주.

(4) 포획 어종에 따른 분류

어전에 포획되는 어류에 따른 구분은 과거 청어나 조기의 주요 어장에서 주로 구분하는 방법으로 어전의 구조적 특징을 표현하는 구분 방법은 아니라고 볼 수 있다. 이러한 구분은 조선시대 기록에서 볼 수 있는데 "호서의 어살 중에서 청석어살이 가장 많은 이익을 남기고 진잡어살은 이익이 약간 적다고 하였다. 청석어살은 청어와 조기를 어획하는 어살이고, 진잡어살은 진어(준치)와 잡어를 어획하는 어살이다."[17]라고 적고 있어 포획어종에 따른 구분을 하였음을 알 수 있다. 고군산군도의 개야도 마을 어른들에 따르면 옛날에는 청어둔벙이라 하여 청어를 주로 잡는 독살이 여러 개가 있었다고 한다. 이는 같은 어전이라도 잡히는 어종에 따라 명칭이 달랐음을 알 수 있게 한다.[18]

Ⅳ. 특징과 분포

1. 특징

이 지역 어전의 유형과 분포를 확인해 보면 크게 두 가지 특징을 알 수 있는데, 그 첫째는 인위적 자연환경의 변화가 어전에 끼친 영향을 단적으로 볼 수 있다는 점이다. 즉 이 지역의 자연환경은 1920년대 일제에 의한 간척사업을 시작으로 1970년대(군산지방

---

17) 『均役事目』, 英祖 28年(1752).

18) 구술: 박창연(75세) 옥도면 개야도리 거주.

산업단지조성공사), 1980년대(군산국가산업단지), 1990년대(군장국가산업단지 조성), 2000년대(새만금 간척사업)라고 하는 대규모 간척사업의 실시로 자연환경이 크게 변화하여 어전을 할 수 있는 환경이 파괴되었다. 그 결과 섬 주민들이 이주하게 되었고, 이로써 이곳은 전통어로의 흔적이 급격히 훼손된 현장으로서 자연의 인위적 변화가 전통어로에 끼치는 영향을 확인할 수 있는 곳이 되었다. 둘째는 이 지역은 자연환경의 특수성으로 인하여 어전의 다양한 유형을 확인할 수 있다는 점을 들 수 있다. 즉 군산·고군산군도 지역은 섬과 서해안 바닷가, 그리고 금강, 만경강이라고 하는 자연환경의 다양함으로 인하여 섬과 해안가 그리고 내륙의 강변에서 이루어진 어전의 유형들을 확인할 수 있다는 것이다.

2. 분포

고군산군도와 군산지역 어전의 종류와 분포를 보면 〈표 7〉과 같다. 이 표는 필자가 이 지역 어전의 유형과 분포를 조사한 후 다양한 형태의 어전을 하나의 표에 담아보고자 만든 것이다. 〈표 7〉은 어전의 일반적 유형으로 살, 독살, 찌기, 개막이, 주목망의 다섯가지를 중심으로 삼아 각 유형마다 지역적으로 불리는 유사명칭과 다양한 재질, 어전의 규모, 어전이 설치되는 지역, 어전을 운영한 마을, 포획어종으로 나누어 분류해 보았다.

〈표 7〉 고군산군도 · 군산 어전의 유형표

유형	유사 명칭	재료	규모	지역	바다/강	포획어종
살	살	대나무	大	개야도, 선유도, 비안도, 장자도, 신시도, 내초도, 수라마을	해안	조기, 청어
	어살	대나무	小	개야도	해안	꽃게, 잡어
	궁발	대나무	小	개야도, 내초도	해안	꽃게, 잡어, 망둥어, 몰치, 새우
	대발	대나무	小	고군산군도, 구암동	해안, 강변	삼치, 우럭, 복, 등 잡어, 숭어, 새우, 우여, 잡어
	발	그물	大	사옥개, 하제		망둥어, 숭어, 잡어, 중화 및 잡어
	어망	그물		어은동, 오봉포구		
	어망살	그물	大	수라바다	해안	망둥어, 숭어
	들장	그물	大	내초도	해안	망둥어, 숭어, 조기 등 잡어
	통발	대나무	小	사옥개		잡어
독살	도살	돌	中	개야도, 비안도, 내초도	해인	칭이, 조기, 기타 집어
	주벅	돌	小	개야도	해안	
찌기	찌기		大	어은동, 오봉포구		하란새우

<table>
<tr><td rowspan="4">개메기</td><td>개메기</td><td></td><td>大</td><td>어은동,
오봉포구,
원나포,
내초도,
개야도</td><td></td><td>꽃게, 잡어, 조기</td></tr>
<tr><td>고정
개메기</td><td>그물</td><td>中</td><td>구암동</td><td>강변</td><td>잡어</td></tr>
<tr><td>똘메기</td><td>그물</td><td>小</td><td>원나포</td><td></td><td>매기, 장어</td></tr>
<tr><td>풀메기</td><td>그물</td><td>大</td><td>사옥개</td><td>강</td><td>새우, 황새기, 우어</td></tr>
<tr><td rowspan="3">주목망</td><td>주목망</td><td>그물</td><td>大</td><td>비안도</td><td>바다</td><td>숭어, 우럭, 농어</td></tr>
<tr><td>주곡대</td><td>그물</td><td>大</td><td>장자도</td><td>바다</td><td>민어, 조기, 청어, 우럭 등</td></tr>
<tr><td>주벅</td><td>그물</td><td>大</td><td>개야도</td><td>바다</td><td></td></tr>
<tr><td>주벅</td><td>주벅</td><td>대나무</td><td></td><td>금강중류
시음리, 내</td><td>강</td><td>농어, 숭어, 북어</td></tr>
</table>

※ 현재 남아있는 어전이 극소수라서 구술 중심의 조사를 하여 작성한 것이라 정확한 어전의 규모 확인이 어렵다는 문제점이 있다(조사자: 김중국 2002).

V. 지역별 분포와 특징

1. 고군산군도의 어전

고군산군도에는 유인도 16개와 무인도 24개가 있다. 그 유인도 중 어전을 했던 기록과 흔적이 남아있는 곳을 확인해 보면 8개 섬에서 어전의 흔적을 확인할 수 있는데, 현재까지도 어전을 하는 곳은 찾을 수 없다.

(1) 개야도(開夜島)

개야도는 조선시대에는 충청도 오천군 하남면에 속해있던 섬이었으나 1914년부터 옥구군에 편입된 섬으로 충청도와 가까운 지형적 요인 때문인지 이곳에서는 충청도 도서지역에서 가장 광범위하게 이용된 어전인 독살이 발견되는 독특한 현황을 살펴볼 수가 있다.

개야도에서는 돌로 만든 어살인 독살을 주목이라고 불렀는데 이는 현재 사는 사람들이 독살과 주목망을 혼돈한 결과인 듯싶다. 또한 정작 주목망 어업은 개막이로 불렀으며, 작은 대나무로 만든 어살은 궁발이라 불렀고 규모가 큰 어살은 그냥 살이라고 불렀다. 마을 어른들에 따르면 옛날에는 청어둔벙이라 하여 독살이 여러 개가 있었다고 하며 또한 독살과 관련하여 옛 어른들은 "옛날 바람이 불면 독살에 고기는 안 들어가고 돌 만 넘어가고 악섬에서는 왈왈하고 궁구섬에서는 궁궁하며 내 돈 몇십 만 냥 누가 주냐"하는 이야기를 했다고 하는 구전을 전한다. 이제는 독살도 사라지고 어살이나 개막이 등의 어구는 모두 사라졌지만 아직도 독살에 조기떼가 가득 잡히던 추억을 간직한 어른들이 기억하는 개야도의 어전으로는 독살, 궁발, 개막이, 살 등이 있다.[19)]

① 주벅(독살): 개야도에서 독살은 아주 오랜 옛날부터 해 왔는데 독살마다 주인이 각기 있었다고 한다. 현재 남아있는 독살은 3곳인데 모두 무너져 형태를 알아보기가 어렵다. 이들 독살 중 대표적인 독살은 흰 독살이라고 부르는 곳에 위치한 큰 주벅(독살)인데 이곳에서는 해방되던 해까지 고기를 잡았으나 어획량이 감소하고 소득이 줄자 독살의 보수를 소홀히 하여

19) 구술: 박창연(75세), 김두성(73세), 이대진(67세) 개야도 거주(녹취).

중단되었다고 한다. 이 독살은 개야도에 거주하는 이대진 씨 집안에서 조상 대대로 운영하였다고 한다. 독살의 관리는 물때에 맞추어 한 달에 10일 정도 물을 보는데(물고기 수거) 그럴 경우 한 달에 20회 고기를 잡을 수 있었다고 한다. 이대진 씨 독살은 중앙에 대나무로 만든 굴뚝(임통)이 있어 그곳에 어류가 담겨있었다고 한다. 이대진 씨 집안의 독살에서는 꽃게가 주로 잡혔으며 기타 우럭, 멸치 등의 잡어가 잡혔다. 이대진 씨 독살 북쪽으로 정안철 씨 집안의 독살이 있었는데 규모는 적은 편이며 해방 후 만들어졌다고 한다. 이곳 독살의 모습은 갯벌에 둥근 초승달 모양으로 돌을 쌓는 일반적인 모습이었는데 지금도 어느 정도 모습을 갖추고 있다. 이 밖에도 개야 초등학교 뒤 안악섬 독살은 해변에 자리하고 있었다. 안악섬의 독살은 자갈밭의 해안에 초승달모양으로 만들어져 있었는데 규모가 큰 편은 아니며 청어, 조기 등이 잡혔다고 한다.[20] 앞서 말했듯이 개야도에서는 독살을 주벅 즉 주목망의 유사 명칭으로도 부르고 있는데 이유는 알 수가 없다.

② 궁발(어살): 어살의 유사 명칭인 궁발은 개야도에서만 발견되는 독특한 명칭으로 그 형태는 길이 1m정도 되는 대나무를 잘게 쪼개어 대나무와 대나무 사이를 촘촘히 엮는 모습이었다. 전체적으로 규모가 작은 어살이었는데 제작 과정은 어려웠으나 소득이 크지 않아 소일거리를 찾는 노인들이 많이 하

20) "독살은 조수간만의 차가 심한 바닷가에 만들어지는데 모습을 보면 반달형태가 가장 많으며 지형적으로 볼 때 독살 양쪽 날개인 위쪽은 지대가 높으므로 독살을 얕게 쌓았고, 반대로 바다로 돌출된 쪽은 지대가 낮으므로 독살을 높게 쌓았다. 따라서 썰물 때에 독살에 들어온 고기가 갇히게 마련이다." 國立民俗博物館, 『漁村民俗誌』(1996), 124쪽.

는 어로 행위로 모습은 초승달 형태를 띠고 있어 독살과 유사했다고 한다. 궁발의 경우 서들녘 근처 갯벌을 터전으로 개야도에 거주했던 장씨와 신영덕 씨 집안에서 주로 했는데 꽃게를 많이 잡았다고 한다. 이는 50여 년 전에 중단되었다.

③ 개막이: 궁발과 비슷하지만 궁발이 대나무로 만들어 제작이 어려웠기에 기둥나무에 그물을 치는 개막이가 주로 이용되었다. 높이는 궁발보다 높았으나 설치가 간단하여 한동안 사용되었다고 한다.

④ 살: 개야도의 살은 임현택 씨 집안에서 운영했는데 자재는 큰 왕대나무를 이용하며 모습이 궁발의 큰 모습인데 높이가 3m 정도되며 모습은 초승달 모습의 독살과 달리 해안선과 평행하게 일 자로 설치한 후 한쪽 끝을 둥글게 휘어 감아 방을 만들어 고기가 출구를 찾다 방에 들어가면 못나오는 형태이다. 개야도의 어전 중 가장 규모가 큰 형태인 살은 조기 철에는 엄청난 양을 잡았다고 한다. 그러나 이 또한 50여 년 전에 사라졌다.

〈표 8〉 개야도의 전통 어전 현황

종류	위치	개수	크기	모양	재료	소유자	어류	비고
독살	학교 뒤 (악섬)	1	75m	반달 형태	돌	아주 오래 전부터 주인이 없음	청어, 조기	1960년대 중단
	흰독살	1	21m	〃	〃	정안철 씨 집안	꽃게가 주종 기타, 우럭, 멸치, 잡어	1975년대 중단
	흰독살	1	175m	〃	〃	이대진 씨 집안	꽃게가 주종 기타, 우럭, 멸치, 잡어	1960년대 중단

궁발(어살)	서들녘 근처	2		V자	대나무	장씨 집안 신영덕 씨 집안	꽃게, 잡어	1950년대 중단
살	서들녘 근처			一자	대나무	임현택 씨 집안	조기, 청어, 잡어	1950년대 중단
개막이				V자	나무, 그물		꽃게, 잡어, 조기	중단

(2) 선유도(仙遊島)

선유도는 오랜 옛날부터 서해의 대표적 어족이었던 조기를 비롯하여 민어, 갈치, 삼치, 고등어 등을 대상으로 우리 민족의 전통적인 중선망(中船網), 주목망, 지홍망 등의 전통적 어로방법이 행하여졌던 곳으로 조선시대 기록에 따르면 "고군산군도 지역의 어살에 대한 해세(海稅) 징수가 경기도나 충청도에 비하여 컸던 것으로 나오고 있으며 어전 대전(大箭) 1등에 70냥을 징수했고 소소전(小小箭)에 4냥 내지 3냥을 징수하여 살의 규모의 차이가 컸던 것으로 보이고 특히 대전(大箭)의 경우 세금이 이웃 위도나 경기도의 2배 내지 4배 정도 된다."[21]라고 하여 고군산군도의 어전 어획량이 전

〈표 9〉 선유도의 전통 어전 현황

종류	위치	개수	크기	모양	재료	소유자	어류	비고
독살	없음							
살	진말 앞 갯벌	2개	대발로 만든 50m 대발로 만든 70m	V자	대나무	알 수 없음	조기, 게, 잡어	1950년대 중단
주목	없음							

21) 『均役事目』 英祖 28年(1752), 海稅.

국적으로도 컸던 것을 알 수 있다. 그러나 선유도의 어전은 현재는 모두 사라지고 선유 2구의 진말 앞 갯벌에 대나무로 만든 살이 있었다는 증언만 들을 수 있다.

(3) 비응도(飛應島)

섬의 모습이 매가 나르는 모습이라 하여 비응도 혹은 비응이라 하였는데 군산에서 뱃길로 11해리 거리였으나, 지금은 새만금사업의 군산쪽 기점이 되어 육지와 연결되었고 섬의 모습도 상당부분 훼손되어 옛 모습을 찾을 수 없다. 그러나 이곳에는 동쪽으로는 모래 해변이 있고 서쪽으로는 갯벌이 발달하여 어전의 적지였다. 때문에 과거에는 어살과 독살 등이 있었는데, 독살은 최근까지 그 흔적을 확인할 수 있었으나 군장국가 산업단지 공사로 갯벌이 매립되어 지금은 사라졌다.

(4) 비안도(飛雁島)

본래 전라남도 지도군에 소속된 곳으로 부안군에서 9km 떨어진 부안 앞바다의 섬이다. 이곳에서는 이 섬 출신인 정복동 씨가 부안 고사포에서 그물로 만든 어살을 본 후 해방 직후에 비안도에 들어와 서내목이라는 외진 곳에 정착하여 처남되는 박연태 씨와 함께 독살을 만들었다.

정복동 씨가 독살을 만든 이유는 그물 어망과 달리 독살은 매일 고기를 잡을 수 있기 때문이었다고 한다. 총 2개가 만들어졌는데 현재도 사용하지는 않지만 2개 모두 남아있다.

이곳 독살의 명칭은 마을 주민들도 공통적으로 독살이라 부르며 독살의 중앙에 자리한 임통을 그냥 둥벙이라 불렀다고 한다. 이곳의 독살은 20여 년 전부터 어족 감소로 중단되었다. 이 밖에도 비안도에서는 격포 가는 바다에 주목망 어장이 있어 운영하였는데 300m 이상되는 큰 규모로 조채문 씨라는 분이 운영하였으나 해방 이전에 중단되어 지금은 주목만 남아있다고 한다.[22]

〈표 10〉 비안도의 전통 어전 현황

종류	위치	개수	크기	모양	재료	소유자	포획 어류	비 고
독살	터진 개	1	300m	반달 형태	돌	정복동, 박연태	숭어, 우럭, 농어	1980년대
	서대 목	1	300m	〃	〃	정복동, 박연태	숭어, 우럭, 농어	1980년대
살	없음							
주목망	격포 가는 화선	1	300m 이상		나무, 그물	조채문		해방 이전에 중단

(5) 말도(末島)

말도는 고군산군도의 최북서단에 위치하고 있다. 옛날에는 끝점 혹은 끝섬이라고 불렸다. 말도 인근 해역은 수심이 깊어 바다 낚시 장소로 잘 알려져 있는데 갯벌이 적어 일반 어살이나 독살은 만들어지지 않았지만 인근 해역에 주목망은 많이 만들어졌다고 한다. 그러나 현재는 아는 사람을 찾을 수 없다.

22) 구술: 이귀남(62세), 비안도 64번지 거주, 정병근(60세) 비안도 60번지 거주.

(6) 장자도(壯子島)

가제미, 장자도, 장자 등으로 불리는 장자도는 섬의 모습이 가자미를 닮았다고 하여 또 장자(부자)가 살았다고 하여 장자도라 불렀다고 한다. 선유도와 이웃하여 있으며 예부터 전통 어전이 발달한 곳인데 지금은 그 흔적을 찾을 수 없고 다만 주목망의 흔적만 남아 있다. 장자도에서는 주목망 어업을 주곡대라고 부르는데 장자도와 관리도 사이 밭도라고 부르는 곳에 3곳이 있었다고 한다. 주목망의 규모는 각기 7파 2구미, 8파 2구미, 9파 2구미 정도됐는데 주 포획 어종은 민어, 조기, 청어, 우럭 등으로 해방 후에도 운영을 했다고 한다.

〈표 11〉 장자도의 전통 어전 현황

종류	위치	개수	크기	소유자	포획어류	비 고
독살	없음					
살	작은여 잔물	1				
주곡대 (주목망)	장자도와 관리도 사이 밭도(田島)	3	7파 2구미 8파 2구미 9파 2구미	장자도 주민	민어, 조기, 청어, 우럭 등 다수	1950 년대 중단

(7) 두리도(斗里島)

두리도는 고군산군도 중 가장 남쪽에 자리한 섬으로 비안도의 북동쪽 1해리 지점에 있다. 이 섬은 1980년 12월 행정구역 개편으로 비안도에서 분리되었는데 섬의 모습이 옛날 곡식을 헤아리던 말(斗)의 모습과 유사하다 하여 두리도라 칭했다고 한다. 이곳 주민들은 주로 김 양식과 주꾸미, 장대 등을 잡아 생활하고 봄이 되면 새우잡이로 분주하게 보냈지만 새만금사업으로 요즘에는 새우가 거의 안 나온다고 한다.

이 섬에서는 부안에서 온 사람이 동네 앞 넓은 갯벌에 어살[23]을 설치하여 운영하였는데 당시의 어살은 'V'자모양을 하고 있었으며 높이 3m 정도되는 대발을 엮어서 만들었다고 한다. 이곳에서는 삼치, 우럭, 복, 간제미 등 잡어를 잡았다고 하는데 이 대발은 20년 전쯤 중단되었다. 2~3년 후 같은 부안 사람이 같은 장소에 나무 말뚝에 그물을 이용하는 'V'자모양의 어살을 다시 만들었으나 10년쯤 전에 그만두었다고 한다. 어살이 설치되어 있던 곳은 지금도 그 영향을 받아 어살이 있던 땅이라는 뜻으로 살터라 불리고 있다.[24]

〈표 12〉 두리도의 전통 어전 현황

종류	위치	개수	크기	모양	재료	소유자	포획어류	비 고
독살	없음							
대발 어살	동네앞 갯벌 (살터)	1	500m	V자 형태	대나무	부안 사람	삼치, 우럭, 복, 간제미 등 잡어	1970년대 중단
그물 어살	동네앞 갯벌 (살터)	1	500m	V자 형태	그물	부안 사람	삼치, 우럭, 복, 간제미 등 잡어	1980년대 중단

23) "어살은 우리 주변에서 가장 쉽게 확인할 수 있는 어전으로 옛날에는 대나무살과 싸리나무를 이용하여 만든 소규모 형태와 대나무를 이용한 큰 규모의 어살이 만들어졌는데 일제가 들어오며 그물을 이용하기 시작하자 손이 많이 가는 대나무를 이용한 방법은 사라지고 그물을 이용한 어살이 주를 이루게 되었다. 그러나 서해안 지역의 자연 지리적 장점에도 불구하고 서해안의 어족 감소로 인하여 1960년대 이후 어살은 사라져 가고 있다." 구술: 박창연(75세) 내초도 거주.

(8) 신시도(新侍島)

신시도는 군산에서 서남쪽으로 22해리 거리에 위치한 섬이다. 이곳에서도 섬 주변에서 이루어지는 어전이 있었던 것으로 보이는데 현지인들은 대나무살로 만든 어살을 만들어 이용했음을 기억하고 있다. 신시도의 어살은 어살이 있던 땅이란 의미를 지닌 살바탕이라는 갯벌에 두 곳 있었는데 그중 규모가 큰 곳은 고진곤 씨 아버지가 운영한 곳으로 높이가 3m 정도되는 대나무발로 만든 7자를 뒤집어 놓은 모습의 어살이었다. 이곳의 어살은 개야도의 살과 유사한 모습이었는데 갑오징어, 조기, 갈치, 꽁치 등이 주로 잡혔으며 55년 전에 중단되었다고 한다. 또 한 곳은 김일권 씨 할아버지가 소일거리 삼아 만든 어살로 높이가 1m 정도되었으며 망둥어

〈표 13〉 신시도의 전통 어전 현황

종류	위치	개수	크기	모양	재료	소유자	포획 어류	비고
독살	없음							
살	살 바탕	1	큰 규모	뒤집어진 7자 모양	대나무	고진곤 씨 아버지 운영	갑오징어, 조기, 갈치, 꽁치 등	1950년대 중단
어살	살 바탕	1	작은 규모	반달 모양의	대나무	김일권 씨 할아버지	망둥어, 잡어 등	1950년대 중단
주벅망(주목망)	백찌미	알수 없음				신시도 주민		1930년대 중단

24) 구술: 박병환(60세) 두리도리 23번지 거주.

등을 잡았다고 한다. 재질은 대발로 만들었으며 반달모양이었는데 50년 전에 중단하였다고 한다. 이곳 어살에서는 꽁치, 망둥어, 전어, 조기 등이 잡혔다. 이 밖에 주벅망(주목망)도 했다고 하는데 장소는 오늘날 새만금 방조제 인근의 백찌미 주변으로 70년 전에 중단되어 확인이 불가능하다고 한다.[25)]

2. 군산연안의 어전

(1) 군산 옥서면 지역

옥서면은 군산반도의 서쪽에 위치한 지역으로 1920년대 이후 간척사업에 의한 자연환경의 변화로 말미암아 본래의 해안선은 모두 내륙이 되었고 섬들 또한 육지에 포함된 곳으로 고군산군도 지역민들이 군산 해안에 독살이 많다고 구술한 곳이 바로 옥서면 인근으로 추정된다. 일제시대 문헌상의 기록을 보면 가내도 등에서 어전을 했음을 알 수 있으며 현재도 내초도와 하제 인근에서는 옛 어전의 흔적을 확인할 수 있고 수라마을에서는 건강망이라고 하는 어살어업이 행해지고 있다.

① 가내도(可乃島)

현재 군산지방산업단지의 공단 내에 자리한 가내도는 작은 야산의 모습으로 변하였는데 본래 입이도의 서남방에 위치하며 5가구에 주민 16인이 거주하던 작은 섬이었다. 이 섬에는 어선 1척이 있어 어로작업을 하였고 어전(魚箭) 1좌가 있어 이를 이용하여 작은 게를 잡았다고 하는데 어전이란, 『조선왕조실록』에 이르기를 바다에

25) 구술: 박덕래(58세) 신시도 126번지 거주, 박병근(46세) 신시도 거주.

서 하는 어전을 통칭하는데 서해 및 서남해안에서 많이 설치하였던 전통 정치어구로 그 모습은 방사형 또는 만형으로 지주를 세우고 거기에 대, 갈대, 혹은 싸리 등으로 만든 발을 둘러치고 중앙의 1개소 또는 좌우에 각각 1개의 임통을 설치하는 것이었다. 어전 중에는 양날개의 연장길이가 600m에 달하는 큰 것도 있었다는데 높이는 3간 정도로 만조 시에는 지주의 선단이 물 속에 잠겼다. 또한 어전 중에는 양 날개에 한하여 지주를 세우지 않고 가지가 붙은 대 또는 나무를 세운 것도 있었다. 이 어살의 경우 규모나 모습은 확인할 수 없는데 1978년 착공된 지방산업단지 공사로 섬이 육지가 되면서 사라졌다.[26)]

② 내초도(內草島)

새(풀)가 많으므로 새섬 또는 초도라 불린 내초도는 본래 전라남도 지도군 지역으로 1914년 옥구군 미면에 속하였다. 일제시대만 해도 50여 가구가 살던 조그마한 섬으로 들물 때면 섬이 되고 날물 때면 물이 빠져 육지와 연결되는 섬이었다.

『수로지(水路誌)』에는 흑도로 표시되어 오식도 동부에서 정남쪽 1리에 있는 섬이라 적혀 있다. 마을 어른들에 따르면 아주 옛날부터 살을 하며 살았다고 하는데 19세기에 15가구 40여 명이 살았고 어선 3척과 어전 3좌를 가지고 주로 봄철에 준치와 새우 등을 어획했다고 한다.[27)] 현재 150가구 정도가 생활하는 내초도에서 10대째 살고 있는 제보자 문연조(82세) 씨에 따르면 내초도는 비응도 인근 바다에 살을 엮어 생활하였다고 하는데 살은 음력 3월 그믐에서 4월 초순에 설치했으며 대나무로 만들었고 어살을 부르기를 전(箭)

26) 農商工部水産局, 『韓國水産誌』 第1輯(1908), 95쪽.

27) 農商工部水産局, 『韓國水産誌』 第1輯(1908).

이라 했는데 1전에서 5전까지 다섯 개의 살이 있어 마을의 대표 성씨인 문씨, 고씨 등의 집안사람 중 자금력이 있는 사람들이 운영했으며 어살의 운영자는 앞이 뭉뚝한 조선식 배를 지니고 있어 살에 갇힌 물고기를 잡아 왔다고 한다. 살 이외에도 내초도에서는 독살 1기와 궁발, 들장 등의 어전을 했으며 해방 전에는 마을 주민 전체가 살 어업에 종사하며 생활했다고 한다. 내초도의 어전은 내초도에 거주하며 어전을 했던 문연조(82살) 씨의 구술로 그 내용을 확인할 수 있었다.

㉠ 살: 내초도의 대표적 어전인 살의 형태를 보면 살은 음력 3월 그믐에서 4월 초순에 설치했으며 5~6개월 정도 고기를 잡았는데 살을 설치하는 시기에는 부정탄다 하여 마을에서 출산을 못하게 하여 그 달이 산달인 산모는 육지의 친정이나 친척집에 가서 몸을 풀고 왔다고 한다. 살의 재료인 대나무는 육지에서 사다가 길이가 4m 정도에 폭이 1㎝되게 잘라 이용했는데 마을주민들이 살을 엮을 때는 대나무 발 엮듯이 고드레독이라는 돌추를 이용하여 일반보다 굵은 새끼줄로 엮었다고 한다. 말장은 소나무나 참나무를 이용했는데 참나무는 귀해서 주로 내초도나 인근 육지에서 소나무를 구해서 이용했으며 소나무는 두께가 두 손으로 잡기 어려울 정도로 두꺼웠고 길이는 3m 정도되며 말장과 말장의 폭은 4~5m 정도였다고 한다. 살의 모습은 'V'자 형태와 '一'자 형태 두 종류가 있었는데 'V'자형은 내상이 중앙에 자리하고 '一'자형은 좌측이나 우측 중 한 곳에 내상을 설치했는데 내상의 입구는 60㎝ 정도되었다고 한다. 한해 이용한 어살은 겨울에는 대발을 거두어 땔감이나 초가 건축의 재료로 이용하였다고 한다. 살에서는 금복,

삼치, 조기, 갈치 등의 고기가 많이 잡혔는데 어살은 비응도 인근에 설치하고 물이 빠지면 노 젓는 배를 타고 가서 내상에 가두어진 고기를 징어라고 하는 삼각형 형태의 그물망 뜰채로 들어올려 잡았다. 잡은 물고기는 상구선이라는 운반용 배에 실어 군산의 째보선창 어판장으로 바로 옮겨져 객주에게 넘겨졌다고 한다.

㉡ 독살: 이 밖에도 독살은 내초도의 남쪽 끝 큰 섬 아래 새패 밑에 1기가 있었는데 타관에서 내초도로 이주한 한서방이라는 사람이 운영했다고 한다. 길이가 20m 정도로 작았으며 1960년도에 중단되었는데 이곳에서는 망둥어, 숭어 등이 잡혔다고 한다.

㉢ 궁발: 독살 외에도 규모가 적은 어살인 궁발과 최근까지 이용된 그물을 이용하는 들장 등이 있었는데 궁발은 얇은 대살을 길이가 60㎝ 정도되게 자른 후 엮어 길이 30m 정도로 만든 후 물이 빠질 때쯤 사람이 지니고 물에 들어가 갯벌에 반달형태로 꽂아 두어 물이 빠지면 고기를 잡는 형태인데 소규모 어살이라 할 수 있으며 마을에서 2~3사람이 심심풀이로 했다고 한다. 궁발에서는 잡어인 망둥어, 몰치, 새우 등이 잡혀 마을 주민들이 반찬용으로 나누어 먹었다고 한다.

㉣ 들장: 살이나 궁발, 독살 등의 전통 함정망과 달리 들장은 나일론 그물을 이용하여 고기를 잡는데 내상이 없는 모습으로 설치장소는 내초도의 남쪽인 멍에섬 인근 갯벌로 길이 13m 정도되는 큰 말장을 3~4m 간격으로 박은 후 그물을 매었는데 형태는 역시 'V'자 형태와 '一'자 형태 두 종류가 있었다고 한다. 들장은 최근 10여 년 전까지도 사용했으며 해방되던 해에 조기떼가 몰려와 엄청나게 잡았다고 한다. 그러나 역시 내

초도의 주요 어전은 살이고 독살은 내초도 전래의 어살은 아닌 것으로 보인다.[28)]

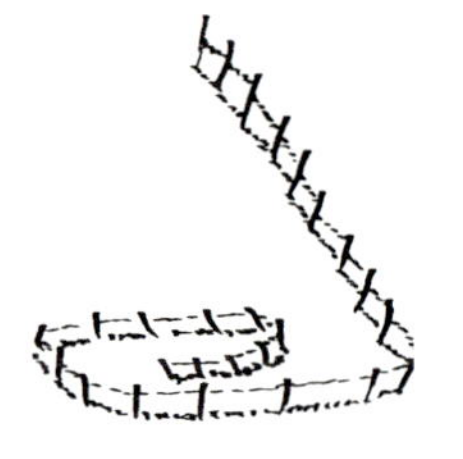

〈그림 1〉 내초도 ('—'자 살)

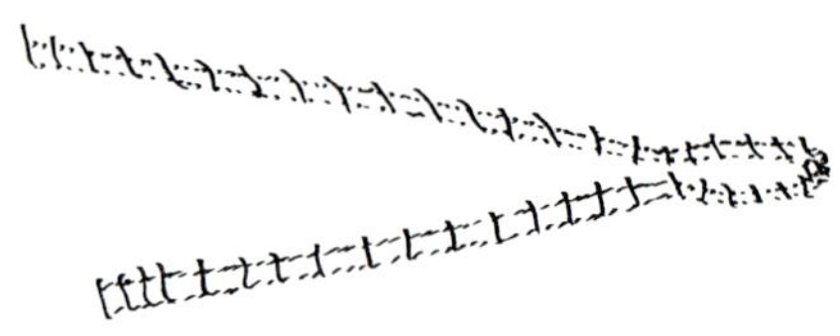

〈그림 2〉 내초도 'V'자 살

〈표 14〉 내초도의 전통 어전 현황

종류	위치	개수	크기	모양	재료	소유자	포획어류	비고
살	내초도 동쪽 비응도 인근	5전	높이 4m 길이 200m	V자, 一자	대나무	문씨, 고씨 등	금복, 삼치, 조기, 갈치 등	1950년대 중단
궁발	내초도 남쪽 및 동쪽 인근	2~3	높이 60cm 길이 30m	반달 형태	대나무	마을 주민	망둥어, 몰치, 새우 등	1950년대 중단
독살	내초도 남쪽 큰섬 아래 새패 밑	1	길이 20m	반달 형태	돌	한씨	망둥어, 숭어 등	1950년대 중단
들장	멍에섬 남쪽갯벌	많음	길이 200m	V자, 一자	그물	마을 주민들	망둥어, 숭어, 조기 등	1990년대 중단
개막이	비응도 인근				그물	군산 사람	숭어, 민물장어	1960년대 중단

28) 구술: 문연조(82세) 내초도 거주.

③ 하제(下梯)

하제 마을은 옥서면의 무의인도에 자리한 상제, 중제, 하제 마을 중 제일 남쪽에 자리한 곳으로 일제시대 비행장 공사로 상제와 중제 마을은 사라지고 현재는 하제 마을만 남아있다. 하제마을은 하제포구로 유명한데 상제와 중제 마을에서는 오랜 옛날부터 어전이 행해졌다고 한다.

〈그림 3〉 찌기통을 이용한 발

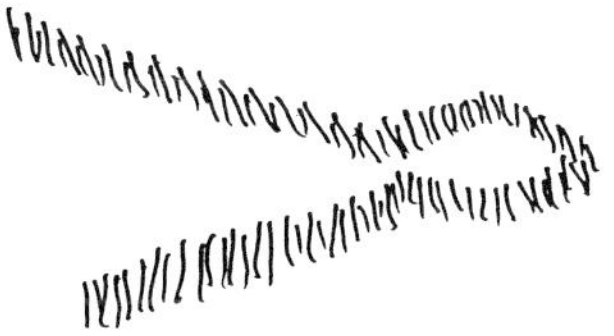

〈그림 4〉 내상을 만든 발

이곳에서는 어살을 '발'이라 부르는데 대나무살을 이용하여 'V'자 형태로 만들며 가장 안쪽에는 둥근 모양의 내상이라는 물고기 수집함이 있는 형태이다. '발'은 큰 것은 길이 3~5m, 작은 것은 1.5m의 대나무살(5㎝)을 그야말로 발을 엮듯이 엮어 이용하였는데 말목은 마을에서 자라는 소나무를 이용했다고 한다. 규모는 큰 것과 작은 것이 있는데 일반적으로 좌우 합하여 100~200m 정도였고 내상 대신에 갈대로 만든 찌기통을 이용하기도 했다한다. 찌기통은 망경강변의 어전에서 나타나는 형태인데 물고기가 담기는 내상 대용으로 찌기통을 이용한 것으로 보인다. 찌기통을 이용하는 경우 내상자리와 살의 우측 끝 두 곳에 찌기통을 설치했다고 한다. 이 마을의 '발'은 중제마을 앞 갯벌에 설치했는데 밀물 때는 대나무의 위쪽이 육지쪽으로 휘어 물고기가 들어오기 좋게 하고 썰물 때에는 물살 때문에 대나무 발이 반듯이 서서 물고기를 포획하기 용이했다고 한다. 제보자에 의하면 '발'은 규모가 작은 어살로 얕은 물에 설치하는데 하제 인근에서 주로 이용했고 '살'은 수심이 깊은 곳에서 이용하는 어구로 규모도 컸는데 주로 인근의 수라에서 설치했다고 한다.[29)]

〈표 15〉 하제의 전통 어전 현황

종류	위치	개수	크기	모양	재료	소유자	포획 어류	비고
발	마을 앞 갯벌	5~8	좌우 100~ 200m	V자	대나무	박수남 외 5~6인 (1인당 1기)	중화 및 잡어	1950년대 중단
개막이	하제 인근 해역							1960년대 중단

④ 수라마을

수라마을은 군산비행장 인근에 자리한 곳으로 넓은 갯벌과 조개잡이로 유명한 곳이다. 제보자에 의하면 본래는 갯벌이 이렇게 넓고 높지 않아 옛날에는 배를 이용한 어업을 했는데 언제부터인 갯벌이 쌓여 어전이 주생활수단이 되었다고 한다. 이곳에서는 개막이와 살어업을 했는데 주로 살을 많이 했다고 한다. 이 마을의 살은 인근에 위치한 하제마을의 발과는 달리 규모가 아주 컸는데 형태는 'V'자이며 대나무는 옥구에서 구해 왔고 큰 것은 길이 15~17m, 주변의 작은 것은 7~8m의 대나무살(5㎝)을 그야말로 발을 엮듯이 엮어 이용하였는데 말목은 부안에서 구해온 참나무를 이용했다고

29) 구술: 박수남(74세) 하제 거주.

한다. 말목의 크기는 12m로 말목과 말목 사이는 7~8m 정도되었고 'V'자 한 쪽편의 길이가 150m정도되었으며 'V'자의 중심에 내상이라는 둥근 모양의 포획구역을 만들었다고 한다. 대발어살에는 각종 어류가 다 잡혔는데 해방 직후에는 조기떼가 몰려와 전부 거두어들이지도 못하는 풍어기가 있었다고 전한다. 대발로 만든 살은 60년 전쯤 사라졌고 현재는 말목에 그물을 매달아 이용하는 어살을 하고 있다.

그물 어살은 3~5m 말목을 갯벌에 박은 후 그물을 걸어두는데 대발에 비하여 어획량이 형편없이 적은 편이다. 어부들은 그 이유를 그물은 나일론 냄새가 나고 대나무는 냄새가 없기 때문이라고 한다. 그물어살에는 주로 망둥어나 숭어가 잡히는데 수익은 아주 적다고 한다.[30]

〈표 16〉 수라마을의 전통 어전 현황

종류	위치	개수	크기	모양	재료	소유자	포획어류	비 고
살	수라바다	5~6개	좌우 300m	V자	대나무	송창식 외 마을 주민들	조기, 청어, 잡어	1940년대 중단
어망살	〃	3기	좌우 150m	V자	그물	송창식 외 마을 주민	망둥어, 숭어 등	현재 이용

(2) 금강변 지역

금강의 어전에 대한 옛 기록을 보면 "진포(鎭浦)는 현의 북쪽 16리에 있는데 어량(魚梁)이 있다."[31]라는 내용이 있다. 『동국여지승람』의 부록 지도인 '동여비고'라는 고려시대 지도에는 『동국여지승람』

30) 구술: 송창식(67세) 옥서면 남수라마을 거주.

31) 『東國與地勝覽』, 沃構縣, 山川條.

옥구현 산천조의 내용에 따라 고려시대 군산지역을 그리고 있는데 현재의 옥구읍 상평리의 북동쪽에 위치한 성산면과 구암동 인근에 진포를 기록하여 이곳이 최무선 장군에 의한 진포대첩의 현장이며 또한 어량이 있던 곳임을 알려준다. 그렇다면 어량이란 무엇인가.

어량은 강변에 설치한 어살의 다른 이름이다. 어살은 애초에 강에서 사용하기 시작하였으나 차츰 바다에서도 널리 쓰이게 되었다. 때문에 고려시대에 어량은 강과 바다에서 두루 이용되는 어전 어법을 지칭하였으나 조선 전기에 이르러 어량과 어살의 쓰임새가 구분되면서 어량은 강, 어살은 바다에 한정되어 쓰여졌다.

이를 볼 때 금강의 하구이며 썰물 때는 넓은 갯벌이 드러나는 구암동, 성산면 인근에는 문헌에 기록될 정도로 규모가 큰 어살이 설치되어 있었음을 알 수 있다. 당시 어량의 모습은 대나무나 칡줄기 그물을 이용한 형태로 돌살은 없었던 것으로 보이는데 지금은 옛 흔적을 확인할 수 없다.

현재도 구암동 앞 강변에는 썰물 때면 대나무살을 이용한 오래된 어살의 흔적을 확인할 수 있지만 현재의 어살은 최근에 충청도 서천 사람들이 만든 것이고 이 지역의 전통어살은 전승되지 않고 있다.

① 궁포(구암동)

궁포는 구머리, 궁말, 구암 등으로 불렸는데 금강기슭에 자리하여 조선시대 군산팔경 중에는 궁포귀범(弓浦歸帆)이라 하여 궁포로 돌아오는 범선의 장관을 묘사할 정도로 풍광이 뛰어난 곳이었다. 이곳 마을에서도 역시 오랜 옛날부터 주민들이 어업을 해왔을 것인데 인근에 논과 밭이 있어 어업 의존도는 높지 않은 편이었다고 한다. 구암동에서의 어전은 대발과 고정 개막이라고 하는 두 가지 종류가 있었음을 확인할 수 있는데 모두 현재는 사라지고 구전을 통해서만 확인 가능하다. 대발은 궁멀 앞 물길이 현재와는 달랐던 해방 전에 구암동산의 동북쪽 하천 앞에서 이루어졌는데 당시 연세가 많으신 할아버지 한 분만이 대발을 쳤다고 한다. 대발은 대나무의 높이가 1m 50㎝, 길이가 30~40m의 반달형 어구였는데 주로 숭어, 새우, 우여, 잡어 등을 잡았다고 한다. 이 밖에도 고정 개막이는 금강의 중간에 썰물 때 나타나는 모래톱에 설치했는데 2m 높이의 나무 말뚝을 5m 간격으로 50m 정도 'V'자형으로 설치했는데 이곳에서는 뱀장어가 많이 잡혔으며 숭어와 새우, 우여 등도 잡혔다고 한다. 고정 개메기는 구암동 사람이 아니고 사옥개 사람이 와서 설치했다고 하는데 그 사람도 사망하여 현재는 물가에 말뚝만이 드문드문 서있는 모습이다.[32)]

〈표 17〉 궁멀의 어전 현황

종류	위치	개수	크기	모양	재료	소유자	포획 어류	비고
대발	구암동산 앞 갯벌	1기	좌우 30~40m	V자	대나무	마을 주민들	숭어, 새우, 우여, 잡어	1940년대 중단
고정 개막이	금강 중심 모래톱	1기	좌우 50m	V자	그물	사옥개 주민	잡어	1970년대 중단

② 사옥개

사옥개는 내흥동에 자리한 마을로 조선시대에는 충청도 화양을 왕복하는 나루터가 있어 사옥개 나루라고도 불린다. 사옥개에는 선사시대 선돌이 있을 정도로 역사가 깊은 고장인데 과거 마을주민들의 주생활원은 굴 채취였다고 한다. 이곳 마을의 나루터는 지금은 강변도로의 개통으로 중간이 절단된 당산의 금강쪽 기슭 모정자리

32) 구술: 이동철(67세) 구암동 거주.

였다. 제보자에 따르면 이 모정도 본래 나루터 때문에 만들어졌다고 한다. 사옥개 나루에는 2~3척의 작은 전마선이 있어 이 배를 타고 해망동 인근에 나가 갈퀴가 달린 대나무로 굴을 채취했다고 한다. 당시에는 환경이 오염되지 않아 굴이 크고 싱싱하여 했는데 사옥개 주민들은 거의 대부분 굴을 채취해 젓도 담고 생굴도 팔아 생활했는데 사옥개로 생굴을 먹으러 오는 사람들도 많았다고 한다. 1930년대 후반 채만식 선생의 「군산유람기」[33]에 보면 군산과 장항 인근에서 특산품으로 유명한 생굴을 먹었다는 기록이 있어 당시 굴의 생산 상황을 짐작하게 한다.

사옥개에서의 어전은 풀메기가 있었다고 한다. 풀메기란 어살의 다른 이름인데 썰물 때 금강 한가운데 모래톱이 드러나면 5m 정도 되는 대나무나 나무 말뚝을 1m 50㎝ 간격으로 박고 그물을 쳤는데 전체모습은 금강상류쪽이 트여있는 'ㄷ'자 모습이었다고 한다. 풀메기에는 새우, 황새기 등의 잡어가 잡혔는데 1970년대 중단되었다고

〈표 18〉 사옥개의 어전 현황

종류	위치	개수	크기	모양	재료	소유자	포획어류	비고
풀메기	금강중심의 모래톱	1기	좌우 40m	U자	그물	정판길	새우, 황새기, 우어	1970년대 중단
발	사옥개 인근 강변	2기	50m	V자	그물	박복만, 서천 사람	망둥어, 숭어, 잡어 등	1990년대 중단
통발	사옥개 인근 강변				대나무	서천 사람	잡어	1970년대 중단

33) 『신세계』 1938년 봄호.

한다. 이 밖에도 대나무에 그물을 치는 발을 하기도 했는데 풀메기는 강 중심에 설치하는 반면에 발은 강변에 설치했다고 한다. 발 역시 'V'자형이었으며 주로 잡어를 잡았고 일부사람들은 통발이라 하여 대나무와 그물로 만든 용수모양의 통을 물길에 설치하여 물고기를 잡기도 했는데 발이나 통발은 주로 서천 사람들이 와서 했고 대다수의 사옥개 주민들은 굴 채취를 주업으로 했다고 한다.[34)]

③ 원나포마을

원나포는 1722년(경종2) 내지의 미곡과 연해의 어염(魚鹽)을 교역하는 시장의 기능으로 만들어진 나리포창이 자리하고 있던 금강 하류의 포구마을이다.

이곳에서의 어전은 하구둑 완공 전까지 행해졌는데 대표적인 것이 개막이와 돌메기라는 어법이었다.[35)]

㉠ 개막이: 개막이는 서해안의 개막이와 유사한 형태인데 원나포에서는 마을 앞 금강에 썰물 때 나타나는 모래톱에 어망을 설치하는 형태를 취하였다. 마을에서는 모랫등이라 부르는 곳에 모랫등의 지형을 따라 'U'자형으로 말뚝을 박고 그곳에 그물을 매달아 바닥에 숨겨 놓은 후 물이 들어왔다 다시 나가는 썰물 때 배를 타고 나가 바닥에 숨겨놓은 그물을 걷어 올려 고기를 포획하는 형태였다. 당시 개막이의 모습은 'U'자에 양 끝을 휘감아 놓아 포획 방을 만들어 놓은 형태였다. 당시 개막이는 1km 정도의 규모였으며 개막이 한 개에 5명 정도의

34) 구술: 박복만(81세), 임양순(76세) 내흥동 사옥개 거주.
35) 구술: 박대성(56세) 나포면 원나포 거주.

작업인원이 필요했다고 하는데 봄과 가을에는 새우와 황새기가 많이 잡혔고 5~6월에는 우어, 여름 가을에는 메기, 장어가 많이 잡혔다고 한다. 이때 잡은 고기는 중간상인이 회수해 갔다고 한다.

㉡ 똘메기: 똘메기는 금강에 유입되는 개천에 설치하는 개막이 형태의 어전으로 썰물 때 개천의 입구에 '/' 형태로 그물을 설치한 후 바닥에 감추어 두었다가 물이 들어온 후 그물을 걷어 올리는 형태인데 그물을 대각선으로 설치하여 한쪽으로 몰린 물고기를 그물을 통째로 걷어 올려 잡는 방법을 이용하였다. 똘메기는 모든 개천의 수문이 있는 곳에서 행해졌는데 개막이보다 작은 어로 행위로 주로 장어와 메기가 잡혔다고 한다.

〈그림 5〉 원나포 모랫등의 개막이

〈그림 6〉 개막이의 모습

〈표 19〉 원나포의 어전 현황

종류	위치	개수	크기	모양	재료	소유자	포획어류	비 고
개막이	원나포 앞 금강의 모랫등	1기	좌우 1km	U자	그물	박대성	황새기, 백새우, 우어	1980년대 중단
똘메기	원나포 인근 금강에 합류하는 개천		10m	/자	그물	원나포 주민	매기, 장어	1980년대 중단

(3) 만경강 인근지역

만경강 하구는 오랜 옛날부터 사람들이 거주하며 어로활동을 한 곳으로 만경강 하구의 넓은 갯벌지대를 활용하여 어전이 활발하게 추진된 곳이다. 일제시대 기록에 의하면 오봉도 즉 오봉마을에 어망 3통이 있었다고 하며 인근의 어은 포구에서도 갈대로 만든 찌기라는 어전이 행해져 새우를 잡았다고 한다.[36]

① 오봉도(五峰島)

오봉도는 일명 오봉산이라고 부르는데 오봉마을이 자리한 오봉산은 그 명칭의 유래가 오봉산의 모습이 마치 자라의 모습과 유사하다 하여 자라 오(鼇)를 써서 오봉산이라 불리고 있다.

조선시대 옥구현 장면에 속하는 곳으로 만경강 하구에 자리하여 20세기 초에 27가구 90여 명이 살던 곳으로 어선 3척 어망(魚網) 3통을 가지고 봄철에 칠산바다에서 주로 조기어업에 종사한다.[37] 이

36) 農商工部水産局, 『韓國水産誌』 第1輯(1908).

지역에서 했다는 어망 3통은 찌기망으로 추정된다. 찌기는 오봉의 특산물인 하란새우를 잡는 어전인데 통상 찌기 30통을 한 등이라 불렀다.

조선시대 이 마을에는 어선이 없어 오직 약간의 농사와 맨손어업으로 생활하였는데 맨손어업의 주된 방법이 어전이었다. 이 마을에서 했던 어전은 크게 3가지로 나뉘어지는데 찌기, 어망, 개막이가 그것이다. 이들 3가지의 어전은 일년 동안 월별로 돌아가며 순서에 따라 이용했는데 찌기는 2~3월까지 하란새우를 잡았으며 새우 잡이가 끝나면 4~7월까지는 어망을 설치해서 게, 부서, 준치를 잡았고, 어망이 끝나면 9~11월까지는 개막이로 흰 새우와 고누리라는 젓거리 잡어를 잡아 한해 어로작업을 마감했다. 이렇게 마지막 개막이를 마감하면 다시 일회용 어구인 찌기통을 만들기 시작하여 다시 순환작업을 하는 형태였다. 또한 3가지 어전은 설치위치가 달랐는데 마을에서 가장 먼 갯벌에는 찌기가 설치되었고 좀 가까운 곳에는 어망을, 그리고 마을 인근에서는 개막이를 하는 형태였다.[38)]

〈표 20〉 오봉마을의 계절별 어전

월별	함정어구	어구재질	어종	설치위치
2~4월	찌기	갈대발과 자오락 찌기통	하란새우	먼 갯벌
5~8월	어망	참나무말뚝과 명주 그물	게, 부서, 준치	중간갯벌
9~11월	개막이	참나무말뚝과 나일론 그물	흰새우와 젓거리	가까운 갯벌

㉠ 찌기: 오봉마을의 어전 활용 내용을 보면 먼저 찌기는 오봉마을의 대표적 어구로서 가장 큰 소득원인 하란새우를 잡는 어

37) 위와 같음.

38) 구술: 이순덕(77세), 정석만(77세) 오봉마을 거주.

구였다. 아주 오래전부터 행해졌다는 찌기는 1960년경 중단되었는데 오봉마을의 특산품으로 임금님 진상품이었다는 하란젓의 생산도구로서 제작되었기에 그 역사가 깊음을 알 수 있다. 찌기어업은 추수가 끝나고 농촌이 농한기에 들어가는 음력 11월부터 시작된다. 이때부터 마을주민들은 가족단위로 찌기 발을 만들기 위한 갈대를 거둬들이고 짚으로 만든 새끼를 엮었으며 찌기통을 만들기 위한 재료인 자오락이라는 야생들풀을 채집하였다.

자오락 새끼줄은 일반 짚으로 만든 새끼줄보다 질겼으므로 찌기통의 제작에 이용되었다. 발은 2m 정도되는 갈대를 다듬어 짚으로 만든 새끼줄로 돗자리 엮듯이 엮었는데 한발의 길이는 10m 정도 였다고 한다.

찌기통은 만들기가 어려웠는데 갈대를 1m 50㎝ 길이로 다듬어 마목틀이라는 기구를 이용하여 파돌이라는 바닷가 돌로 만든 실추를 이용하여 엮었는데 입구는 직경이 1m 정도되는 참나무로 장방형 틀을 만들고 그 주위에 자오락으로 만든 새끼줄을 이용해 겉피를 만들었는데 입구는 정방형이지만 중간쯤에는 역시 참나무로 만든 둥근 나무틀이 있어 원형이 되며 끝은 뾰족한 꽁지모양으로 꽁지를 통하여 잡은 고기를 솥아 내었다. 찌기통은 외틀과 내틀로 구성되는데 사각형 참나무틀은 내틀로 연결되어 내틀루 들어간 새우가 외틀에 가두어지게 하기 위한 방법으로 포획물은 찌기통의 꽁무니를 이용하여 수거하였다.

찌기는 먼 갯벌에 설치하는데 'V'자형의 발이 지그재그로 계속 이어지는 형태로 찌기통은 각각의 'V'자 안쪽에 하나씩 설치하는데 일반적으로 찌기통 30개가 연결된 형태를 한 등이라 불렀다. 마을 주민 거의 모두가 찌기를 했는데 한 가족이 노동력의 여하에 따라 한 등(30개) 혹은 두 등(60개)을 운영하였다. 지그재그로 이어지는 발과 찌기는 말뚝으로 지탱하는데 말뚝은 1m 70㎝ 길이의 참나무로 길이 10m인 발의 양끝에 박았으며 찌기통은 양쪽 발 사이에 설치하므로 발 끝의 말뚝 각각 두 곳씩 네 곳을 묶었으며, 찌기통의 꼬랑지도 말뚝에 묶었다고 한다. 찌기가 한 등 설치되면 그 앞이나 뒤로는 150m 간격을 유지하고 찌기통을 설치하였는데 이 간격은 꼭 지켰다고 한다. 오봉마을이 자리한 만경강하구는 물살이 센 곳이라 밀물과 썰물 때는 웬만한 구조물은 다 떠내려가고 파손되므로 약한 갈대로 만든 찌기와 발은 물살과 직선으로 설치되어야 영향을 적게 받을 수 있었기에 숙련된 어부가 찌기의 방향을 정하고 설치했는데 마을에서는 찌기 설치에 숙련된 어부를 사공이라 불렀다고 하며 급한 물살 때문에 한해 사용한 찌기통과 발은 소모품으로 버려졌고, 참나무 말뚝만 거두어 다음

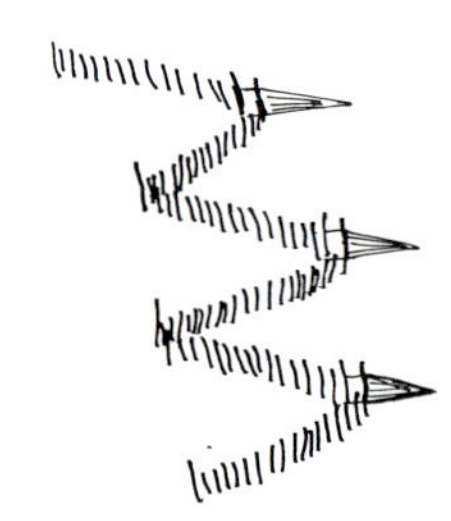
〈그림 7〉 오봉마을 찌기

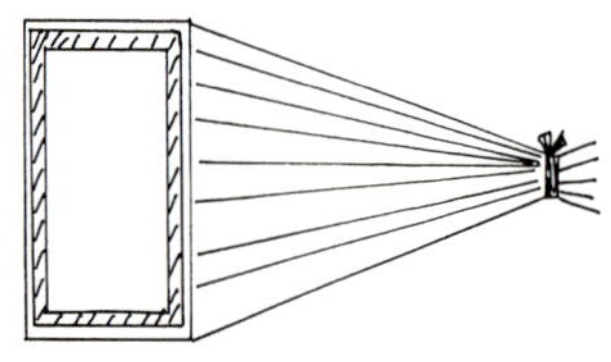
〈그림 8〉 오봉마을 찌기통 외부

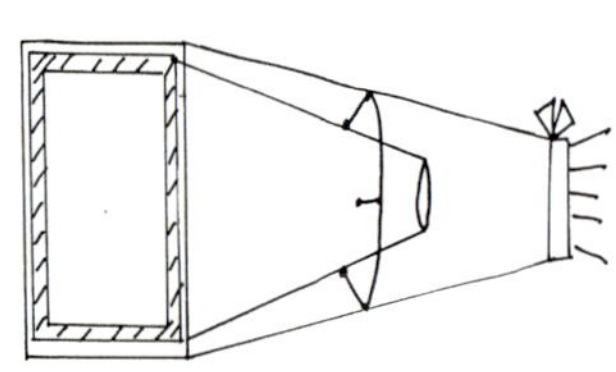
〈그림 9〉 오봉마을 찌기통의 내부

해에 이용하였다고 한다.

말뚝은 바닷물에 가장 강한 참나무를 사용했는데 인근에서 구할 수 없어 부안에서 공동 구입하여 배로 옮겨왔다고 한다. 찌기를 설치할 때는 한해 풍어를 빌며 용왕님께 각 가정별로 고사를 지냈는데 떡과 정성어린 음식으로 치성을 드렸다고 한다. 찌기의 설치는 모든 것을 지게를 이용하여 인력으로 설치했으므로 어렵고 험한 노동이었는데 찌기를 통해 잡아들이는 하란새우와 하란새우에게서 채취하는 하란으로 만드는 하란 젓은 가격이 비싸 마을 주민들의 주소득원이었다고 한다.

㉡ 어망: 찌기와 함께 오봉마을에서 오랫동안 행해진 어전은 어망이다. 어망은 명주실로 주민들이 직접 그물을 떠서 참나무 말뚝에 그물을 치는 형태였는데 참나무 말뚝의 길이는 3m 정도였고 두께는 두 손으로 잡아야 하는 정도였는데 어망의 전체 형태는 반달모양으로 길이가 1km 정도의 큰 규모였다고 한다. 어망은 찌기 어로작업이 끝난 후인 5~8월경에 했는데 찌기통의 설치위치보다는 마을쪽으로 들어온 가까운 갯벌에 설치했다. 어망은 마을 사람 11명 정도가 했는데 주로 잡히는 어종은 게였고 이 밖에도 부서, 준치 등을 잡았다고 한다.

㉢ 개막이: 개막이는 오봉의 어전 중 가장 나중에 행해진 어로행위로 어망어업이 끝나고 나면 9~11월까지 했는데 전체형태가 1km반달 모양인 점이나 참나무 말뚝을 이용하는 점은 어망과 비슷하였으나 어망보다 더 가까운 갯벌에 설치되었으며 이러한 위치 때문에 참나무의 두께도 강한 물살을 받아야 하는 어망보다 얇았다. 개막이의 그물은 상업용 나일론 그물이었는데 썰물 때 그물을 말뚝 밑 갯벌에 감추어 두었다가 물이 들어오면 한쪽부터 그물을 들어올려 참나무 말뚝에 묶어 고기

를 잡았다. 개막이는 주로 흰새우와, 고누리라는 젓거리 그리고 잡어를 잡았는데 개막이를 하면서부터 찌기와 어망 어법이 점차 사라졌다고 한다.

〈표 21〉 오봉마을의 어전 현황

종류	위치	개수	크기 및 모양	재료	소유자	포획어류	비고
찌기	오봉마을 앞 갯벌	수백여 개	V자 형태가 계속 이어지는 모습. V자에는 찌기통이 하나 달리고 길이는 20m	갈대	마을 주민 전체가 각자 운영함	하란새우	1960년대 중단
어망	오봉마을 앞 갯벌	10여 개	반달 형태 길이 1km	그물	마을 주민 11명이 각자 하나씩 운영	게, 부서, 준치 등	1960년대 중단
개막이	오봉마을 앞 갯벌	10여 개	반달 형태 길이 1km	그물	마을 주민들	흰새우, 젓거리	1970년대 중단

② 어은리

어은동은 망경강 하구에 자리한 마을로 은동 혹은 어은이라 불렸는데 어은포구가 자리하여 오랜 옛날부터 어로활동을 하던 마을이다. 이 지역에서의 어전은 어살의 형태로 행해졌는데 마을 주민들은 일명 찌기와 어망이라 불렀다. 찌기란, 어살의 모습이지만 대나무가 아닌 갈대를 재료로 이용하는 어구로 마을 인근에 대나무나 나무가 귀하여 만경강변에 흔하게 자라는 갈대를 잘라내어 짚으로 만든 새끼줄로 엮어 1m 길이로 만들었는데 'V'자 형태로 좌우 길이가 합하여 40m 정도 였으며 중앙에는 찌기통이라는 것을 대나무로

(직경 60㎝ 길이 1m 50㎝) 둥글게 만들어 포획물을 담았다고 한다. 찌기는 화란새우를 잡기 위해서 만드는 어전으로 매년 1~2월에 만들어 3월에 설치하여 6월까지 하란새우를 잡았으며 한해 소모품으로 이용하여 매년 다시 만들었다고 한다. 어은마을에서는 새우알젓인 화란을 얻기 위하여 많은 가구에서 찌기를 설치하였는데 한 가구당 많은 경우에는 10개 이상의 찌기를 설치하였다고 한다. 어망은 참나무나 소나무 막대를 높이 1m 20㎝되게 만들어 3m 간격으로 갯벌에 박은 후 그물을 달아 고기를 잡는 어구인데 해안선과 '一'자 형태로 설치했다고 한다. 어망을 이용해서는 부새, 준치 등을 잡았다고 한다. 이 밖에도 옛날에는 주목망과 유사한 개막이도 했다는데 정확한 구전은 전하지 않는다.[39]

〈표 22〉 어은동 전통 어전

종류	위치	개수	크기	모양	재료	소유자	어류	비고 (중단)
찌기	마을 앞 갯벌	40~ 50기	좌우 40m	V형	갈대	마을주민들	하란 새우	1970년대
어망	〃	2기	50m	一자	그물	박영길 씨 집안	부서, 준치 등	1970년대
개막이	하제 인근				그물		잡어	1960년대

39) 구술: 박영길(74세), 김행수(74세) 어은동 거주(녹취).

Ⅵ. 결언

서해안 지역 중 고군산군도와 군산 인근지역은 일반적으로 조운 조창을 중심으로 한 전통 유통업 역할을 해 왔던 것으로 알려져 있던 곳이다. 그러나 이 조사를 통하여 군산과 고군산군도 지역이 역사적으로 칠산어장과, 십이동파 어장을 중심으로 한 서해안 어로활동의 주활동무대였으며 특히 전통어로의 주요 어구였던 어전이 활발했던 곳이라는 새로운 사실을 확인할 수 있었다. 이글의 내용을 요약하면 다음과 같다.

이 지역 어전의 유형과 분포를 확인해 보면 크게 두 가지 특징을 알 수 있는데 첫째는 인위적 자연환경의 변화가 어전에 끼친 영향을 단적으로 볼 수 있다는 점이다. 즉 이 지역의 자연환경은 1920년대 이후 현재까지 대규모 간척사업의 실시로 자연환경이 크게 변화하여 어전을 할 수 있는 환경이 파괴되었다. 그러한 연유로 전통어로가 단절되고 그 흔적이 급격히 훼손되었는데 이를 볼 때 어전을 비롯한 전통어로의 단절이 어구어법의 발달에 따라 자연 소멸한 것뿐만이 아니라 인위적인 자연환경의 변화와 그에 따른 주민의 이주 또한 중요한 변수였음을 알 수 있다. 둘째는 이 지역은 자연환경의 특수성으로 인하여 어전의 다양한 유형을 확인할 수 있다는 점을 들 수 있다. 즉 군산 · 고군산군도 지역은 섬과 서해안 바닷가, 그리고 금강, 만경강이라고 하는 자연환경의 다양함으로 인하여 섬과 해안가 그리고 내륙의 강변에서 이루어진 어전의 유형들을 다양하게 확인할 수 있다는 것이다.

이 지역 어전어업의 종류와 현황을 보면 고군산군도의 섬 지역의 경우 개야도, 선유도, 신시도, 선유도, 장자도, 비안도, 두리도, 말도 등 8개 도서에서 여러 종류의 어전이 발견되었다. 그중 독살이 발견된 섬은 개야도와 비안도, 내초도 등 3개 섬이었고 나머지 섬들은 주로 어살 및 주목망을 이용하였다. 이 지역에서 이용된 어전은 독살과 어살 그리고 주목망과 개막이 등을 꼽을 수 있는데 그중에서도 대형 어전인 어살과 주목망이 주류를 이루었다.

옥서면의 경우에는 가내도, 내초도, 하제, 남수라마을에서 어전어업을 운영하며 고군산군도와 비교될 정도로 어전이 활발했던 곳이었지만 근래에 행해진 간척사업으로 수많은 섬들이 사라져 옛 명성은 찾을 수 없게 된 곳인데 아직도 하제와 수라마을 등에서는 건강망을 중심으로 한 어전어업이 명맥을 잇고 있다. 반면에 금강의 하류지역에서는 조선시대에 대나무나 칡넝쿨을 이용한 어살(어량)이 만들어졌고 개막이 종류가 많이 운영되었으며 금강 중류지역에서는 역시 개막이와 함께 주벅이라는 어전 어구가 이용되었다. 만경강 지역도 금강과 유사한 현황을 보이는데 오봉마을, 어은리에서 어살을 운영했으며 이곳에서는 마을 앞에서 많이 자생하는 갈대를 이용한 찌기라고 하는 독특한 어전방법이 이용되었다.

이러한 연구를 바탕으로 이 지역 어전의 유형을 확인해 보면 첫째, 어전은 조수간만의 차가 큰 서해안 및 남해안 지역에 가장 적합한 어로 행위로 갯벌이 넓게 분포해 있어야 하는데 갯벌도 뻘 갯벌에서는 독살이 어려워 대나무 어살 종류를 많이 했고 모래갯벌에서는 독살과 대형 대나무살을 설치하는 특징을 보였다. 둘째, 어전의 소유관계는 조선왕조 초기에는 국가소유 원칙으로 어전을 운영하는 백성이 어전세를 납부하였으나 후기에는 왕실과 관청이 독점적으로 운영하였고 일제시대에는 거의 대부분이 권력 있는 개인이나 집안 소유였는데 그 이유는 어살 및 독살이 생산성이 높아 경제적 가치가 컸기 때문이다. 결론적으로 서해안 지역 중 군산 · 고군산군도의 어전은 대규모로 행해졌으며 어전의 명칭 및 형태의 지역적 특징이 강하게 나타남을 확인할 수 있었다. 또한 이 조사를 통하여 이제는 전승되지 않고 그 흔적조차도 사라져 가는 전통 어로방법의 실상을 확인함으로써 어족감소와 어로환경 변화로 입지가 좁아지는 수산업의 관광자원화라는 새로운 진로모색의 필요성을 확인하였다.

참 고 문 헌

『균세행람』(1750).

『균역사목』(1752).

『여지도서』 전라도 옥구 임피편.

『임피현 읍지』(1895).

『전라도 읍지』(1812~1815).

『조선왕조실록』(1895).

『조선총독부 통계년보』(1927).

국립민속박물관, 『경남의 어촌 생활』(2002).

국립민속박물관, 『어촌생활』, 경기도(1996).

군산 물산공진회, 『군산안내』(1916).

군산대 박물관, 『군산지역 지표 연구 보고서』(1996).

군산시사 편찬위원회, 『군산시사』(1975).

군산시사 편찬위원회, 『군산시사』(1991).

군산시수산업협동조합, 『군산수협50년사』(1984).

吉田敬市, 『朝鮮水産開發史』(1934).

김수관 외, 「서해안의 수산업에 관한 사적 고찰(1)」(1985).

〃 , 「서해안의 수산업에 관한 사적 고찰(2)」(1986).

김정호, 『대동지지』, 옥구현, 임피현.

김중규, 『군산답사여행의 길잡이』(2003, 나인기획).

農商工部水産局, 『韓國水産誌』(1908).

서영보(徐榮輔) · 심상규(沈象奎), 『만기요람』(1808)

서울대 규장각, 『조선후기 지방지도』, 전라도편(1996).

〃 , 『해동지도 해설』.

수산회, 『한국수산 통계년보』(1995~1996).

영남대 박물관, 『한국의 옛 지도』(1998).

오봉근, 『조선 수군사 연구』(1998).
옥구군지 발행위원회, 『옥구군지 上』 1960년대.
옥구군지 편찬위원회, 『옥구군지』(1990).
이길래 외, 「서해안의 수산업에 관한 사적 고찰(3)」(1987).
이봉섭, 『전북 100년』.
(재)민족문화추진위원회, 『국역 신증 동국여지승람』.
전라도, 『도서지』(1995).
조상진, 『서해연안』(1998).
조선수산회, 『조선지수산』 199호.
해양수산부, 『한국의 해양문화』, 충청 전라 해역(2002).

제2장 해선망(醢船網)

Ⅰ. 서언

해선망(醢船網) 어업은 조석간만의 차가 심한 서해의 경기·충남·전남 지방에서 영위되었는데, 특히 전남지역(신안군)에서 가장 성행했던 어업으로 속칭 '멍텅구리배'라 불리울 정도로 그 어구·어법이 원시적이며 그만큼 역사가 오래되었다.

1970년대와 1980년대에는 조업척수가 150여 척에 이르렀지만, 1990년대 초 107척(전남 92척, 경기도 10척, 충남 5척)만이 영위되고 있는 상황에서 1994년부터 정부에 의해 추진된 '연근해 어업구조 조정사업'의 1차 대상으로 정해져, 어업자들에게 일정한 어업보상액이 지급되고 모든 어선이 폐선조치되면서 그 역사적인 막을 내리게 되었다.

여기에서는 해선망 어업의 유래와 그동안의 어업상황에 대한 1990년대 초의 조사 기록을 중심으로 그 수산업사적 의의 등을 검토하고자 한다.

Ⅱ. 감척배경

해선망어선의 감척은 정부에 의한 연근해 어업구조 조정사업의 일환으로 실시되었다. 이 사업은 연근해 어업자원의 감퇴에 따른 경영수지의 전반적인 악화 현상, 어업인력 부족 현상의 심화, 그리고 개방경제하에서 국내외 수산물 수요를 충족하기 위해 세망을 사용함으로써 여타 어업에 대한 악영향을 미치는 어업을 폐쇄시킴으로써 지속적인 연근해어업의 발전을 꾀하기 위함이었다.

정부에 의한 연근해 어업구조 조정사업의 대상에 포함된 연안어업은 연안 안강망, 낭장망, 해선망이었으나 그 가운데 해선망이 그 1차 대상에 포함되어 1994년 피해보상조사의 추진과 함께 모든 어선을 폐선하기로 결정하였다.

해선망 어업은 무동력선으로 기상 악화 시 자력에 의한 이동이 불가능하여 그 위험성(1985년에서 1992년까지 연평균 5척의 선박 침몰과 19명의 인명사고를 기록하고 있음)이 상존해 있을 뿐 아니라 연중 지속적인 조업활동으로 인한 노동조건의 열악성으로 선원 구인난이 다른 어업에 비해 더욱 심화된 상태에 놓여 있었다.

또한 해선망 어업의 주대상 어획물인 젓새우의 경우 1981년도에 수입자유화품목으로 지정된 바 있으나 산업피해규제조치(safeguard)로 그 수입이 잠정적으로 제한되어 있는 상태에서 1997년 7월부터는 염장새우의 수입자유화가 시행될 계획에 따라 국제적 경쟁력의 미약 등이 대두되었다. 이는 해선망 어업을 전폐시키는 주요한 배경이 되었다.

Ⅲ. 사적 고찰

1. 용어의 사용

해선망이라는 용어가 공식적으로 사용되기 시작한 것은 신고어업에 속해 있었던 부선안강망이 1987년 11월 25일 수산청 고시에 의해 허가어업으로 변경되었을 때부터이다. 한편 부선안강망이라는 명칭은 제도권 밖에서 관행적으로 조업을 영위해 오고 있었던 새우잡이 어선인 속칭 중선, 옆치기배, 꽁댕이배를 항만청이 등록 · 관리해 오던 것을 1980년 6월 17일 수산청고시에 의해 신고어업으로 양성화되었을 때 사용된 것이다.

따라서 신고어업(이후 허가어업)으로 제도화되기 이전에는 단지 젓중선, 옆치기배, 꽁댕이배 등으로 그 어구 · 어법에 따라 불리워졌을 뿐이기 때문에 해선망의 역사는 곧 중선, 옆치기배, 꽁댕이배의 역사라고 말할 수 있으며, 그중에서 가장 오래된 어구 · 어법은 중신이다.

2. 각 어선의 유래

1) 중선

① 유래

중선이라는 용어는 어선의 한가운데 부분에 설치된 수해와 물속으로 잠기는 암해에 의해 그물이 선체(약 60척)의 가운데 부분에서부터 펼쳐지기 때문에 붙여진 이름으로 여겨진다(〈사진 1〉 참조).

〈사진 1〉 중선

중선이 우리나라에 처음 도입된 연대는 현재 밝혀지고 있지 않다. 그러나 조선 후기에 기록된 『韓國水産誌』등의 기록을 살펴보면, 조기를 어획하는 어망으로 대표적인 것이 중선망이었던 것으로 미루어 보아 조선 초기에 있어서도 구조 면에서는 치졸하였을지라도 그러한 어망이 사용되고 있었을 가능성이 높다.

한편 젓새우의 주산지인 전남 신안군 임자면 전장포의 경우, 신안군 지도면 봉리에 거주하던 박와갈 씨가 1860년경 전장포에 이주하여 새우잡이를 처음 시작했다는 기록과 그때의 어구·어법은 중선이었을 것이라는 주민들의 말을 참고하면 중선어업의 시작은 그 이전으로 추정할 수 있다.

② 중선의 어구

중선의 형태는 예전부터 선수가 다른 어선과는 달리 뾰쪽하지 않고 끝 부분을 잘라놓은 것처럼 뭉툭하고 둔한 형태를 지니고 있는데, 이는 센 조류에도 견딜 수 있도록 부력을 강하게 하기 위해서이다. 선체 내부는 텅 빈 공간을 만들어 선원들이 숙식을 할 수 있도록 했으며 겨울철에는 추위에 견디기 위해 선내 한가운데에 네모진 판자 내부 둘레에 진흙을 두껍게 바르고 그 안에 장작불을 피웠다.

정치성 어구 · 어법이기 때문에 가장 중요시되는 어구인 닻은 그 길이가 20~22척(나무로 만든 닻으로서는 세계 최대라고 함)으로, 소나무(이어 참나무를 사용하였고 이후 아비통이라는 수입목을 사용함)로 만드는데 닻을 만들 수 있는 나무의 크기는 한 아름드리의 둘레에 길이 약 20~23척의 통나무(〈사진 2〉 참조)이었으며, 닻을 제작할 때는 별도의 음식(돼지)을 장만하여 동네잔치를 베풀고 선원들에게는 특별한 선물(의복 등)을 지급하는 의식을 가졌다고 한다.

〈사진 2〉 중선의 닻

이때 닻줄을 비롯하여 필요한 모든 줄은 칡줄기를 꽈서 사용하였으며 때로는 볏짚 새끼줄을 사용하였다. 이후 일제시대에는 철제줄(와이어)과 로프줄을 사용하였다. 그물은 훌치그물(칡나무 껍질을 정선하여 실을 만들어 짠 그물)을 사용하였으며, 1개월에 한번씩 갈피나무(갈피나무가 없을 때는 해당화 뿌리)를 큰 가마솥에 24시간 그물과 함께 삶았는데 이는 그물의 내구성을 키우고 빳빳하게 하여 물이 잘 빠져나가도록 하기 위함이었다. 이후 일제시대에는 면사망, 1960년대 후반부터는 나일론망을 사용하기 시작하였다. 드릇(수해)은 주로 소나무 내지 쭉나무를 약 80~120척의 길이로 연결하고 중심 부분은 두껍게 하고 양 끝으로 갈수록 가늘게 한다. 질(암해)은 주로 참나무를 사용하며 돋음줄을 연결하여 수면 아래로 내리고 양쪽에 한 통씩 그물을 설치한다. 질과 그물은 배 위에 물레통(사대이통)을 이용하여 인력으로 끌어 올린다.

이 드릇과 질의 한쪽에는 그물을 연결해 주는 장연사가 양쪽 2개씩, 두겡이 연사가 9개 연결된다.

③ 조업척수

중선의 조업척수는 정확히 파악된 자료는 없으나 구전에 의하면 1960년대 후반 전장포에 70여 척이 조업한 적이 있으며, 이때 어선 간의 거리를 충분히 확보할 수 없어 조류가 바뀔 때마다 어선 상호간 조업에 방해가 되었고 닻이 풀려 어선이 조류에 밀릴 경우 다른 어선에 충돌하는 사고가 빈번하게 일어나기도 하였다고 한다. 따라서 출어 전 모든 어민이 모여 좋은 조업장소(속칭 골판)를 우선적으로 선택하기 위해서 추첨을 통하여 순서에 따라 출어 · 조업하기도 하였다. 한편 1970년대 후반에 전장포의 중선들이 옆치기 또는 꽁댕이배로 전환됨에 따라 계속 중선만을 영위해 오던 낙월도 어민들에게 다시 매도되어 그 당시 낙월도에 선적을 둔 어선 수는 약 86척에 달했다고 한다.

2) 옆치기배의 유래

서해안 전남지방에서 사용하는 속칭 '옆치기배'라는 용어는 조업시에 선미의 끝 부분부터 펼쳐진 그물을 끌어올릴 때 배 옆으로 끌어 올리고 이동 시에도 선박의 측면에 달고 다니기 때문에 붙여진 이름이다(〈사진 3〉 참조).

〈사진 3〉 해선망 중 옆치기배

옆치기배의 기원은 1960년대 후반 전장포의 최용순 씨가 전장포를 드나들던 돛을 단 안강망 형태의 어선을 모방, 새우잡이를 시작하면서부터라고 전해지고 있다. 이때의 옆치기배는 풍력으로 자력이동(이후 돛을 떼고 지금과 같이 동력선에 의해 예인되었다)이 가능하고 어선규모가 크기 때문에 먼 거리까지의 조업이 가능하여 조업장소의 다툼을 피해 재원도, 화가리도, 허사도 부근까지 옮겨 다니며 조업하였으며, 최근에는 우이도 부근까지 조업장소가 넓어져 있다.

옆치기배의 증가는 1970년대 중반부터이다. 이때 중선에 필요한 닻, 수해, 암해 등에 필요한 몇십 년 자란 나무를 구하기가 어려워져 전북 군산 등지에서 수입목(아베통)을 해상운반해야 하는 번거로움이 발생하는 한편 많은 어선의 조업과 숙련된 선원이 선주로 전업하여 선원구인난이 시작되었다. 즉 선체가 철제로 만들어진 근해 안강망에 승선경험이 있는 선원을 구하는 것이 비교적 쉬운 옆치기배의 선호도가 점점 높아졌기 때문이다.

3) 꽁댕이배의 유래

전남 서해안지방에서 사용하는 꽁댕이배라는 용어는 선박의 한 중간 부분부터 그물이 펼쳐져 있는 중선과는 달리 그물이 선미의 끝 부분부터 펼쳐져 조업하기 때문에 붙여진 이름이다(〈사진 4〉 참조).

〈사진 4〉 해선망 중 꽁댕이배

1970년대 말 중선에서 선원생활을 하던 어민들이 소규모의 자본과 비교적 적은 선원수(3명 정도)로도 어로작업이 가능한 소규모의 새우잡이에 관심을 가지기 시작하면서부터 꽁댕이배가 생겨났다. 특히 이는 6·25전쟁 후 이북어민의 어선을 모방한 강화 및 인천의 어선을 모방하여 현지 어민에 의해 영위되기 시작하였다.

Ⅳ. 조업실태

1. 조업구역

1990년대 초 전남 서해안지역에서 영위되고 있던 해선망 어업의 선박 수는 보상대상에 포함된 총 92척으로 젓새우를 주대상으로 조업하고 있었다. 92척의 어선은 4개 지역으로 나뉘어 조업활동을 하였으며 각 조업구역별로 어구 · 어법이 상이한 것이 특징이라고 할 수 있다.

즉 영광군의 낙월도 인근어장에서는 중선(22척), 신안군 임자도 전장포 부근어장에서는 꽁댕이배(11척 중 2척은 2척은 중선), 비금도와 도초도 사이의 어장은 꽁댕이배(7척), 그리고 봄철에는 우이도 부근에서 조업하다가 가을철에는 칠팔도 부근어장에 이동하는 옆치기배(52척) 등 어업자 및 지역적 특성에 따라 4개의 지역에서 3종류의 어구 · 어법에 의한 조업이 이루어지고 있었다.

2. 조업시기

이 지역은 과거 봄어기에는 음력 3~6월, 가을어기에는 추석부터 동지까지 조업하였다. 조업일 수가 지금보다 적은 것은 어선규모가 작고 출어준비 기간이 많이 소요되었기 때문이다. 주로 어획되는 어종은 새우류를 위시하여 꽃게, 병어, 갑오징어, 부서, 준치, 중하, 대하, 민어, 해파리 등이었으며 꽃게의 경우 자가소비한 나머지는 농촌에서 수거해 비료로 사용할 정도였다고 한다.

3. 승선인원

승선인원은 어구어법에 따라 중선은 5명, 꽁댕이배는 3명, 옆치기배는 6명으로 구성되어 있으며, 이러한 필요 노동력이 안정적으로 확보되지 못하고 있는 것이 해선망 어업경영에서 가장 어려운 문제 중의 하나가 되고 있었다.

특히 해선망 어업은 무동력선에 의해 영위되어 독자적인 이동이 불가능하기 때문에 보편적인 어업생산조직인 선장 및 기관장 등의 두뇌 노동조직이 필요 없고 단순히 투망, 양망, 어획물의 선별 등 단순한 육체노동만이 해상의 거의 고정적인 장소에서 연중(12월과 1월 제외) 반복적으로 계속된다. 따라서 수산업계에서 일반적으로 어려움을 겪고 있는 선원구인난의 현상이 해선망에서는 그 노동조건의 열악성으로 더욱 심각한 실정에 놓여 있어 때로는 선급금을 미리 지급한 선주와 고용된 선원 간의 갈등이 사회적으로 문제시되는 경우도 흔히 있었다.

4. 작업이동

해선망은 무동력선으로서 어획물의 운반과 조업장소를 이동할 때는 운반선(예인선)의 도움을 필요로 한다.

처음 운반선의 형태는 노를 젓는 뗏목이었으나 1960년대 말에는 돛과 키를 갖춘 3~4t 정도의 전마선(傳馬船)이 조업선에 생필품을 공급하면서 어획된 새우를 운반하였고, 조업장소가 멀어지면서 전마선에 기계장치를 갖추게 되었으며, 기계선이 일반화된 1970년대 초부터는 3~5명의 어민이 공동으로 10여 t 정도의 동력선을 공동으로 매입하여 사용하던지, 하나의 선박을 차대하여 1년 계약을 맺고 매월 사용료를 지불, 어획물의 운반선과 조업선의 예인선(曳引船)으로 사용하고 있었다.

이 예인선에 의해 필요시 어장이동 및 해상위험시의 대피이동이 이루어진다. 그리고 이 예인선은 해선망 어선의 이동뿐만 아니라 작업선의 생산활동에 필요한 주부식, 소금, 드럼통, 각종 생활필수품과 어획물을 양육지에 운반하는 역할을 담당하기도 한다.

예인선의 운영형태는 해선망의 선주가 직접 소유 · 운영하면서 자기 소유의 해선망과 타인의 해선망의 예인선 역할을 수행하는 경우와 해선망 선주가 아닌 제3자에 의해 운영되는 형태가 있다. 예인선 선주와 해선망 어업자 사이에는 수시로 계약이 성립되며 선단에 소속된 해선망은 예인선에게 일정한 예인비 및 운반비를 월 또는 년 단위로 지급한다.

Ⅴ. 어획물의 생산 · 제조 · 유통 · 소비

1. 생산방법

조사지역에서 젓새우를 생산하는 해선망의 종류는 어선을 중심으로 그물의 설치위치에 따라 지방어로 중선(활개배), 꽁댕이배, 옆치기배가 있다.

중선은 3종류의 어구 · 어법 중에서 가장 오래된 형태이며, 그물이 어선의 한가운데 80척 가량의 아비통(전에는 참나무) 재질의 수해(현지에서는 드릇이라고 함)를 걸치고 배 밑으로는 85척 정도의 암해(현지에서는 질이라고 함)를 설치하여 어선을 중심으로 양 옆으로 길이 70~80m, 망목(網目)은 자루그물의 앞쪽이 6절에서 끝자루 21절까지의 어망 2통을 설치한다.

투망은 정조 후 조류가 약하게 흐를 때 닻을 투하하고 닻줄에 연결된 배잡이줄로 배를 조류방향으로 세운 다음 그물을 투망한다. 이때 수해는 배 위에 고정하여 자루그물이 표층까지 완전히 전개되도록 하고, 암해는 배 밑 13~14m 수중으로 투하하며, 조류가 급할 때는 수해와 암해의 간격이 1/2로 줄어들고 암해 돋음줄로 전개수층을 조정하기도 한다. 일반적으로 수심이 얕은 곳에서도 바닥에 붙지 않도록 조정한다. 중선이 다른 해선망의 어구어법에 비해 특징적인 것은 그물이 수해의 표층에서부터 고정되어 있기 때문에 암해를 어느 정도 조정한다 할지라도 표층에서의 조정만이 가능하기 때문에 다른 어구어법에 비해 젓새우와 표층을 회유하는 기타 어종의 혼획율이 높게 나타나고 있다는 것이었다.

양망은 정조 직전 즉, 조류가 약하게 흐를 때 자루그물에 달린 돋음줄 중 입구쪽의 것부터 차례로 수동 롤러로 감아 올리며, 양망이 끝나면 다시 암해 돋음줄을 감아 암해를 배 밑에 붙이고 조류방향이 바뀔 때까지 대기한다. 배가 바뀐 조류방향으로 완전히 서면 같은 방법으로 투 · 양망을 하여 1일 4회 조업한다. 만약 투 · 양망의 시기를 놓치게 되면 그물이 수평으로 운동하는 조류 때문에 엉키고 만다.

꽁댕이배는 위의 중선에서의 생산방법과 유사하나 수해(중선과는 달리 철제를 사용)와 암해가 배의 후미에 위치하고 있으며, 젓새우의 이동상황에 따라 부이(buoy)를 이용하여 그물을 수직으로 이동시킬 수 있다.

또한 옆치기배의 조업 시 그물의 위치는 꽁댕이배와 동일하나 양망(揚網)을 배열으로 하고 있으며, 꽁댕이배와 마찬가지로 부이를 이용하여 그물을 수직으로 이동시킬 수 있어 젓새우의 어획율이 비교적 높게 나타나고 있다. 또한 옆치기배는 1일 4회 투 · 양망하는 중선과 꽁댕이배와는 달리 조업하고 있는 어장의 조류가 회전을 하고 있기 때문에 조류에 따라 그물이 움직임으로 그물이 엉키는 현상이 나타나지 않아 1일 2~3회 조업하는 경우가 대부분이다.

중선과 꽁댕이배의 어장수심은 대개 10m 정도에서 조업하나 어선규모가 30t 정도인 옆치기배는 대개 30m의 어장에서 조업하고 있었다.

어기 동안 거의 선상에서만 생활하는 선원은 중선의 경우 5명, 꽁댕이배는 3명, 옆치기배는 6명이며, 어기 동안에는 거의 어장을 이동하지 않고 한 장소에 배를 고정시켜 놓고 조업하나 옆치기배의 경우는 봄철에는 우이도 남쪽 해상에서 조업하다가 가을철에는 칠팔도 부근으로 이동하였다.

2. 가공방법

당시 새우는 봄철에는 일건법(日乾法)에 의한 마른새우가 목포의 판매상이나 현지에 오는 상인에게 판매되었고, 일제시대에는 새우를 삶아 건조시켜 일본상인을 통해 수출하기도 하였다. 5~6월부터는 어가의 지하탱크에 새우젓을 담았다가 가을철 김장시기에 옹기그릇에 담아 상고선(商賈船 ; 風船)에 판매하였으나, 1970년대 충남의 광천상인이 구매하면서부터는 어획 즉시 철제 드럼통에 담아 판매하였다.

전남 서해안지방에서 생산되는 젓새우는 일부(비금도) 건조기 및 일광에 의한 건새우로서의 제조를 제외하고는 대부분 새우젓의 형태로 가공되고 있었다.

새우젓은 어기(음력)에 따라 동백하(冬白鰕)젓(1~2월), 봄젓(3~4월), 오젓(5월), 육젓(6월), 자젓(7~8월), 추젓(9~10월)으로 분류할 수 있다.

새우젓의 제조공정은 제조시기, 장소, 제품의 용도 등에 따라 소금의 첨가량 등 제조조건이 다소 다를 수는 있으나 원료새우에 소금만을 첨가하여 살염법으로 염장하고 밀봉·숙성하는 공정은 동일하다. 새우젓의 일반적인 제조공정은 〈그림 1〉과 같다.

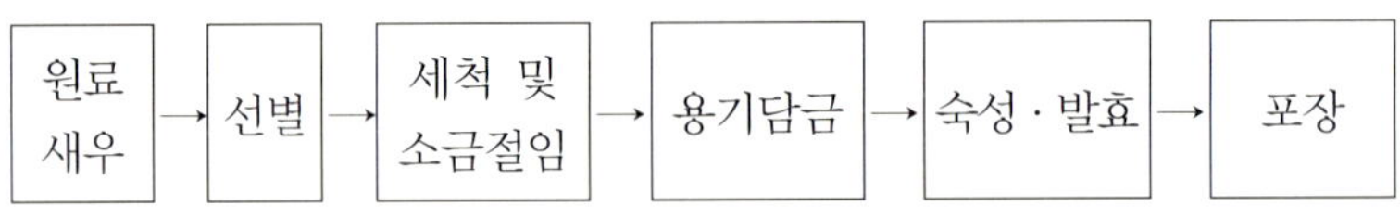

〈그림 1〉 새우젓의 일반적 제조공정

1) 원료새우

원료새우로서 가장 중요한 품질조건은 신선도라 할 수 있다. 대개 선상에서 어획 직후 신선한 새우를 원료로 사용하고 있으며, 젓새우의 크기가 작고 육질 자체가 극히 연약하여 극히 조심스럽게 취급하지 않으면 쉽게 육질의 선도가 저하된다.

신선한 생새우는 상쾌한 단맛을 느낄 수 있으며, 거의 비린내가 나지 않으나 새우가 죽어 신선도가 저하되면 곧바로 불쾌한 암모니아 냄새가 발생한다. 특히 하절기 기온이 높을 때나 기온이 낮은 이른 봄, 가을이라도 새우개체가 성숙하지 못하여 육질이 연약할 때는 어획 후 2~3시간의 방치로도 암모니아 냄새가 나는데, 젓새우의 신선도는 더욱 쉽게 저하한다.

2) 선별

〈사진 5〉 젓새우의 선별

일시에 어획된 각종의 어류와 젓새우를 선별하는 작업은 선원에 의해 선상에서 행해진다(〈사진 5〉 참조). 이 과정에서 이물질을 골라내고 어종별로 분류한다. 이때 해수가 담긴 큰 용기에 소금의 적당량을 살포하고 소금의 농도를 조절하여 젓새우 이외의 어종을 선별함은 물론 젓새우의 종류까지도 선별한다. 즉, 소금의 농도를 약하게 하여 아래로 가라앉는 젓새우와 위로 뜨는 밴댕이 등 다른 어종을 구분한 후, 소금의 농도를 강하게 하는데 이때 중국젓새우(참새우)는 뜨고 돗대기 새우와 붉은 새우는 가라앉아 이들을 선별한다. 또한 마지막 단계에서 큰 용기에 어종을 담고 양수기에 의한 호스를 이용하여 물을 회전시키면 중국젓새우는 가라앉고 나머지는 위로 뜨게 되어 기타 잡어가 가려지기도 한다. 그러나 이런 방법들을 하더라도 선별이 완벽하게 이루어지지 않아 결국 손에 의한 선별이 뒤따르게 된다.

3) 세척 및 소금절임

선별이 끝난 생새우는 맑은 해수로 조심스럽게 씻어 플라스틱 용기 또는 바구니 등에 담아 물기를 뺀다. 세척이 끝난 생새우와 정제염을 일정비율로 고루 뿌려 혼합하고 원료새우의 신선도를 감안하여 선도가 나쁠수록 소금량을 증가시킨다. 새우젓의 제조에 사용하는 소금량은 다른 젓갈의 경우보다 많은 30~40% 상당의 소금을 가하는 것이 거의 보편적이며, 원료의 선도 이외에 담그는 시기에 따라서도 소금비율이 다소 변하는데 이는 대개 기온과 밀접한 관련이 있다.

4) 용기담금

소금과 고루 혼합하여 염장한 새우는 내부에 큰 비닐봉투를 넣은 숙성용 철제 드럼통 용기에 차곡차곡 넣고 맨위에 1~2cm 두께의 소금을 추가한 후 비닐봉투에 공기가 들어가지 않도록 밀봉하고 겉뚜껑을 한다. 이때 새우의 숙성발효 중 공기와의 부분적 접촉에 의한 산화, 변색 등 품질변화를 방지하고, 제품의 중량을 늘릴 목적으로 20~30% 상당의 포화식염수를 첨가하여 새우가 완전히 액 속에 잠긴 채 숙성되도록 하는 방법도 상업적으로 이용되고 있었다.

5) 숙성 · 발효

염장된 새우는 13~20℃의 지하저장고, 저온숙성실, 토굴 등의 저장 겸용의 숙성실에 옮겨 4~5개월 동안 숙성 발효시킨다. 새우젓의 적정 숙성조건은 13~17℃의 다습한 환경조건으로 알려져 있으나, 이는 온도의 변화가 적은 지하토굴 등의 보편적인 온·습도 조건일 뿐 새우젓의 최적 숙성조건으로서 과학적 실험을 거쳐 검증된 것은 아닌 것으로 알려진다.

6) 포장

적당히 숙성 발효된 새우젓은 200kg 단위인 철제 드럼통으로 도매시장에 출하되며 소비시장에서는 500g, 5kg, 10kg 등의 다양한 중량의 제품으로 포장되어 소비자상품으로 출하되기도 했다.

한편 건새우는 30kg 단위로 종이 상자에 담겨 도매상 또는 객주에게 넘겨지며 소비시장에서는 10g, 20g 등으로 판매되고 있었다.

3. 유통경로

수협이 젓새우의 위판사업을 실시하기 이전에는 생산량의 절대량이 객주 또는 수집상에 의해 해상에서 매매되었고, 자금력과 판매능력이 있는 일부 생산자만이 생산물을 토굴에 저장 보관하였다가 성수기에 판매하여 왔다. 그때의 수집상은 수년간 새우젓 수집 판매업만을 전문으로 하는 대상인으로서 어민과는 자금수수 등 연고관계가 깊은 객주가 대부분이었으며 이들은 토굴과 1~2척의 운반을 보유하고 현지 조업해상을 3~5일 간격으로 왕복 운항하면서 수매활동을 하고 생산자가 필요로 하는 빈 드럼통, 소금 등의 생산에 필요한 필수품을 공급해 주었다.

그러나 1977년 및 1982년도에 목포수협 및 신안수협의 전장포지소, 영광군 수협의 낙월도지소 등 계통출하조직이 생성되면서부터 어민들이 수협의 위탁판매에 적극 참여하게 됨에 따라 객주의 활동은 점차 약화되어 갔다. 그러나 영광군 수협의 낙월도지소 및 신안군 수협의 전장포지소(1993년도에 지도에 북부지소 설립)가 교통 및 운송의 불편, 수협 자금력의 한계로 인하여 1989년도 및 1990년도에 각각 폐쇄되어 현지의 교통 및 자금사정 등의 이유로 객주의 활동은 완전히 근절되지 못하고 있는 실정이었다.

새우젓의 초기 가공단계인 염장공정은 대부분 젓새우의 어획선상에서 이루어지는데 염장된 젓새우는 200kg 철제 드럼통에 담겨진 후 1~5일 정도의 간격으로 운반선에 의해 양육된다.

젓새우는 제품형태에 따라 그 유통경로가 상이하다. 젓새우의 제품형태는 크게 새우젓과 생새우 형태로 구분할 수 있으며, 늦가을과 초겨울(10월과 11월)을 제외한 어기에 생산되는 젓새우는 염장된 새우젓 형태로 유통되고, 늦가을과 초겨울에 생산되는 젓새우는 주로 생새우 형태로 유통된다.

새우젓은 1차적으로 생산자에 의해 젓새우와 일정량의 소금을 혼합하여 염장된 새우젓으로 가공되며, 그 유통경로는 신안 및 목포수협에 위탁판매하는 계통출하 형태와 도매상 또는 객주로 판매되는 비계통출하로 나뉘어진다.

새우젓의 위판은 여타 위판장과 같이 매일 이루어지는 것이 아니고 젓새우의 생산량을 고려하여 적당한 생산량이 확보되었을 때 어업자와 수협과의 긴밀한 연락하에 3~15일 간격으로 이루어진다.

〈그림 2〉는 당시 해선망의 주 어획물인 젓새우의 유통경로를 나타낸 것이다. 선주는 선상에서 염장된 새우를 위판장 또는 객주(도매상)에게 매도하고 육상에서 건조시킨 건새우는 대부분 객주 또는 도매상에게 매도한다. 그리고 11월부터 어획되는 새우는 김장용으

로서 선어상태로 서울의 소비지 시장으로 매도된다.

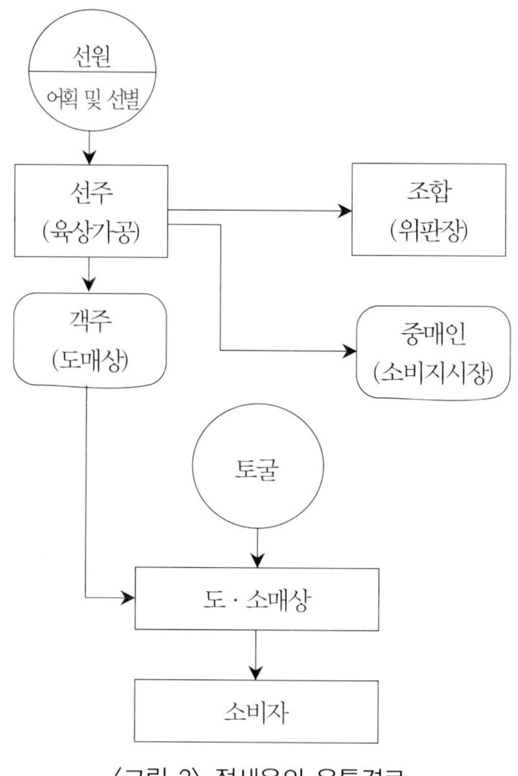

〈그림 2〉 젓새우의 유통경로

위판방법은 일반 선어의 위판방법인 수지식 경매에 의하지 않고 기재식 입찰방법을 택하고 있었다(〈사진 6〉 참조).

또한 입찰방법에서 특이할만 한 것은 50㎝의 막대기를 이용하여 새우의 선도의 등급에 따라 빨강, 노랑, 녹색, 청색, 검정의 색깔 순으로 수협의 입찰원이 입찰 전에 막대기를 새우통에 꽂는 것인데, 그 등급은 때에 따라 7~8등급(최상급은 빨강 막대기 2개, 최하

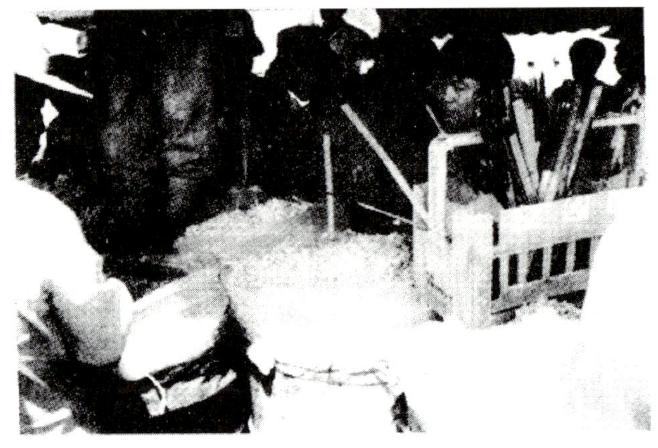

〈사진 6〉 젓새우의 위판

위 등급은 검정 막대기 2개)에 이른다.

새우젓만을 위판하는 공판장에서 입찰방식에 의해 경매가 끝난 새우젓은 전국 각지에서 온 도매행위를 하고 있는 상인들에게 인도되고 그 상인들은 새우젓의 숙성과 성수기를 기다리기 위해서 일정한 토굴에 저장해 놓고 필요시에 소매상 및 기타상인에게 판매한다. 한편 비계통출하된 새우젓은 일반 도매상 및 소매상인에게 인도되어 역시 그들에 의해 토굴에 저장되고 필요시 소매상 및 기타 상인에게 판매된다.

그러나 겨울철에 생산되는 젓새우는 흔히 동백하라고 불리우는 생새우 형태로 유통되고 있었으며, 그 유통경로는 주로 서울 중앙도매시장의 중매인에게 직접 수의매매가 이루어지고 있었다. 다른 일부는 수협에 계통판매되거나 상인에게 인도되고 있었다. 생새우 형태로 유통이 가능했던 이유는 생산시기인 늦가을과 초겨울의 대기기온이 지하 숙성시설의 온도와 유사하기 때문이었다.

4. 소비행태

여타 젓갈류의 식용방법과 마찬가지로 새우젓의 식용방법도 밥반찬 등 일반식용, 김치 및 일반식품의 조미용 등 보편적인 용도와 민간요법에 의한 식용 등 특수용도로 구분될 수 있겠으나 이 중에서 김치조미용의 소비량이 가장 많다고 할 수 있다.

1) 일반식용

생새우를 파, 마늘, 고추가루, 깨소금 등 다양한 양념으로 조미하여 밥 반찬, 술안주 등으로 직접 식용하는 방법이다. 또한 건조기에 의해 건조된 새우는 주로 술안주 등으로 식용되고 있었다.

2) 조미용

가장 보편적인 식용방법으로서 생젓갈을 마쇄하거나 가열한 후 즙을 내어 김치의 조미용으로 사용한다. 새우젓을 김치의 조미용으로 주로 이용하는 지역은 평북, 평남, 황해도, 서울, 경기, 충남, 전북 등 주로 서해중부 이북지역이며, 강원도와 함경남도의 해안지방에서는 일부 식용했던 것으로 알려지고 있다.

또한 각종 나물이나 국물, 찜류 등 가정용 조리식품의 조미용으로서 생젓갈이나 새우젓 액즙 또는 가열한 액젓이 이용되기도 하는데 지리적으로는 충남, 경기, 황해도 및 평남지역에서 특히 선호되었던 것으로 알려지고 있다.

3) 민간요법에 의한 특수식용

새우젓은 돼지고기나 감을 먹고 체하였을 때 소화제로 쓰이고 이유식용 죽에 새우젓으로 간을 하며 돼지고기의 편육에 새우젓을 곁들이는 것이 민간요법으로서 주로 중부지방에 널리 관례화되어 있다. 또한 전남의 일부 지방에서는 바다새우젓과 함께 민물새우로 담근 토하젓이 전통적인 민간요법으로 식용으로 이용되고 있다. 이처럼 새우젓의 민간요법이 전통적으로 보존·유지되고 있는 것으로 보아 새우젓에 강력한 단백질 분해효소가 함유되었을 것으로 추정되는데, 이는 실제로 과학적 실험을 통해 부분적으로 밝혀진 바도 있다.

Ⅵ. 어구 및 부품 명칭(중선)

중선은 위에서 언급하였듯이 오랜 역사를 지니고 있는데, 특히 한말과 일제 강점기 이후에 건조되었던 어선과는 달리 다른 나라의 영향을 전혀 받지 않고 순수한 우리 민족의 손과 기술로 제작되었다. 이는 어선과 어구를 구성하는 부품 하나하나에 우리말로 된 명칭이 어민들 사이에 전승되고 있고, 제작 시 집단적으로 부르는 노동요도 전래되기 때문이다.

여기에서 해선망의 전통적이며 대표적 어선인 중선의 선체 및 어구의 부품에 대한 전래 명칭을 〈그림 3, 4, 5, 6〉을 통해 알아보기로 한다.

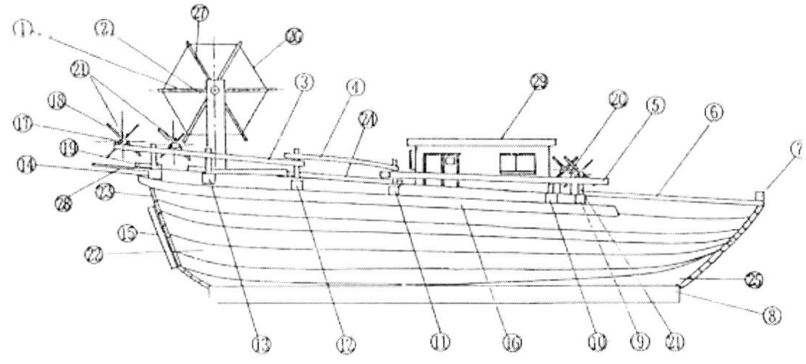

〈그림 3〉 중선 선체의 부품 명칭(측면)

〈표 1〉 선체의 부품 명칭(1)

번호/지역	전남(목포)	경기(강화)	충남(당진)
1	큰호롱	살개비	닻호롱통(굴통)
2	장성	큰줄통	
3	이물하라지	손	이물하라지
4	동하라지	동하라지	동하라지
5	고물(아드레)하라지	장하라지	장하라지
6	달판	사탈	발판
7	귀받이멍에	돌멍에	돌멍에
8	밑	밑	밑
9	소당멍에	거들멍에	
10	걸청멍에		
11	한판멍에	함판멍에	수헤멍에
12	대실멍에	대뒤멍에	
13	정멍에	수판멍에	굴통멍에
14	설멍에	선멍에	선멍에
15	질받이	비우던받침	
16	통삼	통삼	통삼

17	이물사뎅이	이물사닥통	암해사닥통
18	걸이사뎅이	살개비	살
19	수판멍에	사닥통받침	
20	아드레사뎅이통	안옷굴통	
21	몽고지	안옷사닥접	몽고지
22	선삼	꺼꾸미	삼
23	비우	비우	비우
24	드릇궤탕	웃길굄목	
25	눈삼	꺼꾸빗	부자리
26	살달림줄	살달림줄	줄
27	나무호롱살	굴통살	닻살
28	먼장대	견자나무	
29	브릿지	브릿지	방장

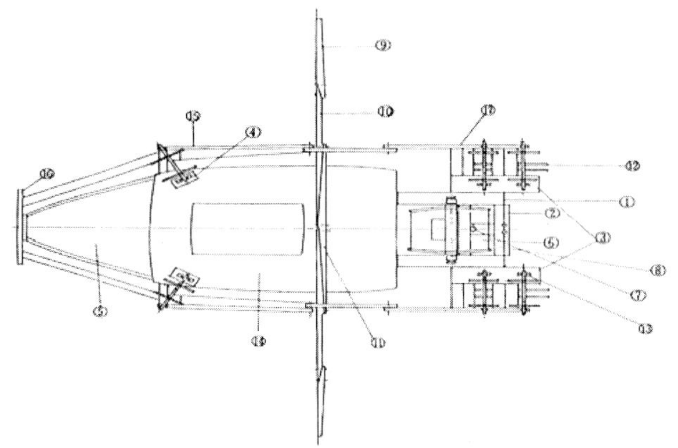

〈그림 4〉 중선 선체의 부품 명칭(평면)

〈표 2〉 선체의 부품 명칭(2)

번호/지역	전남(목포)	경기(강화)	충남(당진)
1	장성눌접	깔대	굴통대
2	수판멍에	수판멍에	수판멍에
3	이물바데리통눌접	외메기	사닥통대
4	아드레바데리통눌접	등줄굴통	
5	시청	시창	고물네끼
6	장성비네	대뒤걸집	
7	정	소개장세	
8	이물기한네끼	이물바람메기	이물네끼
9	드릇꼬작	웃길고자리	(수해)꼬작
10	드릇원통	웃길	(수해)합장
11	드릇합장	중장대	(수해)중심
12	먼장대	견자나무	암해사닥통
13	바데리통	사닥접	사닥통선대
14	네끼	네끼	네끼
15	고물(아드레)하라지	장하라지	고물하라지
16	귀받이멍에	돌멍에	돌멍에
17	이물하라지	동하라지	이물하라지

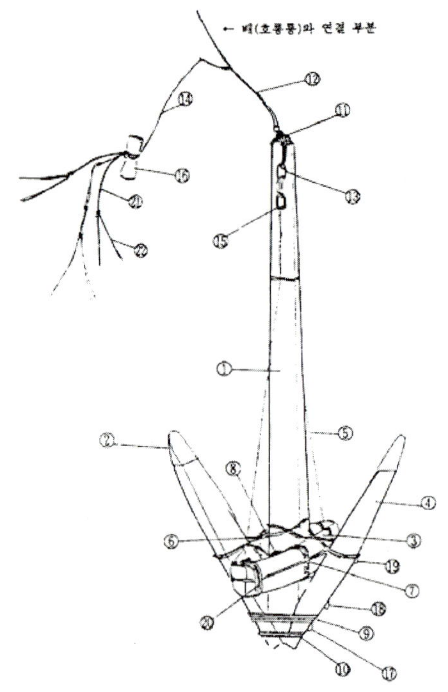

〈그림 5〉 중선 닻의 부품 명칭

〈표 3〉 닻의 부품 명칭

번호/지역	전남(목포)	경기(강화)	충남(당진)
1	닻채	닻채	닻채
2	닻두겁	편포	닻편포
3	닻장	닻장	닻장
4	닻개비	닻가지	닻가지
5	활개줄	꼭두줄	활중
6	던어리줄	더느래줄	던어랫줄
7	장달림	장줄	닻장줄
8	닻철장	속장	닻장갑

9	안태줄	안태줄	
10	코태줄	한새줄	
11	닻물	꼭두줄	닻줄고리
12	앞줄	닻줄	앞줄
13	새끼콧새구멍	콧새	닻귀미
14	새끼앞줄	글리	원걸이
15	콧새구멍	콧새구멍	닻귀미
16	걸림옹고지	대모	대모방망이
17	콧새	콧새	
18	한새	한새	
19	닻던어리옹고지	더느래	
20	장태줄	장줄	장태줄
21	원걸이	종글리	
22	네걸이	종종글리	중걸이

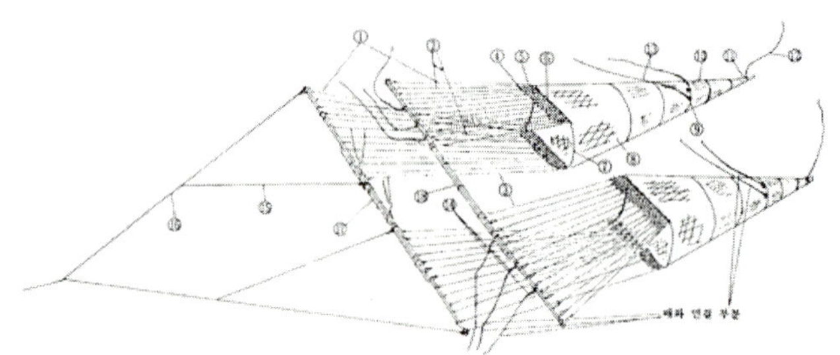

〈그림 6〉 중선 그물의 부품 명칭

〈표 4〉 그물의 부품 명칭

번호/지역	전남(목포)	경기(강화)	충남(당진)
1	채끝장연사	선겯줄	끝장머리줄
2	연사	싶바줄	장머리줄
3	병창장연사	안자계줄	안장머리줄
4	두갱이	장머리코	때장머리
5	살코	등줄	
6	왕코	두구니	그물어귀코
7	선젓(설길)	선겯	그물어귀 또는 두건
8	장머리그물	원더대	그물
9	간지	안옷고다리	그물동
10	초장그물	불뚝	한삼
11	불꼬리	밥통 또는 동다리	불매
12	불매줄	불매줄	불매줄
13	아니줄	안옷줄	안옷줄
14	귀틀개	숫걸이	숫걸이
15	원걸이	원걸이	원걸이
16	네걸이	종걸이	네걸이
17	암해	암해	암해
18	수해	수해	수해

Ⅶ. 결어

이상에서 1994년을 끝으로 어업행위를 할 수 없게 된 해선망 어업의 유래 및 어업상황에 관한 조사 결과를 소개하였다. 특히 근래에 사용된 해선망 어업의 뿌리라고 할 수 있는 중선과 그 어업이 가장 성행했던 전남 서해안지방을 중심으로 알아보았다.

중선의 선체 및 어구의 각 지방별 세부명칭은 현대어로서는 이해하기 어렵다는 점에서 그 용어의 기원에 대해서는 전문적인 식견이 부족하여 결국 또 다른 연구과제로 남겨 둘 수밖에 없었다. 이는 오랫동안 구전에 의해 전래되어 그동안에 언어 왜곡이 심하고 각 지방마다의 방언이 섞여 사용되어 왔기 때문에 더욱 그러리라 변명해 본다. 또한 전남지방의 중선과 비교하여 경기 및 충남의 선체 및 어구의 구조가 약간씩 다른 경우에는 조사하지 못한 것은 불가피한 일이었다.

특히 조사 이후에도 우리나라 수산업의 대내외적 환경은 더욱 급속하게 변하고 있기 때문에 어업자의 자의 또는 타의에 따라 소멸되어 가고 있는 어업이 속출하고 있다. 따라서 수산업사의 관점에서 이들에 대한 관심과 애정이 어느 때 보다도 중요할 것으로 생각된다. 향후 이에 대한 종합적이고 학제적인 조사 연구가 진행되기를 소망해 본다.

제3장 안경망(眼鏡網)

Ⅰ. 서언

안경망 어업은 금강 하구, 충남 서산, 경기 강화 등지에서 성행되고 있는 어업으로 소형 안강망(鮟鱇網) 어업으로 허가되어 있지만, 어구·어법은 그와 상이한 점이 많다.

이 어업은 밀물과 썰물의 저항을 받아 망형을 유지하고 작업을 하기 때문에 조류가 있는 장소에 한하여 사용할 수 있는 어구로, 그 어구 꼴은 사각형의 어구 2통을 어선의 양현에 동시에 부설한 모양이 마치 안경과 같다 하여 통칭 '안경배'라 불리웠다.[1)]

금강 하구에서 실시하고 있는 이 어업은 항로상에서 시행되고 있어서 개항질서법 제40조에 저촉될 뿐만 아니라, 봄철에 산란을 목적으로 하여 내유한 각종 어종이나 치어를 대상으로 하는 어업이기 때문에 자원보호상 항상 문제의 대상이 된 어업이다. 하지만 소규모의 자본으로 이루어지는 연해 또는 내해어업으로서 수산업사적 가치가 있다고 본다. 이 글의 토대가 된 자료는 1966년 8월 현지조

1) 현재는 구획어업으로 허가되어 있으며, 어민들 사이에서는 실뱀장어(히라시)배 또는 '꽁댕이 배'라고도 불리어지고 있다.

사 결과인데, 이 글은 이를 토대로 재구성한 것이다.[2)]

Ⅱ. 어업의 개관

1. 연혁과 발달과정

안경망어업은 1920년대 황해도 연백군을 중심으로 한 용매 해상에서 백하, 고개미, 고노리 등을 대상으로 연안에 내유하는 치어를 포획하던 어업이다. 이 어업은 한국전쟁 이후에 일단 침체상태에 놓여 있다가 1951년 1 · 4후퇴 시 연백군에서 어업에 종사하던 사람들이 남하하여 강화도를 중심으로 본 어업을 시행하면서 다시 성행하였다.

한편 금강에서의 이 어업은 1952년 피난 중이던 송춘길(宋春吉, 黃海道 延白郡 松奉面) 씨가 금강의 조류가 황해도 연백과 흡사한 점을 발견하고 이 어업을 시작하였다고 한다.

당시 사용한 어구는 안강망에서 사용하던 낡은 어구를 개조 · 재구성하여 사용했고, 틀의 크기도 가로 2.5K, 세로 1.5K 정도의 보잘것없는 어구였으나, 중하 · 대하 · 장어 · 고개미 · 백하 등이 어획되었으며, 특히 춘계 금강에 많이 서식 · 산란하던 뱅어가 어획되어 좋은 어획률을 보이게 되자 다음 해(1953년)에는 2척으로 증가했고, 1954년에는 10여 척이 되었다 한다. 당시 어획률은 대단히 좋아 이듬 해 1955년에는 20여 척이 되었으며 1963년에는 18척으로 줄어들었고, 1964년에는 다시 4척이 증가하여 22척이 되었다가 2

2) 이 조사에 협조해 준 관련 종사자들과 자료수집 과정에서 도움을 주신 정공흔, 이길래 교수님께 감사를 드린다.

년 후인 1966년에는 군산에 23척, 장항에 3척 합계 26척이 금강을 중심으로 하여 조업하고 있었다 한다. 그물의 구조도 처음에는 간단하던 것이 점차 발달하여 면사에서 화학사로 교체되어 사용되다가 결국은 합성섬유로 바뀌어진 것으로 추측된다.

2. 어기 및 어장

안경망어업은 안강망 어업에 속하며, 수심이 5~8m 내외의 얕은 바다에서 조류가 0.5~3Kt인 내해에서는 어느 곳에서나 조업이 가능하다.

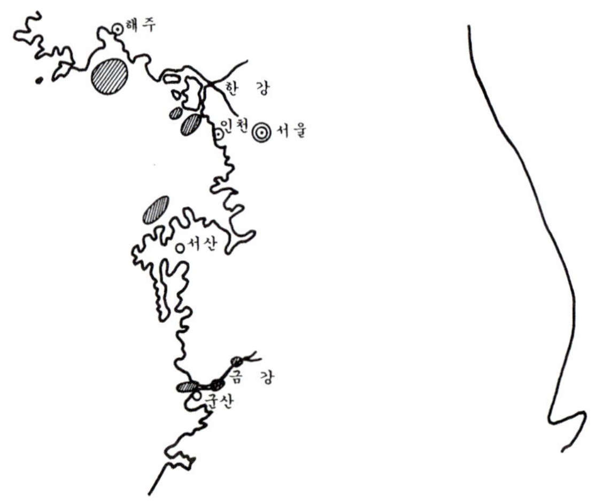

〈그림 1〉 어장의 분포도

주요 어장으로는 〈그림 1〉에서 보는 바와 같이 황해도 용매 어장에서 춘계에 좋은 어장이 성립되고 있었고, 경기도 · 강화도 · 충남 서산에서는 4월 초부터 7월까지 삼길포 전해상에서 베도라치를 주 대상물로 하여 어획하였으며, 금강 하구에는 〈그림 2〉와 같이 하구, 이부도를 중심으로 좋은 어장이 형성되고 있었다.

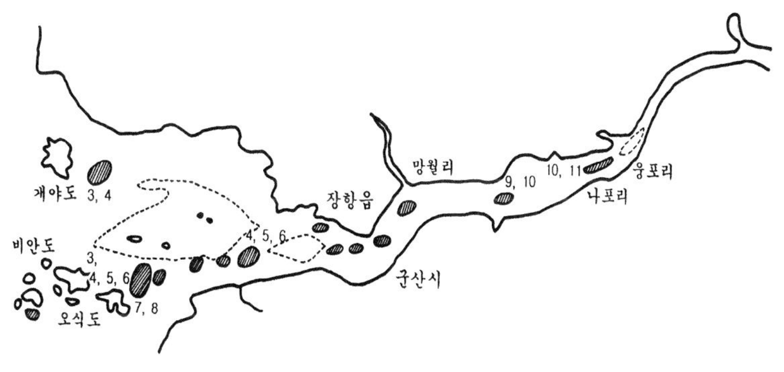

〈그림 2〉 금강 하구어장의 조업장 및 어기

금강 어장은 3월 중순에 시작하여 11월 초까지 어기가 성립되었는데, 3~4월에는 개야도, 이부도 어장을 중심으로 하구에 좋은 어장이 형성되었으며, 중류에서도 조업하였다. 5~6월에는 이부도가 최적지이고, 7~9월에는 이부도와 금강 중류에서 좋은 어장이 형성되고 있었다. 종어기인 10~11월에 달하면 상류로 이동하여 옥구군 나포와 웅포까지 올라가 작업을 하는 관계로, 상류에서도 조업이 가능하여 사실상 금강 전체가 어장이 되고 있었다.

3. 어선, 어구 및 어법

안경망 어선은 〈그림 3〉과 같은 모양을 띠고 있으며, 대부분 9~12t의 무동력선으로서 전장 37척, 선폭 7척 정도의 소형선으로, 이

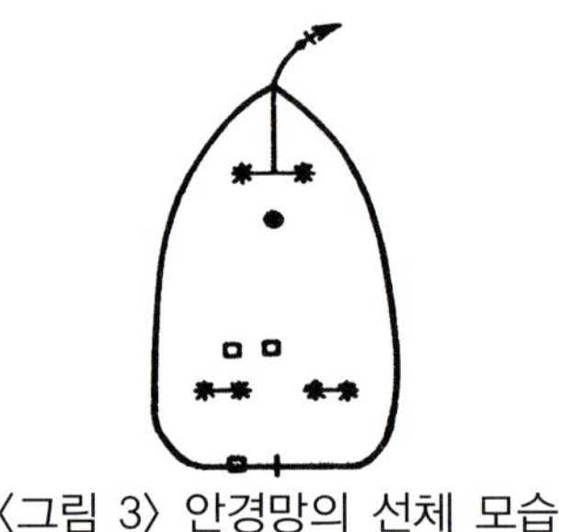
〈그림 3〉 안경망의 선체 모습

들 선박은 대형 견정을 투입하여 정치작업을 하기 때문에 항해용 계기는 거의 없을 뿐 아니라, 어획물도 소도 2~3형 범선으로 운반하여 처리하기 때문에 조업만 담당하고 있어 크기에 비하여 톤수가 적으며, 현장(bulwark)은 거의 없고, 갑판이 넓어서 작업하는 데 편리하도록 되어 있었다. 선원 수는 3명의 조업인과 1명의 운반원(소형 범선 1.5~2t)이 필요했다. 운반원은 대부분 선주로, 이들이 직접 운반, 매매하는 경우가 많았다 한다.

4. 어구의 구조

안경망어업에 사용되는 어구는 어선의 크기, 경영자에 따라 다소 차이가 있고, 망사(그물실), 망목(그물코)도 약간의 차이가 있으나, 큰 차는 없었다. 망구는 가로(틀채 4K), 세로(마구리 2.5K)의 견목으로 짜여진 틀에 의해서 고정되어 있었다.

어구는 〈그림 4〉 및 〈그림 5〉와 같은 구조로 되어 있는데, 조류가 강한 사리 때 사용하는 어구와 약한 때 사용하는 어구 2종이 있었다. 어구는 배망과 복망의 2폭으로 되어 있고, 배망과 복망은 동일했다.

〈그림 4〉에서 사리 때(조류가 강할 때) 사용하는 망의 구조를 살

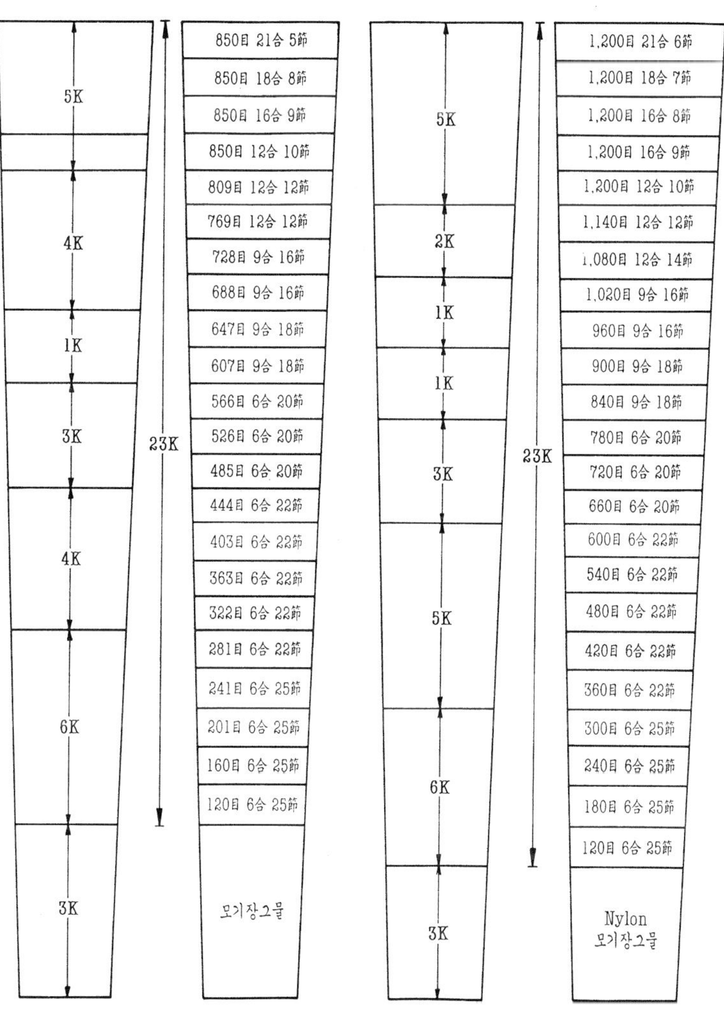

〈그림 4〉 사리 때의 어구설계도 〈그림 5〉 조금 때의 어구설계도

펴보면, 망구 부근에는 3연 21합 5절 망지 850코로 시작하여 850코 그대로 유지하며, 절수를 줄여 12합 9절까지 5K 정도 수평했다. 그 후에는 편망된 망지를 사단하여 맨 밑 부분이 120코되게 하여

길이가 23K 정도 되게 구성하며, 이와 동일한 망지(網地) 2폭을 봉합하고 불꼬리는 나일론 모기장 망지로 3K 정도의 자루모양의 것을 봉합하여 완성된 망지를 형성하였다.

조금 때(조류가 약할 때) 사용하는 어구도 〈그림 5〉와 같이 망구에 1,200코 21합 6절로 시작하여 맨 밑 망지는 사리 때의 어구와 같이 120코 6합 25절로 구성되어 있었다. 그 구성방법은 사리 때 그물과 유사했었다 한다.

〈그림 4〉 및 〈그림 5〉와 같은 어구 2통을 완성하여 작업도 및 완성도를 만들어 보면 대략 〈그림 6〉과 같다.

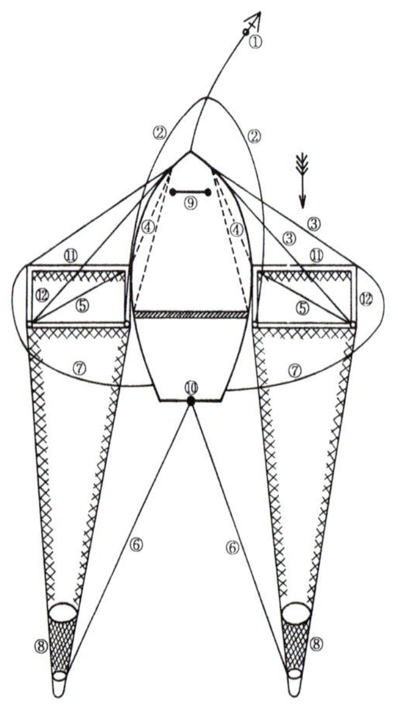

① 닻과 닻줄(대형 樫碇), 닻줄 wire rope D 5分, L 50K
② 곱팡줄 wire rope D 3分, L 8K
③ 밖앗걸이 wire rope D 3分, L 18K
④ 안걸이 wire rope D 3分, L 12K
⑤ 십자줄 wire rope D 3分
⑥ 불매줄 polycyline rope D 3分,L 25K
⑦ 댕기줄 wire rope D 3分
⑧ 불통(Nylon 모기장)
⑨ 호롱
⑩ 도르래(Block) 6개
⑪ 틀(樫木) D 2寸, L 4K
⑫ 마구리(樫木) D 1.5~2寸, L 2.5K

註: D … Diameter
L … Length

〈그림 6〉 어구의 완성 및 조업도

5. 조업방법

이 어업은 닻에 의하여 고정 정치하고, 어구도 짜여진 틀에 부설된 망지를 조류에 맞추어 투양망(投揚網)하므로, 그 방법은 간단한 어법을 가진다. 그 투양망법을 보면 아래와 같다.

1) 투망법

어선은 닻(대형 목제정)에 의하여 고정되어 있고, 어구는 미리 정리해 준비하였다가 조류가 시작된 후에 어구가 엉키지 않게 불통 부분부터 투입하고, 갑판 후부에 설치된 '호롱'을 조절하면서 서서히 닻줄을 풀어 사각의 틀이 물 속에 잠기면 투망이 완료되는 것인데, 양현의 2통이 동시에 조류를 향하게 하면 투망이 완료된다.

2) 양망법

투망이 완료된 후부터 3~4시간 후에 급한 조류가 모두 흐르고 유속이 약해질 무렵 투망 시와 같이 닻줄을 호롱에 의하여 양쪽 그물을 조절하면서 감아 올린다.

틀이 수면에 오른 후에는 한쪽 망은 고정시켜 놓고, 한쪽부터 망지를 3명의 어부에 의하여 잡아당겨서 불꼬리 부근이 선체에 닿으면 불꼬리를 매고 용두(도르래)를 거쳐 끌어올리면 양망이 완료된다. 다른 쪽의 양망방법도 동일하다.

6. 1960년대의 해황 및 어획

1) 조사기간 : 1966년 8월 1일~1966년 8월 31일

2) 해황

월일	표면 수온	비중	염분	풍향	풍속	투명도	유향	평균 운량	천후	평균 기온
8월 1일	27.5	11.1	—	NW	2	—	—	8	C	28.5
2일	27.5	1.4	—	SW	1	—	—	2	B	29.5
3일	28.5	5.0	—	N	1	—	—	1	B	29.0
4일	29.0	8.5	—	SW	1	—	—	2	B	30.5
5일	29.0	10.0	—	NW	3	—	—	2	B	33.0
6일	28.0	10.0	—	SW	1	—	—	10	C	29.0
7일	29.0	10.0	—	W	1	—	—	0	B	33.0
8일	28.7	10.0	—	W	1	—	—	1	B	33.2
9일	30.6	10.5	—	SW	1	—	—	6	CB	31.5
10일	30.4	10.2	—	SE	1	—	—	1	B	29.9
11일	29.0	10.0	—	W	1	—	—	10	R	28.5
12일	29.5	7.0	—	SW	1	—	—	8	C	26.9
13일	29.0	1.0	—	E	1	—	—	2	B	30.0
14일	29.0	6.9	10.048	E	2	35cm	──→	—	B	29.7
15일	29.5	13.3	19.253	NE	4	65cm	↠→	—	B	29.5
16일	28.5	1.0	—	E	1	—	—	1	B	31.0
17일	28.9	10.4	14.705	W	4	30cm	─→	—	R	27.7
18일	28.2	5.0	—	N	4	—	—	1	B	27.7
19일	27.5	6.8	9.994	N	2	20cm	─→	10	R	28.6
20일	27.0	8.0	—	NE	3	—	—	10	R	26.8

21일	26.0	4.0	—	E	5	—	—	9	R	27.1
22일	26.0	5.0	—	E	2	—	—	8	C	27.0
23일	27.0	8.7	12.376	NE	3	35cm	──→	8	C	25.7
24일	25.5	3.5	—	NE	6	—	—	8	B	26.0
25일	25.5	5.5	—	N	1	—	—	10	C	25.5
26일	26.5	1.0	—	W	1	—		4	B	27.0
27일	26.5	1.0	—	NW	1	—	—	2	B	26.0
28일	27.2	1.0	3‰ 以下	W	1	—	──→	2	B	29.3
29일	28.0	1.0	—	E	1	—	—	0	B	28.3
30일	29.9	1.0	—	E	2	—	—	6	CB	28.5
31일	29.5	1.0	—	N	2	—	—	1	B	29.0

3) 어획상황

Station A(금강 중 · 상류)

음력 월일	양력 월일	월 령	주 야	들물 시 일회 어획량	썰물 시 일회 어획량
6월 24일	8월 10일	1	주	5斗	5斗
			야		10斗
25일	11일	2	주		5斗
			야	5斗	
26일	12일	3	주		10斗
			야	15斗	25斗
27일	13일	4	주		
			야	5斗	5斗
28일	14일	5	주	15斗	20斗
			야	20斗	25斗
29일	15일	6	주	20斗	20斗

			야	10斗	20斗
7월 1일	16일	7	주	風	
			야	風	
2일	17일	8	주	15斗	15斗
			야	15斗	15斗
3일	18일	9	주	10斗	10斗
			야	12斗	12斗
4일	19일	10	주	12斗	12斗
			야	15斗	15斗
5일	20일	11	주	10斗	8斗
			야	12斗	8斗
6일	21일	12	주	8斗	8斗
			야	8斗	8斗
7일	22일	13	주	8斗	7斗
			야	7斗	7斗
8일	23일	조금	주	8斗	7斗
			야	8斗	7斗
9일	24일	1	주	5斗	5斗
			야	5斗	6斗
10일	25일	2	주	4斗	4斗
			야	4斗	7斗
11일	26일	3	주	5斗	5斗
			야	5斗	5斗

Station B(금강 하류)

음력 월일	양력 월일	월 령	주 야	들물 시 일회 어획량	썰물 시 일회 어획량
6월 24일	8월 10일	1	주	10斗	20斗
			야		20斗

25일	11일	2	주	10斗	20斗
			야	20斗	25斗
26일	12일	3	주	15斗	40斗
			야	40斗	40斗
27일	13일	4	주	15斗	30斗
			야	15斗	25斗
28일	14일	5	주		25斗
			야		
29일	15일	6	주	5斗	30斗
			야	10斗	30斗
7월 1일	16일	7	주	30斗	30斗
			야		
2일	17일	8	주	風	
			야	風	
3일	18일	9	주	15斗	20斗
			야		
4일	19일	10	주	15斗	20斗
			야		
5일	20일	11	주	8斗	10斗
			야	10斗	15斗
6일	21일	12	주	10斗	10斗
			야	15斗	15斗
7일	22일	13	주	7斗	8斗
			야	8斗	10斗
8일	23일	조금	주	2斗	2斗
			야	3斗	2斗

4) 대상어족

금강 하구는 해수와 담수의 혼합으로 인하여 대체로 염분은 저염이고, 육지에서 흘러 내려오는 영양염류의 공급이 많은 관계로 부유생물 서식에 적당한 반면에, 저염이기 때문에 유어와 패류 서식에도 호조건을 구비하고 있을 뿐 아니라, 춘계에 산란을 목적으로 내유하는 어족이 많아 다양한 어족들이 포획되었다. 특히 어구 구조가 소어를 대상으로 구성되었기 때문에, 치어에서부터 성어에 이르기까지 여러 가지 종류의 어류가 포획되었는데, 주요 대상은 젓새우 · 중하 · 대하 · 멸치 · 곤쟁이(고개미) · 전어 등이다. 포획되는 어종을 살펴보면 대략 아래와 같다.

멸 치 Engraulis japonica (HOUTTUYN)
중 하 Metapenaeus joyneri (MIERS)
곤어리 Stolephorus koreana (KISHINOUYE)
농 어 Lateolabrax japonicus (CUVIER et VALENCIENNES)
학공치 Hemirhamphus sajori (TEMMINCK et SCHLEGEL)
모 치 Mugil cephalus (LINNAEUS)
갈 치 Trichiurus haumela (FORSKAL)
뱅 어 Salangichthys microdon (BLEEKER)
전 어 Clupanodon punctatus (TEMMINCK et SCHLEGEL)
보구치 Nibea argentatus (HOUTTUYN)
수조기 Nibea albiflora (RICHARDSON)
매퉁이 Saurida undosquamis (RICHARDSON)
병 어 Stromateoides argenteus (EUPHRASEN)
빨갱이 Trypauchen vagina microcephalus (BLEEKER)

황강달이 Collichthys fragilis (JORDAN et SEALE)
웅 어 Coilia ectenes (JORDAN et SEALE)
동갈양태 Callionymus valenciennesi (TEMMINCK et SCHLEGEL)
삼 치 Sawara niphonius (CUVIER et VALENCIENNES)
복어류 Sphoeroides
밴댕이 Harengula zunasi (BLEEKER)
날개망둑 Gobius gymnauchen (BLEEKER)
젓새우 Acetes japonicus (KISHINOUYE)
곤쟁이
대 하 Penaeus orientalis (KISHINOUYE)
게 류
등퍼리
장 어 Anguilla japonica (TEMMINCK et SCHLEGEL)
꽁 치 Cololabis saira (BREVOORT)

5) 어황과 해황 요인

1966년 8월 중에 조사한 이 어업의 자료[100회 조업에 1,282두(25,640l)의 어획]를 가지고 어황과 해황과의 관계를 검토하였다.

(1) 대조 시와 소조 시의 어획

이 어업은 어구의 형성을 조류에 의존할 뿐 아니라, 조류의 성쇠에 따라 어족의 분포가 달라지는 경우가 허다하므로, 조류와 밀접한 관계를 맺고 있다고 본다.

이와 같은 밀접한 관계를 검토하기 위하여 소조 시(음력 8월 11일: 2~14조)를 A, 소조에서 대조에 이르는 기간(26~29일: 3~6조)

을 B, 대조 시(1~4일: 7~10조)를 C, 대조에서 소조에 이르는 기간(5~7일: 11~13조)을 D로 구분한다.

〈표 1〉 대조 시와 소조 시의 어획량

구분	어획두량	조업횟수	C.P.U.E.	σ
A	264	33	8.00	± 6.62
B	505	25	20.20	±10.29
C	288	18	16.00	± 5.98
D	225	24	8.96	± 3.53
계	**1,282**	**100**	**53.16**	**± 8.93**

〈표 1〉은 조시 A, B, C, D에 대한 어획성능을 표시하고 있다. 이 표를 보면, 조류가 성한 B와 C(3~10조) 때가 확실히 호어를 이루고 있으며, 어획분포를 볼 때 B, C의 조류에서 호어 출현도가 높고(B는 실제 호어였으나, 불어 출현의 확률은 C보다 많이 포함되어 있음), A와 D의 조류에서 불어의 출현도가 높다. 이로 미루어 볼 때, 이 어장의 호어는 대조 시를 중심으로(3~10조), 불어는 소조 시를 중심으로(11~2조) 분포되었다고 볼 수 있다.

〈표 2〉 대조 시와 소조 시의 어획량에 대한 χ^2–Test 결과

구분 / 어획두량	A (14~2조)	B (3~6조)	C (7~10조)	D (11~13조)	계	χ^2
15斗 이상	5 (12.87)	19 (9.75)	12 (7.02)	3 (9.36)	39	21.272
15斗 미만	28 (20.13)	6 (15.25)	6 (10.98)	21 (14.64)	61	13.666
계	**33**	**25**	**18**	**24**	**100**	**34.938**

$\chi^2(3)=34.938 > \chi^2_0$, $P<0.05$

〈표 2〉는 조류와 어획과의 관계를 검토하기 위하여 χ^2-Test를 해 본 것이다. 이 표의 작성은 각 조류 시(A, B, C, D)에서 15斗 이상 어획되었을 때와 15斗 미만 어획되었을 때를 구별하고 있다. 단, ( ) 안의 수치는 기대 어획두량이다.

χ^2-Test 결과, B와 C의 15斗 이상은 기대치(B: 9.75, C: 7.02)보다 실제치(B: 19, C: 12)가 훨씬 많은 횟수를 차지하고 있으며, A와 D는 이와 반대되는 현상을 나타내고 있는데, 이것으로 미루어 볼 때 대조 시와 소조 시는 어획과 밀접한 관계를 갖고 있고, 대조 시는 소조 시보다 호어를 이룰 수 있는 확률이 높아 대조 시는 소조 시보다 어획성능이 훨씬 높은 것으로 판단할 수 있다.

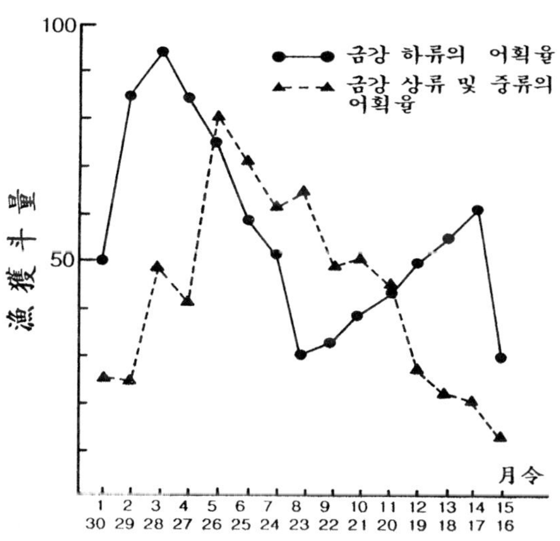

〈그림 7〉 조와 월령과의 어획비교

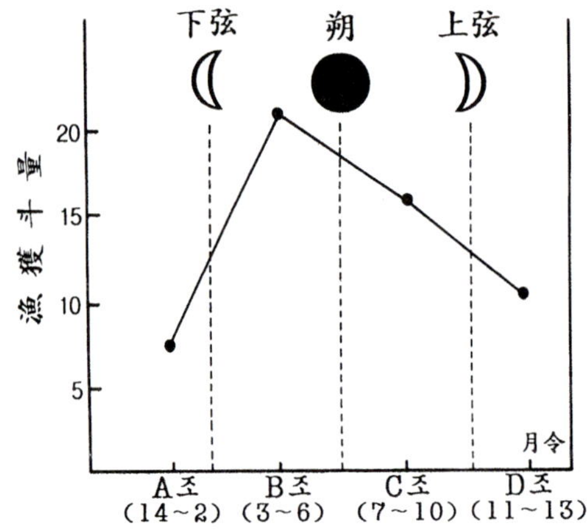

〈그림 8〉 조와 월령과의 지역적 비교

〈그림 7〉은 조(潮)와 월령(月令)의 어획고 관계를 비교하고 있다. 즉 어획고는 조차가 극소에서 극대로 향하는 도중 6~7조에서 최대를 이루며, 조차가 적어짐에 따라 어획은 감소하는 경향을 나타내고 있고, 월령과의 관계를 보면 하현에서 점차 상승하여 삭망(朔望) 무렵에 최대의 어획을 나타내고, 삭망이 지나면 점차 감소하여 다음 달의 상현 무렵에 최소의 어획이 나타남을 표시하고 있다.

그러나 〈그림 8〉을 보면 금강 상류와 하류에서는 그림과는 다른 양상을 나타내고 있다. 금강 하류에서는 3~6조, 11~13조에 호어획을 나타내고, 7~10조에 저어획을 나타내고 있다. 중류 및 상류에서는 4~10조에 호어획기를 나타내고, 사리를 전후하여 불어를 나타내고 있다.

〈그림 7〉과 〈그림 8〉을 종합해 보면, 하류에 호어장을 이루고 있기 때문에 3~10조시가 대체로 호어기임을 알 수 있다.

(2) 주간과 야간의 어획

이 어업으로 어획된 어족은 소조가 대부분을 차지하고 있으므로, 플랑크톤의 부침과 이들의 부침은 밀접한 관계가 있다고 생각된다. 다시 말하면, 광도에 따라 유영층이 부침하여 주간에는 저층으로 침하하고, 야간에는 표층으로 부상하려는 성질을 가지고 있는 것으로 생각되므로, 주간과 야간의 어획에 어떤 변화를 나타내고 있는가를 검토하고자 한다(〈표 3〉 참조).

〈표 3〉 주간과 야간의 어획량

구분	어획두량	조업횟수	C.P.U.E.	σ
주간	646	52	12.43	± 8.30
야간	636	48	13.25	± 9.30
계	**1,282**	**100**	**12.82**	**±10.13**

〈표 3〉에서 나타내고 있는 어획량을 보면, 주간이 야간보다 약간 많은 불어를 나타내고 있으나, 야간이 주간의 어획범위부다 붙어를 나타내고, 야간이 주간의 어획범위보다 광범위한 분산을 하고 있으므로, 야간의 어획성능이 훨씬 좋은 것으로 단언하기는 힘들다.

〈표 4〉에서 보는 바와 같이 χ^2-Test 결과를 볼 때도 마찬가지이다.

〈표 4〉 주간과 야간의 어획량에 대한 χ^2-Test 결과

구분	주	야	계	χ^2
15두 이상	19 (20.68)	20 (18.72)	39	0.235

15두 미만	33 (31.72)	28 (29.28)	61	0.089
계	**52**	**48**	**100**	**0.324**

$\chi^2(1)=0.324 < \chi^2_0$, $P>0.1$

〈표 5〉 소조 시와 대조 시의 어획량

a) 소조 시(조금; A, D)

구분	어획두량	조업횟수	CPUE	σ
주	224	29	7.7	3.957
야	265	28	9.5	6.115
계	**489**	**57**	**8.6**	**5.375**

b) 대조 시(사리; B, C)

구분	어획두량	조업횟수	CPUE	σ
주	424	23	18.4	6.585
야	369	20	18.5	9.782
계	**793**	**43**	**18.4**	**9.079**

〈표 6〉 소조 시와 대조 시의 어획량에 대한 χ^2-Test 결과

a) 소조 시(조금; A, D)

구분	주	야	계	χ^2
10두 이상	8 (9.67)	11 (9.33)	19	0.583
10두 미만	21 (19.33)	17 (18.67)	38	0.294
계	**29**	**28**	**57**	**0.877**

b) 대조 시(사리; B, C)

구분	주	야	계	χ^2
10두 이상	10 (9.63)	8 (8.37)	18	0.031
10두 미만	13 (13.37)	12 (11.63)	25	0.022
계	**23**	**20**	**43**	**0.053**

$\chi^2(1)=0.877 < \chi^2_0$, P>0.1 $\chi^2(1)=0.053 < \chi^2_0$, P>0.1

〈표 5〉와 〈표 6〉은 주야간의 어획을 대조 시와 소조 시를 구분한 것이다. 대조 시에는 조류가 심하여 주간일지라도 투명도가 낮으므로, 광도를 맞추기 위해 어족이 부상할 것으로 생각되며, 소조 시에는 투명도가 높기 때문에 광도를 맞추기 위해 주간에는 다소 침하하고, 야간에는 부상했던 것으로 생각된다.

〈표 6〉에서 볼 수 있는 것과 같이, 대조 시에는 확실히 호어를 이루어 주야간의 어획차를 볼 수 있다. 즉, 대조 시에는 주야간 어획이 다같이 호어를 이루며, 소조 시에는 불어가 되고, 주간보다 야간의 어획이 많다.

(3) 창조(밀물) 시와 낙조(썰물) 시의 어획

이 어업은 강의 하구나 만의 입구에서 강이나 만을 향해 들어오는 창조류와 강이나 만을 씻어나가는 낙조류의 두 가지 조류를 따라, 조류를 따라 이동하는 어족을 대상으로 어획한다는 것은 주지의 사실이다.

그러면 이와 같은 창조류와 낙조류가 어획과 어떤 관계를 갖고 있는가에 대해 검토한다(〈표 7〉 참조).

〈표 7〉 밀물과 썰물 시의 어획

구분	어획두량	조업횟수	C.P.U.E.	σ
밀물	534	48	11.13	± 7.220
썰물	748	52	14.39	±10.053
계	**1,282**	**100**	**12.82**	**±10.083**

〈표 7〉은 밀물과 썰물 시의 어획성능을 표시하고 있다. 여기에서 밀물 시에는 1회 조업당 평균 11.139斗, 썰물 시에는 14.39두의 어획량이 있음을 볼 수 있으므로, 썰물 때가 밀물 때보다 호어임을 알 수 있다.

〈표 8〉 밀물과 설물시 어획량에 대한 χ^2-Test 결과

구분	밀물	썰물	계	χ^2
15두 이상	16 (18.72)	23 (20.28)	39	0.719
15두 미만	32 (29.28)	29 (31.72)	61	0.460
계	**48**	**52**	**100**	**1.179**

$\chi^2(1)=1.179 < \chi^2_0$, P>0.1

〈표 8〉은 밀물과 썰물 시의 어획량을 χ^2-Test한 것이다. 이 결과, 썰물 때가 밀물 때보다 호어를 이루는 경우는 총 조업에 대하여 70~80%의 확률이 있다고 말할 수 있다.

그런데 밀물 때와 썰물 때의 어획 차가 생긴 요인은 많았으나, 가장 영향력이 있는 요인은 염분관계(육수관계)와 투명도에 의한 영향이라고 생각된다. 또한 썰물 때가 밀물 때보다 더 호어를 이룬 것은 어류의 생태에 의한 바가 적지 않지만, 군산항(금강 하구)의

입지적 조건에 좌우된 바가 큰 것으로 여겨진다. 즉 금강으로 들어오는 밀물은 폭이 넓게 밀려 들어오는 것에 반하여, 썰물은 군산항을 스친 조류가 장항항 암벽에 부딪쳐 주류가 밀어 닥치면서 밀려나간다. 이 주류를 받는 썰물조업에는 자연히 많은 수량과 많은 수량에 포존된 어족이 입망하게 되므로, 이때의 어획이 양호한 것으로 여겨진다(〈그림 9〉 참조).

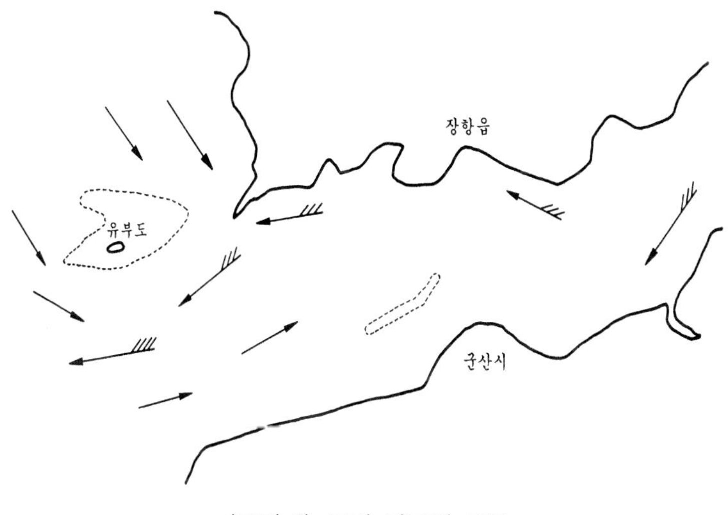

〈그림 9〉 금강 하구의 조류

이상에서 밀물과 썰물의 어획관계를 알아보았다. 그러면 육수가 있을 때와 평상시에는 밀물과 썰물의 어획이 어떻게 변하는가를 검토해 보자(〈표 9〉 참조).

〈표 9〉 육수가 있을 때와 평상시의 어획관계

a) 육수가 있을 때

구분	어획두량	조업횟수	CPUE
밀물	43	5	8.6
썰물	47	6	7.8
계	**90**	**11**	**8.2**

구분	밀물	썰물	계	χ^2
10두 이상	2 (1.36)	1 (1.64)	3	0.612
10두 미만	3 (3.64)	5 (4.36)	8	0.206
계	**5**	**6**	**11**	**0.818**

b) 평상시

구분	어획두량	조업횟수	CPUE
밀물	491	43	11.42
썰물	701	46	15.24
계	**1,192**	**89**	**13.39**

구분	밀물	썰물	계	χ^2
15두 이상	16 (18.83)	23 (20.17)	39	0.822
15두 미만	27 (24.17)	23 (25.83)	50	0.641
계	**43**	**46**	**89**	**1.463**

$\chi^2(1)=0.818 < \chi^2_0,\ P>0.1 \quad \chi^2(1)=1.463 < \chi^2_0,\ P>0.1$

〈표 9〉에서 보면, 육수가 있었을 때(우천시) 매우 어획이 적은데 평상시 언뜻 보기엔 육수가 있으면 매우 불어가 아닌가 하고 생

각할 수 있으나, 육수가 있을 때 불어의 주된 원인은 소조였다는 데 있었다. 또한 밀물 시와 썰물 시를 검토하는 데는 육수가 있을 때와 평상시의 어획차가 무관한데, 밀물 때와 썰물 때의 어황만 생각하여 평상시에 썰물시가 더 호어를 이루고 육수가 있을 때에는 밀물 시가 더 호어를 이룬다는 사실을 발견할 수 있었다. 이와 같은 문제는 차후의 과제로 돌리고 당시 어황을 좌우하는 요인의 하나로만 명시하고자 한다.

(4) 요약

이 어업의 어황에 영향을 주는 해황 및 기타 요인은 대조와 소조, 주간과 야간, 밀물(漲潮)과 썰물(落潮), 육수인 것으로 지적할 수 있으며 이상에서 검토한 사항을 요약하면 다음과 같다.

① 유속이 강한 대조 시는 소조 시보다 어획성능이 높으나, 상류에서는 소조 시가 대조 시에 비하여 어획이 좋다.
② 야간은 주간보다 어획성능이 다소 좋으며, 소조 시는 대조 시에 비하여 야간의 어획성능이 더 높다.
③ 밀물시와 썰물시의 어획은 일반적으로 썰물 때가 더 높고, 육수가 있을 때는 이와 반대로 밀물 때가 더 높다.

Ⅲ. 결어

이상에서 안경망 어업에 대한 연혁과 어구, 어법 및 해황과 어획율과의 관계를 조사한 1966년도의 결과를 토대로 재검토한 결과 다음과 같은 점이 발견되었다. 이를 요약하면 다음과 같다.

(1) 금강 하구를 중심으로 본 어업이 맨 처음 시작된 것은 1952년으로 황해도 연백에서 군산으로 피난 중이던 송춘길 씨에 의해 이루어졌으며 1966년 당시 26척의 어선들이 조업하고 있었다.
(2) 어장은 조류가 강한 내만이나 강의 하구에서는 어느 곳이나 조업이 가능하며 어업대상은 각종 어족이 포획될 뿐만 아니라, 어구의 구조에 따라 소어에서 대어에 이르기까지 어획할 수 있게 되었기 때문에 자원보호상 문제가 되었다.
(3) 이 어업은 조류가 강한 대조 시에는 소조 시보다 어획성능이 좋으나, 상류에서는 소조 시가 대조 시보다 어획성능이 좋았다.
(4) 야간은 주간보다 어획이 좋으며, 소조 시에는 대조 시에 비하여 야간의 어획율이 높았다.
(5) 밀물과 썰물 시의 어획은 일반적으로 썰물 때가 더욱 높고, 육수가 있을 때는 이와 반대로 밀물 때가 높았다.
(6) 썰물 때는 조류가 강하고 투명도가 적기 때문에 어획율이 높고, 강우량이 많은 때와 태풍 시에는 조업을 하지 못하기 때문에 어획율이 낮았다.

금강 하류의 지역 특수성상 독특한 어구·어법이 행해졌음을 알 수 있었다. 금강은 이후 하구둑이 만들어지고 조류의 흐름도 과거와는 사뭇 달라졌다. 그러나 현재에도 금강하구둑 내안에서는 봄철 일시적이긴 하지만 안경망어업과 유사한 방법으로 실뱀장어를 잡는 어업이 존속되고 있다. 향후 이에 대한 조사 연구를 통해 1960년대와의 비교 연구 등의 과제가 남겨져 있다고 생각된다. 이에 대해서는 후일의 과제로 남겨두고 싶다.

제3부

수산물 유통

제1장 객주 상회사(客主 商會社)

Ⅰ. 서언

군산이 포구에서 항구 도시로 전화할 수 있었던 단초는 1899년 5월 1일을 기하여 군산을 개항한다는 대한제국 정부의 결정이었다. 이러한 결정에는 식산흥업(殖産興業)을 통해 근대 국가를 건설하려는 대한제국 정부의 의지가 담겨있다. 그러나 일제의 경제 침략과 주권 탈취로 말미암아 군산은 '미(米)의 군산' 또는 '부(富)의 군산'이라 불리게 되었다. 즉 군산은 일본인들이 호남평야에서 생산된 미곡을 유출시키고 토지를 약탈하는 거점이 되었다. 따라서 한국사학계에서 군산을 일제의 수탈과 조선인의 저항이 병존한 현장으로 주목해 왔음은 당연하였다.[1)]

한편, 군산은 개항 이후 상공인층의 증가, 무역 규모의 확대, 근대 시설의 확충 및 주거 공간의 변화 등으로 급속하게 도시화하였다. 일본인들이 『군산부사(群山府史)』에서 군산을 '남선(南鮮)의 웅도(雄都)', '호남(湖南) 유일의 경제도시'로 칭하고 있음은 그들로서

1) 이헌주, 「개항기 군산항의 유통권 변동과 무역구조」, 『史學硏究』 55·56합집(1998) ; 群山市史編纂委員會, 『群山市史』 上(群山市, 2000).

는 자연스러운 귀결이었다. 이는 식민(殖民)의 역사이고 개발(開發)의 역사인 셈이다. 이러한 시각은 현재에도 상존하고 있다. 특히 경제사학계 연구의 경우, 이런 시각이 농후하여 일제 강점기에 구축된 군산의 역사상(歷史像)을 되살려 근대 군산의 역사를 재조명하고 있다.[2)]

또한 일각에서는 식민지 도시화 이론에 입각하여 일제 강점 이후 군산의 도시화 과정과 도시 공간의 변화를 추적하였다.[3)] 그 밖에 재군산 일본인 유력자 집단의 정치·사회 활동을 통해 지역 헤게모니의 변화 과정을 고찰하기도 하였다.[4)]

그러나 종래의 연구들은 이러한 시각 차이를 드러내는 가운데서도 일제 강점 이전 군산의 경제적·사회적 기반과 주민의 여러 활동이 이후 군산의 경제구조와 사회 운영 방식에 끼친 영향, 즉 군산의 전체 역사와 주민의 구체적인 활동에서 비롯된 요인들은 시야

---

2) 일본의 근대 한국 경제사 연구자인 橋谷弘는 직접적으로 군산을 언급하고 있지 않지만 이와 비슷한 부산, 인천, 원산 등의 개항장이 일본의 조선 지배와 함께 완전히 새롭게 도시로 성장한 경우로 보고 있다. 또한 그는 식민지 도시의 과잉도시화와 도시 비공식 부문의 확대를 인정함에도 불구하고 다른 구미 제국의 식민지 지방 도시와 달리 일본의 식민지인 조선과 대만의 지방 도시는 식민지 본국에서 이주한 많은 일본인의 활동과 식민지 공업화로 어느 정도 발전할 수 있었다고 주장하고 있다. 반면에 1960년대 이후 한국의 경우, 중앙집권화된 공업화 정책의 추진, 농업 정책의 실패 및 지방자치제의 약화 등이 지방도시의 쇠퇴와 극단적인 수도권 집중을 초래하였다는 점을 덧붙이고 있다. 橋谷弘, 『帝國日本と植民地都市』(吉川弘文館, 2004).

3) 김영정, 「일제시대의 도시성장-군산시 사례」, 『한국사회학』 30(1996) ; 趙承衍, 「일제하 식민지형 소도시의 형성과 도시공간의 변화」, 『민속학연구』 7(2000).

4) 이준식, 「일제강점기 군산에서의 유력자집단의 추이와 활동」, 『東方學志』 131(2005).

에 넣지 않았다. 물론 연구상의 이러한 경향은 관련 자료가 양적으로 빈곤하고 자료의 성격이 다분히 정치적인 데서 기인한다. 일제의 식민 통치와 뒤이은 전란을 거치면서 관련 자료가 유실되었을 뿐만아니라 남아 있는 자료의 대부분도 일본인들이 편찬한 정치 선전 자료이기 때문이다. 그러나 이는 무엇보다도 근대의 군산을 규정하는 제반 요소를 오로지 외부 세계의 영향에서만 찾는 반면 전근대 군산의 역사적 행로를 간과한 접근 방법에서 비롯되었다. 즉 여타 연구의 경우와 마찬가지로 학계가 군산의 역사적 기반을 구체적으로 이해한 위에서 외부 요소의 작용을 파악하기보다는 이전 시기와의 연계를 단절한 채 외부 세계의 일방적인 이식과 개발을 강조한 결과이다. 이는 근대 군산에 대한 본격적인 검토를 가로막는 요인으로 작용하고 있다.

따라서 근대 군산의 내적 기반과 주민의 활동에 대한 이해는 이후 역사의 전개 방향과 성격을 해명하는 데 매우 중요하다. 즉 이는 군산의 근대사가 재래의 단절 및 외부 세계의 이식에 일방적으로 영향을 받아 이루어진 것인가, 아니면 외적 요소의 작용에도 불구하고 재래의 기반에 근거하여 외부 세계와 끊임없이 모순 관계를 유지하면서 새로운 관계를 만들어가며 이루어진 것인가를 해명하는 연구의 출발점이다. 더 나아가 이는 개항부터 일제 강점 시기에 걸쳐 연속과 단절의 관계가 군산이라는 도시 공간에서 어떻게 구체화되었는가를 보여준다.

본고는 우선 여기저기 흩어져 있는 관련 기록들을 모아 정리하고 면밀하게 분석함으로써 조선 후기부터 1899년 개항 직전까지 이 지역의 사회경제활동을 주도했던 군산 객주의 역사적 기반을 검토하고자 한다. 이어서 개항 이후 일본상인의 침투와 이에 대응하는 군산 객주의 상회사(商會社) 설립을 둘러싼 갈등 · 조정 및 경제 · 사회운동의 전개 과정을 구체적으로 해명함으로써 대한제국기 군산의 사회경제 변동과 객주들의 활동이 근대 군산의 역사에서 차지하는 의미를 추출하고자 한다. 따라서 이런 작업이 일제강점기 군산 지역의 사회경제구조와 민족운동의 성격을 이해하는 실마리를 제공하리라 본다. 다만 본 연구는 여타 개항장 도시의 경우와 연계하여 분석하지 않음으로써 일반성 문제를 구명하는 데는 이르지 못하였다. 이는 추후 타지역 사례 연구의 성과에 발맞춰 본격적으로 다룰 계획이다.

Ⅱ. 개항(1899) 이전 포시의 확대와 객주의 성장

군산·옥구는 금강 하구와 서해가 맞닿은 수륙 교통의 요충지이며, 전라도와 충청도의 곡창 지대를 배후지로 하고 있다. 그리하여 조선 시기 성종 18년(1487)에 조창인 군산창이 설치되어 인근 7읍인 옥구, 만경, 함열, 김제, 금구, 전주, 남원의 세곡이 여기에 모여져 바닷길로 경창에 수송되었다.[5] 아울러 지리적 여건상 외적의 공격 지점이 되었기 때문에[6] 조선 시기 세종 연간에 군산포진이 설치되어 조세미를 안전하게 수송하고 왜구를 방어하는 거점으로 활용되었다.[7]

---

5) 金點容, 「朝鮮時代 全羅道 租倉의 運營과 그 實態」, 全北大學校 大學院 碩士學位論文(2001), 29~32쪽.

6) 고려말 왜구토벌의 대표적인 승리로 최무선이 1360년에 곡식을 약탈하기 위해 금강 하구를 따라 오르려 했던 왜구선단을 화약 무기를 통해 소탕하였던 鎭浦大捷은 군산이 수륙의 요충지이며 방어 거점이었음을 잘 말해준다. 이에 관해서는 金鍾洙, 「鎭浦大捷의 歷史的 意義」, 『全羅文化研究』 12(2000) 참조.

군산·옥구의 이러한 지리적 여건과 역사적 사정은 조선 후기에 교환경제가 발달하면서 장시와 포구들이 성장할 수 있는 요인으로 작용하였다. 특히 인근의 강경포가 대포구로 성장하면서 군산·옥구를 비롯한 인근의 포구와 장시들도 성장하기 시작하였다.[8] 심지어 함열(咸悅)의 웅포(熊浦)처럼 강경포의 상권을 위협하는 포구들도 등장하였다.[9]

군산·옥구에서 가장 일찍 등장한 포시(浦市)는 경포시(京浦市)였다. 18세기 중엽에 편찬된 『동국문헌비고(東國文獻備考)』는 경포라는 포구가 장시로 이미 성장하였음을 보여주고 있다.[10] 이 포시는 강경포 대장권에 인접한 포시로 금강 하구로 나아가는 지역에 위치하고 있으며, 5일장이 열렸다.[11] 그리고 이 지역은 강경포의 시황(市況)에 크게 영향을 받았다.[12] 경포시는 이후 1830년대에도 존속하였다.[13] 이러한 포시의 대두는 금강 하구 유역의 상품화폐유통이 활발해지면서 강경포를 중심으로 인근 포구들이 세곡 운송의

---

7) 『世宗實錄』 卷151, 地理志. 이에 관해서는 群山市史編纂委員會, 앞의 책, 131쪽 참조.

8) 李榮昊, 「19세기 恩津 江景浦의 商品流通構造」, 『韓國史論』 15, 서울大學校 國史學科(1986) ; 최완기, 「조선후기 강경 포구에서의 선상활동–그 입지를 중심으로」, 『歷史教育』 79(2001) ; 鄭然泰, 「조선말 일제하 資本家形 地方有志의 成長 추구와 利害關係의 中層性–浦口商業都市 江景地域 사례」, 『韓國文化』 31(2003), 293~294쪽 참조.

9) 이영호, 위의 논문, 245~253쪽.

10) 『東國文獻備考』 鄉市.

11) 李憲昶, 「朝鮮後期 忠淸道地方의 場市網과 그 變動」, 『經濟史學』 18(1994), 6쪽.

12) 1899년 개항 이후 군산항의 외국무역도 강경포의 시황 여하에 달려 있었다. 이에 관해서는 이영호, 앞의 논문, 252~253쪽 참조.

13) 『林園十六志』 卷4, 倪圭志.

단계를 벗어나 상품유통거래의 중간 거점으로 성장한 결과였다. 특히 경포는 옥구에서 서천을 거쳐 한양으로 올라가는 도로에 자리하고 있어 포구와 나루로서의 교통요지였다.[14)]

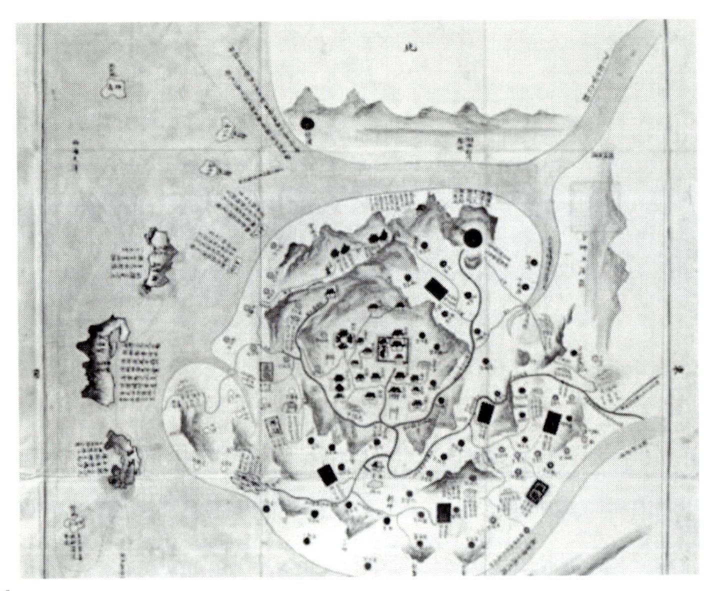

〈그림 1〉『옥구현지도(沃溝縣地圖)』(奎 10492, 1872)

경포시의 이러한 성장은 곡물 및 어염 수송과 함께 조운을 담당하였던 지역 선상(船商)들의 지토선(地土船) 수효와 빈번한 왕래에서 확인할 수 있다. 이 지역의 경우, 지토선의 선척수와 선세액(船

14) 『東輿圖』(奎 10340).
京浦라는 명칭도 서울로 올라가는 물자들이 이 곳에 정박하거나 머무른다는 점에서 불렸다고 한다. 그리하여 京場市의 경우, 지금도 서울장이라는 뜻으로 설애장이라 불리고 있다(群山市史編纂委員會, 앞의 책, 131쪽).

稅額)이 각각 102척, 383량으로 금강 유역 각 읍의 군현 중에서 가장 많았다.15) 그리고 이들 선상과 거래하면서 구문(口文)을 취하거나 유통세를 징수하였던 군산·옥구의 여각주인(旅閣主人)이 감영에 상납한 포세전(浦稅錢)이 정조(正租) 432량에 달했다. 이러한 액수는 인근 군현에 비해 훨씬 많은 금액이었다.16) 상품 유통량이 많은 만큼 포세전도 많았던 것이다. 그 밖에 일반 소상인의 경우 장세(場稅)를 군현에 납부하였다.17)

이후 전주가도(全州街道)와 경포천이 만나는 근방의 경장시(京場市)가 경포시를 대신하여 이 지역 상품 유통의 중간 거점으로 부상하였다.18) 후대 기록이지만 조선총독부가 조사한 내용은 조선 후기 경장시의 상황을 잘 보여주고 있다.

400년 전에 창설되었고, 30년 전까지 서천 방면으로 가는 도

15) 『輿地圖書』와 각 읍지. 이에 관해서는 崔完基, 『朝鮮後期船運業史硏究』(一潮閣, 1989), 174쪽 참조.

16) 전라도의 경우, 각 읍이 포세전을 전라감영에 상납하였다. 인근 군현의 경우, 함열, 용안, 임피가 각각 139량, 62량, 224량인 데 반해 옥구는 432량이었다(『賦役實總』, 全羅道).

17) 19세기 중엽 이전 기록에서는 場稅錢을 확인할 수 없다. 다만 19세기 후반에 옥구현에서 장세를 수취하였음을 확인할 수 있다[『湖南邑誌』(奎12181, 1895)].

18) 1870년 이후 옥구지도와 옥구읍지에서 경포시는 보이지 않고 京場市가 등장한다[『沃溝縣地圖』(奎 10492, 1872), 『湖南邑誌』(1895)]. 경장시라는 명칭은 조선 전기에 이미 문헌에 보이는 京場橋와 밀접하게 관련된 것으로 보인다(『新增東國輿地勝覽』 卷34, 全羅道 沃溝縣). 특히 경장교는 옥구에서 한양으로 올라가는 도로와 옥구와 전주를 연결하는 지점에 자리하고 있어 이런 명칭이 불린 것으로 보인다. 경장시의 자리는 현재 군산시 경장동 예그린 아파트 자리로 추정되고 있다[김중규, 『군산역사 이야기-고지도와 옛 사진으로 풀어본 군산역사』(나인, 2001), 267쪽].

> 선장이 있었으며, 인구는 500여 명이다. 수급구역은 옥구군, 군산부, 서천군의 대부분 이외에 강경, 전주, 태인, 각 지방에 걸쳤으며 市日에는 매우 은성하였고, 거래도 오늘날의 십수 배였다.[19)]

경장시는 1900년 이전만 하더라도 인근 지역을 수급 지역으로 삼아 상품을 활발하게 거래하던 장시였다. 그런데 경장시의 이러한 부상이 경포시의 소멸을 의미하지는 않았다. 물론 경장시가 1500년대 이후에 등장하였다는 기록은 조선 후기의 문헌과 비교할 때 상당한 차이를 보인다. 그러나 경포시와 경장시가 인접하고 있을뿐더러 경포천(京浦川)이 이 두 지역을 연결해 주고 있다는 점에서 이 기록에서 보이는 경장시는 경포시를 포함한 장시로 보인다. 즉 이전 기록에 등장하였던 경포시의 장시권이 경포천의 상류인 근접한 경장리까지 확대되는 가운데 1830년대와 1870년 이전 사이에 유통 중심지가 경장리로 옮겨 오면서 이름도 경장시로 바뀐 것이다.[20)] 특히 경장시가 옥구현 북면에서 전주로 가는 전주가도에 자리하고 있는 터에 19세기에 전주 대장권이 성장함으로써 경장시의 위상이 높아져 갔던 것이다.[21)] 이는 포시 권역의 확대였다. 또 경포리 북

19) 朝鮮總督府, 『朝鮮の市場經濟』(1929), 194쪽.

20) 1935년 군산부가 편찬한 『群山開港前史』에서는 토지조사국과 조선총독부가 벌인 일련의 조사 결과를 근거로 경포시를 경장시의 誤植으로 추정하고 있다[群山府, 『群山開港前史』(1935), 54~55쪽]. 그러나 이러한 추정은 일제의 조사 결과를 맹신한 반면에 『東國文獻備考』, 『林園十六志』 및 1872년 옥구현 지도의 기록을 무시한 데서 비롯되었다. 이에 관해서는 주 13)과 주 14) 참조.

21) 全州 大場圈의 성장에 관해서는 高星鎬, 「朝鮮後期 全羅道 內陸地域의 場市分布와 特徵-전주·남원을 중심으로」, 全北大學校 大學院 碩士學位論文(2004), 20~24쪽 참조.

단의 죽성리(竹城里)에도 다수의 객주들이 영업하였다.[22] 그 밖에 다른 포구와 상인들도 성장하였다. 거사리포(巨沙里浦)의 경우, 홍문관으로부터 차정된 여각주인이라 할 수 있는 선주인(船主人)이 유통권을 독점하면서 홍문관에 포구세를 상납하였다.[23]

또한 이 지역에는 객주 이외에도 다양한 상인들이 정주하거나 왕래하였다. 군산진영(群山鎭營) 뒤에는 객주가 영업하는 미전(米廛)이 존재하였다.[24] 또한 이 지역에는 목상(木商)과 우상(牛商) 등 다양한 물종을 다루는 상인들이 왕래하였다. 1894년 농민전쟁 기간에 이들 객주를 비롯한 많은 상인이 농민군의 공격을 받기도 하였다.[25] 농민군은 배짐을 끌어와 전곡을 늑탈하고 목상과 우상을 공격하여 물건을 탈취하기도 하였다. 상인들의 내왕이 잦은 만큼 농민군의 공격도 빈발하였던 것이다.

포시의 확대와 장시의 성장은 경장리를 비롯한 옥구현 북면 인구의 급증을 초래하였다. 〈표 1〉은 이를 잘 보여주고 있다.

북면의 인구가 18세기 후반에 비해 100% 이상 증가한 데 반해 다른 면의 인구는 40% 이내로 증가하였다. 물론 18세기 후반 『호구총수(戶口總數)』의 통계를 그대로 신뢰하기는 어렵다. 그러나 이것은 인구 변화의 대체 경향을 보여주고 있어 북면의 인구 증가가 옥구 지역에서 가장 두드러졌음을 보여준다. 특히 1910년도 통계수

22) 한말 군산 객주 宋在奉가 竹城里에서 영업하면서 서울의 남대문 객주와 거래를 하였다(『大韓每日申報』 1910年 5月 6日). 이처럼 북면 죽성리는 객주가들이 많아 과거에 객주 거리라 불렸다(김중규, 앞의 책, 274~275쪽).

23) 『沃溝縣巨沙里浦收稅節目』(奎 11486, 1874).

24) 恒屋盛服(淸節), 『朝鮮開化史』(博文館, 1901), 86쪽 ; 三輪規 · 松岡琢磨, 『富之群山』(群山新報社, 1907), 15쪽.

25) 群山市史編纂委員會, 앞의 책, 高在君씨 所藏古文書.

〈표 1〉 18세기 후반~1910년 군산·옥구의 인구 변화

각면 / 연대	東縣內面	朴只山面	長梯面	風村面	西縣內面	定只山面	米堤面	北面	총인구
18세기 후반	1,155	1,547	1,413	1,601	957	3,104	2,416	2,456	14,649
1910년	1,354	2,655	2,135	2,086	1,298	3,633	3,296	5,373	21,830
증가율 (%)	17	17	51	30	36	17	36	118	49

* 1910년의 인구 통계는 民籍統計表를 분석한 이헌창, 『민적통계표의 해설과 이용방법』(고려대학교 민족문화연구소, 1997)에 의거하여 작성하였다.
* 민적통계표에서 보이는 북면은 군산진이 1895년 혁파된 뒤에 옥구군으로 복귀하였다. 이후 1899년 군산이 개항되었지만 1879년 이전에 북면이 군산진에 편입되어 있지 않았기 때문에 1910년까지는 옥구부 북면으로 남아 있을 수 있었다.
* 출전: 『호구총수(戶口總數)』(奎 1602, 1789), 『민적통계표(民籍統計表)』(1910).

치에 일본인 인구수가 포함되어 있지 않다는 점을 감안하면 조선인의 증가폭은 매우 높은 것이다.

또한 북면의 이러한 인구 증가는 상업인구의 증가와 무관치 않다. 즉 1910년 북면의 상업 종사자 비율은 옥구부 상업 종사자 전체 평균치 비율인 7.6%를 상회하여 16.5%에 이르고 있다.[26] 이렇게 보면 경장시는 조선 후기 이래 상품유통의 기반 위에서 개항 이후에도 높은 신장세를 보이고 있었던 셈이다. 물론 1899년 군산 개항이 북면의 상업 인구를 증가시킨 요인으로 작용할 수 있다. 그러나 개항 이전에 북면의 인구와 조세가 옥구현 재정에서 차지하는 비중이 적지 않았음을 감안할 때 경장시를 비롯한 북면 지역이 군

26) 이헌창, 앞의 책, 107쪽.

산 개항 이전에 이미 상업상에서 성장하고 있었다고 할 수 있다.

우선 1880년대 초반 당시 북면 인구가 옥구현의 전체 인구에서 이미 1/3을 차지할 정도로 많은 비중을 차지하고 있었다.[27] 이는 개항 이전에 북면의 인구가 상업적 성장으로 급격하게 증가하였다는 것을 보여준다. 또한 옥구현이 경장시에서 수취하는 조세액이 적지 않았다. 1870년대 당시 경장시는 매달 매장에서 1냥씩을 진배청(進排廳)에 예납해야 했다. 그리고 동장에게 상어피(魚常魚皮) 1장과 구문피(口中皮) 1장을 매년 봄에 1차례 예납해야 했다.[28] 당시 이런 포구에서 내는 세금은 적지 않았다. 그리하여 1880년 정부가 조운의 안전과 해방(海防) 기능을 강화하기 위해 군산진을 독진(獨鎭)으로 승격시키면서 옥구현의 북면 일부를 군산진에 획급하였고[29] 옥구현은 정부의 이러한 조치에 반발하였다. 그것은 북면의 민력과 물산이 군산진의 재정에는 크게 보탬이 되는 데 반해 옥구현의 재정에 치명적인 손실을 가져다 주기 때문이었다. 그리하여 1884년 3월 전라도 유생 김해윤은 옥구현 재정의 실태를 알리면서 북면을 다시 옥구현에 돌려줄 것을 요구하는 상소를 올렸다.

> 고을의 형세상 전혀 조처할 수 없다는 것으로 말하면, 북면의 호구의 총수가 고을의 3분의 1을 차지하는데 갖가지 戶斂을 고루 분배하였을 때에도 모자라는 것을 걱정하였거니와, 이제 전일의 3분의 1이었던 役을 모두 3분의 2인 곳에 모으는 것이 첫째입니다. 丙丁의 陳廢는 동남쪽이 尤甚하고 오직 북쪽이 稍實하여 한 면의 時起結이 여덟 면의 4분의 1인데, 이제 分界한 뒤에 正貢의

27) 『承政院日記』 高宗 21年 3月 26日.

28) 『湖南邑誌』(1895), 沃溝縣.

29) 『備邊司謄錄』 高宗 16年 8月 29日 ; 위의 책.

납세는 증감한 구별이 있기는 하나, 民庫 중에서 각항의 공용은 예전대로 責納하는 것이 둘째입니다. 이 고을의 진상을 中物膳으로 마련하는 것은 전일 5천 결일 때에 말미암은 것이며 또 연변이기 때문입니다. 서울 각 영문의 卜定과 出站하여 支供하는 魚鹽, 器皿 등속은 다 북면에 있는 각 포구에서 냈는데, 이제는 山戶의 田民에게 옮겨 거두는 것이 셋째입니다.[30]

북면의 각종 조세와 공납이 옥구현의 중앙상납에서 큰 비중을 차지하였거니와 호렴(戶斂)과 민고(民庫)에서 볼 수 있듯이 옥구현 관아재정에서도 결코 적지 않았음을 보여주고 있다. 특히 경장시가 군산진으로 편입한 뒤 옥구현의 읍시(邑市)가 조잔해지고 세전삭입(稅錢朔入)이 단지 6량에 불과하다는 불평이 나올 정도였다.[31]

경장시는 이처럼 지리적 여건과 상품 유통의 증가에 힘입어 금강하구의 대표적인 상업 지역으로 성장하였다. 그리하여 이 지역의 객주들은 1899년 개항 이후에도 이러한 역사적 · 경제적 기반 위에서 외국 상인의 침투에 대응해 나아갔다.

Ⅲ. 개항 시기 객주의 상회사 설립과 추이

정부는 1899년 5월 1일 군산을 개항하였다.[32] 이러한 개항은 목

30) 『承政院日記』 高宗 21年 3月 26日.
"惟此一面(北面) 土沃物豐 多般需用 專靠于此 此面之包護一邑 如虎豹之紋皮 魚蝦之明珠也"

31) 『湖南邑誌』(1895) 沃溝縣.

32) 군산 개항의 구체적인 경위와 의의에 관해서는 이헌주, 앞의 논문 ; 金鍾洙, 「群山港 開港의 歷史的 意義」, 『군산 개항 100주년 기념 학술세미나 논문집』(군산시 편, 1999) 참조.

포와 진남포의 개항과 마찬가지로 정부가 취한 독자적인 결정의 소산이었다.[33] 우선 1898년 5월 26일 외부(外部)가 의정부 회의에 성진, 마산과 함께 군산을 개항할 것을 청의하였고 의정부 회의는 의결을 거쳐 이러한 청의 안건을 통과시켰다.[34] 그러나 이는 일본의 요구와 일치하지 않는 부면이 존재하였다. 일본으로서는 군산이 충남과 전북의 곡창 지대를 배후로 하고 있다는 점에서 군산 개항의 필요성을 절감하였음에도 목포가 개항한 뒤여서 개항을 서두르지 않았던 터였다. 더욱이 군산 개항이 일본 정부의 구상과 달리 일본의 전관거류지(專管居留地)가 아니라 각국의 공동조계지(共同租界地)로 설정되었던 것이다. 이는 오히려 일본의 요구 이전에 대한제국 정부가 상업입국과 세력 균형 정책에 입각하여 추진한 산물이었다. 즉 정부는 황실 주도의 식산흥업을 실현하기 위해서 개항을 통해 관세 수입을 올리는 외에 상회사 설립을 통해 외세에 대항할 수 있는 경제적 토대를 마련하는 동시에 내장원의 재원을 늘리고자 했던 것이다.[35] 따라서 정부는 무엇보다도 일본의 조계지 독점을 막

33) 아관파천 이후 정부는 이전 개항과 달리 독자적으로 목포와 진남포의 개항을 결정한 뒤, 1897년 10월 1일 칙령에 입각하여 개항하였다. 이는 정부가 개항 결정 과정에서 일본의 간섭을 배제함으로써 각국 간의 세력 균형을 도모하면서 식산흥업의 주도권을 행사하려 한 시도로 볼 수 있다. 이후 이러한 결정 과정은 군산 개항에도 그대로 나타났다. 이에 관해서는 木浦百年會, 『木浦開港百年史』(1997), 119~133쪽 참조.

34) 『奏本』(奎 17703) 第16册, 光武 2年 5月 26日, "外部大臣請議城津群山馬山三口開港及平壤一區開市場事".

35) 황실과 객주들은 이에 회사 설립의 필요성을 절감하고 회사 설립 운동에 적극 가담하였다. 우선 황실이 1880년대 이래로 재정 수입과 객주의 보호를 위해 새로운 상회사를 장려하였다. 그것은 개항장 객주의 도고권을 보장하는 대신 내장원에 百一稅를 상납하게 하는 것이었다. 이로써 조선후기 이래 각종 상업세가 내장원으로 통일되어 황실 재정의 원천이 되었고, 객주들도 황실의 보호에 힘입어 지방관과 토호로부터 수탈을 면할

기 위해 노력하였다. 그것은 세력 균형을 통해 일본을 견제하는 한편 한국인의 상권을 지키려는 의도였다.

정부는 개항 직후 다른 개항장과 마찬가지로 군산에 상회사를 설립하는 데 주력하였다. 그리고 이는 기존의 객주를 적극 활용하려는 정책으로 나아갔다. 군산 객주 역시 사정은 마찬가지였다. 비록 초기에 일본 상인들이 국내 사정을 잘 알지 못했고 내지 통상(內地通商)이 허용되지 않았기 때문에 기존의 객주들은 별로 타격을 입지 않았지만 군산항 객주들은 일본상인의 침투가 야기할 제반 사항을 우려하였다. 더욱이 어민(漁民)을 선두로 한 일본인들이 개항 이전부터 이미 은밀하게 들어와 정착하였을뿐더러 개항 직후에는 회사를 설립하던 터였다.[36] 이에 군산 객주들은 상회사를 설립하려 하였다. 그것은 외국 상인과 부상(富商)의 전리(專利)에 대항하여 상권을 지키려는 것이었다. 1899년 9월에 군산항 객주 김이제, 정인식, 김공제, 곽규영, 조중필, 정문칠 등이 농상공부에 상회사 설

수 있게 되었다. 특히 외국 상인의 침탈로부터 보호를 받을 수 있게 되었다. 이에 관해서는 柳承烈, 「韓末·日帝初期 商業變動과 客主」, 서울大學校 大學院 博士學位論文(1996), 44~88쪽 ; 全遇容, 「19世紀末~20世紀初 韓人 會社 硏究」, 서울大學校 大學院 博士學位論文(1997), 99~102쪽 참조.

36) 일본인 어민이 개항 이전부터 본국 어장의 포화로 조선 남해 뿐더러 서해에도 침투하기 시작하였다. 또한 인천 앞바다에서 활동하였던 加來榮太郎가 군산 앞바다의 於靑島에 들어오면서 일본인 어민들의 이주가 본격화되었다. 곧이어 1899년에는 福岡의 漁業獎勵協會가 군산의 西濱과 忠南의 龍堂에 이주어가 43호를 건설하였다. 그리고 1900년에는 遠山龜三郎가 福岡 漁民 30호를 거느리고 西濱에 또 이주하였다. 이런 추세 속에서 1900년경 大阪商會社 대리점을 연 大澤藤十郎가 개인사업으로서 魚物 問屋業을 개시하여 주로 어류를 조선인에게 판매하는 한편 어업자로부터는 매입하는 등 수산물 매매에 나서기 시작하였다. 이에 관해서는 拙稿, 「韓末·日帝强占 初期 群山魚物市場의 變動과 客主」, 『水産經營論集』 36-1(2005), 106~107쪽 참조.

립을 다음과 같이 청원하였다.

請願人等이 自來以本港의 客主名色으로 資業이옵더니 今當開港之際ᄒᆞ야 外人之租畫과 富商之占居의 所居基址ᄂᆞᆫ 皆爲見奪이옵고 本人등은 寓歸邊隅ᄒᆞ야 方在新接이온바 或以資本之窘絀로 所謂家役을 中途而弊者過半이오며 且於外人交接之道와 富商欺弄之際에 自有鉏齬之歎이오며 前日所謂有文券等說과 都賈權利之弊와 府郡侵漁之端이 不無後慮이옵기 仁川之紳商社와 東萊之同領社를 效ᄒᆞ야 本港에도 特設一社로되 號를 順興社라 稱ᄒᆞ고 社員이 合力鳩財ᄒᆞ야 有無相資ᄒᆞ야 凡於有事에 自社中으로 從公議妥安ᄒᆞ야 不欲讓利見侮於外商之意로 農商工部에 請願ᄒᆞ와 (하략)[37)]

군산 객주들은 외국 상인들과 부상들의 상업상 침탈과 함께 지방 관아의 수탈에서 벗어나는 한편 자기들의 상권을 지키고 외국 상인들에 대항하기 위하여 인천과 동래의 객주상회사를 모방하여 객주 회사인 순흥사(順興社)를 설립하려고 하였다. 비록 이들의 노력은 무위로 끝났지만 이는 이후 군산에서 상회사 설립 운동의 효시가 되었다.[38)]

군산 지역의 객주들은 1899년 말에 궁내부의 허가를 얻어 영흥사(永興社)를 설립하였다. 곧이어 1899년 11월에 '영흥사장정(永興社章程)'이 마련되었다.[39)] 이 회사는 도여각례(都旅閣例)에 따라 군산

37) 『訴狀3』(奎 18001) 請願書, 光武 3年 9月 日.

38) 이들 객주의 이름과 상회사가 이후 문헌에서는 전혀 보이지 않는다. 이는 순흥사가 정부의 허가를 받지 못해 설립되지 않은 것으로 추정된다. 그러나 곧이어 영흥사가 설립되는 가운데 후술하는 바 '永興社章程'에서 보이는 설립 취지가 순흥사 설립 청원 문구와 매우 유사하다. 이 점에서 양자 사이에 밀접한 관련이 있다고 하겠다.

항과 경포의 객주들을 관령하여 대소사무를 일일이 규찰하고 보호하는 한편 거래 상품에 조세를 매겨 수취하도록 하였다. 즉 동업 객주의 업무를 조정하고 관과 연락을 행하며 수세 상납을 공동으로 대처하기 위해 만들어진 객주 조직의 관례를 따른 것이다.[40] 상회사의 초기 형태라 하겠다.

장정의 중요 조항은 다음과 같다. 우선 본사는 군산항에 두고 경포를 여기에 속하게 하였다. 다음 영흥사는 춘추 두 번으로 나누어 매년 600원(元)을 궁내부에 상납하였다. 대신에 궁내부는 영흥사를 구관함으로써 외국 상인과 부상으로부터 이 회사를 보호하도록 하였다. 임원은 사장 1원, 부사장 1원, 총무원 2인, 재무 2인, 간사 5인, 서기 2인, 사환 5인으로 구성되었다. 사장은 신현기였다.[41]

수세규칙에서 규정한 총품목은 40종목이었다. 이 중에서 중요 품목에 대한 수세 규정은 〈표 2〉와 같다.

수세 대상에 곡물을 비롯하여 해산물, 소금 등 다양한 품목이 포함되었다. 이는 영흥사가 군산 지역에서 거래되는 물종의 대부분에 과세한다는 원칙을 반영한 것이라 하겠다.

영흥사는 이처럼 객주의 도고권 보장과 황실 재정 수입의 증대라는 목표가 맞아 떨어져 설립된 회사였다. 이후 궁내부는 이런 설립 취지에 맞추어 영흥사를 적극 보호하였다. 궁내부는 1900년 2월 영흥사의 백일세(百一稅) 징수를 우려하는 옥구 감리서의 청원을 물리치면서까지 영흥사를 적극 지원하였다.[42]

---

39) 『永興社章程』(한국학중앙연구원 소장).

40) 류승렬, 앞의 논문, 39~53쪽.

41) 신현기의 약력 사항은 관련 자료의 부족으로 현재로서는 확인할 수 없다. 다만 다른 객주 상회사의 전례를 보거나 중앙에서 하송한 점을 고려할 때 신현기는 중앙의 관리로 보인다. 이에 관해서는 『沃溝港報牒』 第1册, 光武 4年 2月 22日 참조.

〈표 2〉 영흥사의 군산항 수세규칙

품목(단위)	수세액	품목(단위)	수세액
곡물(斗)	3푼	원보(塊)	2량
우피(秤)	2량	생선(兩頭)	7푼
가사리(秤)	1량 5전	직물류(疋)	2전
오배자(秤)	2량	소금(石)	2전
해삼(秤)	2량	토산잡종물(백두)	3량
약어(秤)	7전	과거 선미(船米)(石)	2전 5푼
별은(兩)	1량		

출전: 『영흥사장정(永興社章程)』(한국학중앙연구원 소장), 『황성신문(皇城新聞)』 광무 5년 4월 23일.

그러나 영흥사 설립과 수세 활동은 일본과의 외교 분쟁과 일부 객주, 거간들의 반발을 일으켰다. 우선 일본 영사관과 항내 각 상인이 통상장정에 어긋난다고 반발하면서 영흥사의 백일세를 조속히 폐지해 달라고 요청하였다.[43] 당시 일본상인들은 강경, 공주, 전주 등지에 들어가 미곡을 매수하던 터라 여기에 수세하려는 영흥사의 방침에 반발하였던 것이다.[44] 그리고 영흥사 설립에 참가하지 않은 객주들도 반발하였으니 백일세로 인해 상업이 황황하다는 보도가 나올 정도였다. 이에 감리서는 이를 받아들여 영흥사를 혁파하려 하였다.[45]

또한 영흥사 자체가 수세 규칙에서 정한 징수 금액 외에도 부가세를 수취하였다. 예컨대 왕래 선척에 실린 쌀을 매석당 1전 5푼씩

---

42) 『沃溝港報牒』 第1册, 光武 4年 2月 22日.

43) 『宮內府案』 第7册, 光武 4年 2月 23日 ; 3月 1日 ; 3月 3日.

44) 이헌주, 앞의 논문, 574~578쪽.

45) 『皇城新聞』 光武 4年 4月 18日.

수취하는 외에 가봉(加捧)하였고 콩과 목재 등 여러 상품들도 임의로 세금을 부과하여 거두었다.[46] 그리하여 다른 지역의 상인들도 반발하여 영흥사의 첩세 수취를 금단해 달라고 소지를 제출하기도 하였다.[47]

이 중에서 거간도중(居間都中)의 조직인 한흥사(韓興社)와 여타 객주가 설립한 광흥사(廣興社)의 반발이 가장 컸다. 영흥사는 개항 이후 거간들에게 들어갈 육태곡(陸駄穀)의 구문에서 반을 늑탈한 뒤 또다시 1902년 음력 5월에는 거간도중을 혁파시켰기 때문이다. 그리하여 한흥사 사원들이 내장원에 한흥사를 부속시킬 것을 청원하면서 매년 2,000량(400원)을 상납할 뜻을 밝혔다.[48] 여기에 참여한 거간은 이규하, 성대일, 박인우, 정재근, 양순홍 등이었다. 이에 내장원은 한흥사를 내장원에 부속하게 하였다.[49] 그리고 영흥사 내부의 객주 이여삼이 영흥사의 명칭을 광흥사로 바꾸어 영흥사 소속 객주들로부터 상권을 빼앗으려 하였다. 이에 영흥사 사장 백용진과[50] 임원인 김순희 등은 영흥사를 내장원에 부속시켜 매년 세금 10,000량(2,000원)을 상납하는 한편 광흥사를 즉시 혁파해달라는 청원서를 제출하였다.[51] 객주들 내부에서 상회사 설립을 둘러

---

46) 『皇城新聞』 光武 5年 4月 15日 ; 4月 23日.

47) 『古文書』 24(奎章閣), 辛丑(1901) 9월, "江景留濟州瑞山泰安靈光珍島茂長羅州南陽商民等".

48) 『訓令照會存案』(奎 19143) 第40冊, 光武 7年 3月 26日 ; 『全羅南北道各郡訴狀』(奎 19151) 第4冊, 光武 7年 3月.

49) 『訓令照會存案』 第40冊, 光武 7年 3月 26日.

50) 白龍鎭은 전직 議官이자 영흥사 사원이었다. 그는 高宗 16년 무과 초시와 병조 정시에 합격한 뒤 관직에 진출하였다. 高宗 29년에는 감찰을 지냈으며 海産會社에 股金을 제공하기도 하였다(『承政院日記』 高宗 16年 3月 5日 ; 高宗 29年 6月 3日 ; 『皇城新聞』 光武 9年 5月 3日 ; 11月 2日).

51) 『全羅南北道各郡訴狀』 第4冊, 光武 7年 3月 31日 ; 『訓令照會存案』 第41

싼 경쟁이 치열해지면서 내장원 상납액이 증가하였던 것이다.

내장원은 이처럼 영흥사로 말미암아 일본 영사관의 항의, 첩세 논란과 여타 객주와 거간들의 반발들에 직면하자 군산 상회사 문제에 적극 개입하였다. 우선 옥구 감리에게 광흥사를 혁파하고 이여삼을 엄징하라고 지시하는 한편 이미 인허를 받은 한흥사도 영흥사 영업에 방해된다는 이유를 들어 한흥사를 영흥사에 부속시켰다.[52] 곧이어 1903년 4월 내장원은 영흥사를 내장원이 구관하는 상회사로 다시 한번 설립케 하면서 '영흥사이정장정(永興社釐正章程)'을 마련하였다. 주요 규정은 다음과 같다.

本社는 羣山港에 設立ᄒᆞ고 號ᄂᆞᆫ 永興이라 稱ᄒᆞᆯ 事

(1) 內藏院에셔 本社를 句管ᄒᆞᆯ 事 (2) 章程 2冊을 繕寫ᄒᆞ야 一冊은 內藏院에 存案ᄒᆞ고 一冊은 本社에 出給ᄒᆞᆯ 사 (3) 陸米穀 口文은 客主가 專管ᄒᆞ야 本社에 收入ᄒᆞᆯ 事 (3) 營業稅金은 銅貨 2,000元으로 定ᄒᆞ고 陰曆 5월·11월에 各一千元式分兩等輸納ᄒᆞᆯ 事 (4) 如或有文券ᄒᆞ고 侵害於客主者어든 自本社로 一切嚴禁이되 施措文券者는 即報丁內藏院ᄒᆞ야 痛禁ᄒᆞ야 杜後弊ᄒᆞᆯ 事 (5) 社中有事에는 開議妥結이되 若有難處者면 必先告于監理署 而若有事項重大ᄒᆞ야 本署가 亦難擅便이어든 即報于內藏院ᄒᆞ야 取決禁斷ᄒᆞᆯ 事 (6) 社長一員은 本社事務를 管轄ᄒᆞᆯ 事 (7) 副社長一員은 本社事務를 與議ᄒᆞ고 社長有故時에는 代辦ᄒᆞᆯ 事 (8) 總務一員은 社長의 指揮를 承ᄒᆞ야 社中事務를 監督ᄒᆞᆯ 事 (9) 財務一員은 社長의 指揮를 承ᄒᆞ야 社中財政을 掌管ᄒᆞᆯ 事 (10) 事務二員은 本社事務에 從事ᄒᆞᆯ 事 (11) 書記一員은 社中文簿을 專任ᄒᆞᆯ 事

口文收稅規則(白米 每石 2錢, 正租雜穀 每石 1錢)[53]

冊, 光武 7年 4月 5日.

52)『訓令照會存案』第41冊, 光武 7年 4月 5日.

상납액이 이전의 동화(銅貨) 600원에서 2,000원으로 증가하였다. 대신에 육태곡(陸米穀) 구문은 한흥사의 요구를 받아들이지 않고 객주가 전관하여 영흥사에서 수취하기로 하였다. 다만 구문수세 규칙이 대폭 변경되었다. 이전에는 각종 모든 품목을 수세 대상으로 삼았던 데 반해 여기에서는 백미(白米)와 정조잡곡(正租雜穀)으로 한정하였다. 이러한 규정은 일본영사관의 요구 및 광흥사, 한흥사의 청원을 일부 수용한 조치의 산물이었다. 그 밖의 조항들은 이전의 영흥사장정과 유사하였다. 내장원은 이처럼 수세규정을 이정하고 객주 사이의 경쟁 및 객주와 거간의 극심한 대립을 줄임으로써 외국 상인의 침탈로부터 상회사를 보호하는 한편 조세를 안정적으로 확보하고자 하였다.

그러나 내장원의 이런 조치는 실효를 거두지 못했다. 객주 김홍두 등은 내장원에 상납하는 영업세 2,000원(10,000량)이 매우 많다고 하여 반발하였고 임피 나리포 포민 이인숙 등은 무리를 지어 세금 3,000여 량을 창탈(搶奪)하였으며 심지어는 객주들이 영흥사 사장 김순희를 죽이려 하자 김순희가 감리서로 도피하는 사태까지 일어났다.[54] 이에 영흥사 사장은 객주 김홍두, 박종완, 서기면, 김영섭, 백남윤 등을 객주에서 이름을 빼고 압상(押上) 징감할 것을 내장원에 요청하였다. 다시 내장원은 김순희의 청원을 받아들여 일반민은 징치하고 해당 객주들은 출명(黜名)하고 내장원으로 잡아들여 징치할 것을 옥구감리에게 훈령하였다.[55] 이는 내장원이 일부 객주들과 일반민의 반발에도 불구하고 영흥사를 두둔함으로써 조세의 안정적 확보를 기하고자 했음을 말해 준다 하겠다.

---

53) 『永興社釐定章程』(奎 18957), 內藏院(朝鮮)編.

54) 『訓令照會存案』 第42册, 光武 7年 6月 13日.

55) 위와 같음.

내장원의 이런 방침은 오히려 거센 반발을 초래하였다. 우선 객주들이 한결같이 완강하게 거부함으로써 영흥사가 정상 궤도에 올라갈 수 없었다. 또한 옥구감리서도 내장원의 지시에 그대로 응하지 않았다.[56] 이에 내장원은 백용진을 특별히 파송하여 그로 하여금 상회사를 재조직케 하고 이를 막는 객주가 있으면 잡아서 조치를 취하도록 옥구 감리와 경무관에게 훈령을 내렸다. 이에 일부 객주들은 영흥사에 입회하기도 하였다. 예컨대 완(完)·동(東) 양 포구의 여각주인 김진원 등이 구관할 곳이 없다 하여 영흥사의 지사로 들어와 매년 두 차례에 걸쳐 영업세를 상납하는 대신 영업을 보장받고자 하였다.[57] 더 나아가 1903년 9월 객주들은 난상 협의를 거친 뒤 신상회사를 창설하여 내장원에 부속시켜 줄 것을 청원하였다.[58] 이에 1903년 10월 내장원에서 파송된 백용진은 인천항 신상회사례를 본따 창성사(昌盛社)를 영설하고 그것을 내장원 구관에 부쳤다.[59] 그리고 그 자신이 도총무가 되었다.[60] 이를 통해 내장원이 영흥사 운영의 실패를 만회하고 객주들을 다시 장악함으로써 안정된 재원을 확보하고자 했음을 확인할 수 있다.

그러나 1903년 군산항에 창설된 객주단체인 창성사는 이전의 영흥사와 달랐다. 다음은 창성사의 설립 취지 및 규약을 적은 장정을 발췌한 내용이다.[61]

56) 『訓令照會存案』 第44册, 光武 7年 8月 13日.
57) 『訓令照會存案』 制45册, 光武 7年 9月 26日.
58) 『皇城新聞』 光武 10年 3月 24日.
59) 『訓令照會存案』 第46册, 光武 7年 10月 6日.
60) 『昌盛社座目』(奎 19602).
61) 『昌盛社章程』(奎 18794)은 설립취지를 밝힌 「昌盛社立議序」와 規約 全 4條 23款으로 구성되어 있다.

제1조: (1) 명칭(昌盛社) (2) 社員(社長 1, 副社長 1, 總務 2員, 이상 京中 縉紳, 議員 10員, 公事 2員, 이상 客主中 知事人) (3) 稅(內藏院에 4,000량(800원)을 음 6 · 12월에 分納).

제2조: (1) 口文(陸商米口文의 半은 客主에 半은 會社로 들인다) (2) 口文稅收取(口文中 1/10을 客主文簿에 의거 수취, 처벌 규정) (3) 무뢰배는 내장원에 보고 처리 (4) 監理署 警務署와 文簿去來(通牒) (5) 社員保障(監警兩署에 橫罹당할 때, 京社에 보고 처리) (6) 任員月給(仁川港例).

제3조: 임원의 업무규정 (1) 社長 (2) 副社長 (3) 都副總務 (4) 議員 · 公事擇定 (5) 客主受帖(議員 · 公事가 姓名章을 各捺함).

제4조: (1) 新入社員(許入例 200元, 憑帖 · 章程을 받은 뒤 개업) (2) 社員中犯規者處罰 (3) 來客物報告(5일 1次) (4) 再開業 · 相續(重來例 100元, 子弟相續 20元, 同事人相續 100元) (5) 罰金(上 50元, 中 25元, 下 5元 5日內完納) (6) 外國人去來(橫侵時 公議伸寃) (7) 居間人賣買(客主를 거쳐 本社에 報明해야 매매 가능) (8) 禁物賣買禁止 (9) 社員慶吊補助(10元 씩).

우선 영흥사와 달리 총장 직책을 두어 내장원경인 의정부 찬정 이용익이 겸직하도록 하였다. 다음 도사장은 육군부령 엄준원, 부사장은 내장원과장 유신혁, 도총무는 전의관 백용진, 부총무 전보사장 이제건이 맡고 있는 바와 같이 많은 현직 관리가 참여하고 있다. 이하 10인의 의원은 1인을 제외하고는 모두가 전 의관, 전 부사, 전 오위장, 전 참봉 등으로 전직 관리였다. 공사원 2인의 경우도 같아서 2인 모두 전 사과, 전 도사였다.

이러한 구성 방식은 종래의 상회사 구성 방식과 달랐다. 즉 이전의 구성 방식에서 사장을 비롯한 임원진들을 정부의 중하급 관리 또는 객주 중에서 차출하였던 데 반해 창성사의 구성 방식에서는 고위급 정부 관리들로 임명하였다. 이전 영흥사의 사장이었던 백용진과 김순희는 창성사에서는 각각 도총무와 의원에 지나지 않았다. 이러한 구성 방식은 내장원이 상회사의 운영에 적극 개입하여 객주 상회사를 외국인의 상권 침탈과 국내의 관아나 기타 상인들로부터 보호하기 위한 조치였다. 이는 창성사 장정 제6관 "外國人과 交涉賣買ᄒᆞᆫ 時에 非理陵侮을 當ᄒᆞ거나 本國人의게 橫侵을 當ᄒᆞ난 境遇에난 諸社員이 公議伸寃ᄒᆞᆫ 事"한다는 조항에서 잘 드러난다.[62]

또한 사원들은 상회사의 실질적인 운영 주체라 할 수 있는 군산 객주들로 구성되었다. 창성사 설립에 참여한 객주들은 다음과 같다. 총 51명이다.

姜子玉, 高浣九, 金德容, 金崙圭, 金命汝, 金奉九, 金鳳奎, 金奉瑀, 金相植, 金永燮, 金仁漸, 金正集, 金昌淳, 文斗植, 朴景玉, 朴成寬, 朴鍾完, 白南允, 徐圭淳, 徐相春, 孫東元, 宋克中, 宋秉周, 沈景善, 安光炯, 安化執, 李冕植, 李士眞, 李遠懋, 李晉珪, 張珍華, 田致善, 鄭大和, 鄭德孝, 鄭時安, 趙炳善, 趙化植, 陳平玉, 車敬良, 車斗玉, 車允進, 車重七, 崔鳴九, 崔順益, 韓明圭, 黃聖澤, 金洪斗, 朴尙浩, 朴永信, 徐基冕, 金昌燁

당시 군산의 객주가 80~90여 명임을 감안할 때 창성사 설립에 많은 객주가 참여하였다고 볼 수 있겠다.[63] 이후 참여 객주 수가 7,

62) 위와 같음.

63) 『皇城新聞』 隆熙 2年 11月 17日 ; 『大韓每日申報』 1910年 4月 1日.

80여 명으로 증가하였다.[64] 특히 영흥사에서 내장원 상납량을 문제 삼다가 제명되었던 김홍두, 박종완, 서기면, 김영섭, 백남윤 등이 창성사 설립에 참여하였다. 이는 내장원이 객주들 사이의 주도권 다툼을 조정함으로써 상회사의 정상화를 시도하였음을 보여준다.

또한 창성사가 내장원에 납부하는 상납액이 종래 영흥사에서 납부하였던 800원에서 600원으로 인하되었다. 아울러 논란이 되었던 육상미의 구문을 객주와 회사가 분반하여 상납과 회사 비용에 보충하도록 하였다. 또 품목에 따라 일일이 수세액을 규정하였던 종래의 수세 규칙을 없앰으로써 수세 논란을 줄였다. 대신에 객주 구문 중 1/10을 회사 수입으로 하되 사원 중 규정 외의 구문을 가봉 또는 은닉하거나 혈봉하는 방법으로 규정을 위반할 때에는 구문의 10배를 징봉하고 영업을 불허하도록 하였다. 또한 객주들과 거간 사이에 논란이 되었던 구문 수입을 객주와 회사가 담당하도록 하였다. 그 밖에 무뢰배의 활동을 막고 관아의 침탈로부터 보호받도록 규정하였다.

내장원의 이러한 조치는 과다한 상납액과 획일적인 수세 규정에 따른 객주들의 불만을 해소하는 한편 외국 상인과 여타 상인들로부터 객주들의 권리를 보호함으로써 상회사의 운영을 정상화시키고자 한 시도로 보인다. 물론 미세(米稅) 남봉이 심하여 군산항민이 환산한다는 보도가 나오기도 하였다.[65] 그러나 내장원의 이런 노력은 난립된 여러 상회 조직을 일원화함으로써 상업의 폐단을 줄이는 한편 일본상인들의 미곡 매수에 제한을 가하여 객주의 이익을 보장할 수 있었다.[66] 그리하여 군산 거류 일본상인들이 객주와 거류제도로

64) 『訓令照會存案』 第48册, 光武 8年 12月 21日.

65) 『皇城新聞』 光武 9年 4月 28日.

66) 『訓令照會存案』 第48册, 光武 8年 12月 21日 ; 『皇城新聞』 光武 10年

말미암아 경제 침투가 어렵다고 토로할 정도였다.67)

그 밖에 군산의 객주들은 교육운동에도 적극 가담하였다.68) 우선 학교 설립에 힘썼다. 1903年 1월에는 진명의숙(進明義塾)을 설립하여 교사를 초빙하고 관공립 학교의 교과목을 가르쳤으며 야학은 이과, 법률, 영어를 가르쳤다.69) 그리고 그 비용은 객주들의 구문에서 마련하였다.70) 또한 1903年 외국인 거류지 바깥에 금호학교(錦湖學校)를 설립하였다.71) 이후에도 객주상회사는 금호학교 운영비를 보조하였다.72) 여기서 훗날 김성수(金性洙), 송진우(宋鎭禹), 백관수(白寬洙) 등이 수학하여 1910年 3월에 졸업하였다.73) 그 밖에 군산공립보통학교에도 운영비를 보조하였다. 그리하여 훗날 금호학교 학생들과 공립보통학교 학생들이 친목회를 만들어 교유하였으며 군산항 주민들도 이를 칭송하였다.74)

대한제국 정부는 황실 주도 아래 이처럼 상회사 설립을 통해 객주들을 내외 상인으로부터 보호하는 대신에 영업세를 안정적으로 확보하고자 하였다. 또한 군산 객주들은 상회사 설립을 통해 자본

3月 24日.

67) 關稅局, 『韓國貿易月報』 제12호(1909年 6월) 부록, "商業上ヨリ觀タル韓國人ノ外國人 就中 日本人ト韓國人トノ關係(8) 群山港ノ分".

68) 柳承烈, 「韓末 교육운동의 推移와 客主」, 『歷史教育』 81(2002), 152~163쪽.

69) 『皇城新聞』 光武 7年 1月 6日.

70) 『皇城新聞』 光武 7年 5月 30日.

71) 금호학교의 위치는 경장시와 근접한 屯栗洞 천주교회 자리로 추정되고 있다[김경식 외, 『지방교육사-광주 · 전남/전북』(도서출판 하우, 2001), 357쪽].

72) 『大韓每日申報』 1908年 12月 22日 ; 12月 23日.

73) 尹在根, 『芹村 白寬洙-봄기운은 어찌 이리 더딘가』(東亞日報社, 1996), 41쪽.

74) 『大韓每日申報』 1909年 6月 27日.

을 축적하고 근대 자본가로 성장할 수 있는 기반을 마련하고자 하였다.

Ⅳ. 을사늑약 이후 상업계의 변동과 객주의 경제 · 사회 운동

일본이 러일전쟁을 계기로 한반도에서 군사 활동을 전개하면서 대한제국 정부가 추진했던 황실 주도의 식산흥업이 좌초의 위기를 맞게 되었다. 우선 일본은 대한제국 정부의 재정을 장악해 가는 가운데 황실재정을 해체하고자 하였다.[75] 이어서 일제의 경제 침탈에 장애가 되는 객주의 기반을 와해시키려 하였다.[76] 이는 내장원의 지원 아래 설립되었던 객주 상회사를 약화시킴으로써 일본 상인의 상권 확대를 가속화하고 황실 재정의 근간을 와해시키려는 노력의 발로였다. 또한 일본의 승리에 고무되어 일본 상인들이 개항장에서 주도권을 완전 장악하기에 이르자 조선인 객주 상회사의 입지는 더욱 좁혀졌다.

군산에서도 이런 조짐들이 보이기 시작하였다. 1904年 12월 순찰사는 창성사에서 축출된 의원 남정은의 무고에 따라 창성사를 혁파하고 옥구감리서 관할에 부속시켰으며 창성사 공사인 2인을 체포하여 경찰서에 가두었다.[77] 또한 옥구감리 김교헌도 1906년 4월 외부(外部)에 객주들의 육상미(陸商米) 구문을 문제 삼아 감리서가

75) 李相燦, 「일제 침략과 「황실재정정리」(1)」, 『奎章閣』 15(1992) ; 李潤相, 「통감부 시기 황실재정의 운영」, 『韓國文化』 18(1996).

76) 류승렬, 앞의 논문(1996), 130~137쪽.

77) 『訓令照會存案』 第48册, 光武 8年 12月 21日.

창성사를 전관해 줄 것을 요청하였다.[78] 곧이어 옥구감리의 요청대로 창성사는 옥구감리서가 전관하도록 되었다.[79] 이제 창성사는 황실의 강력한 지원을 받을 수 없는 처지로 전락하였다. 더욱이 1905년 11월 을사늑약 이후 외부와 감리서가 폐지되면서 창성사는 더 이상 황실과 정부의 지원을 이끌어 낼 수 없기에 이르렀다.[80] 특히 재정고문 메카타(目下田種太郎)가 재정정리사업을 벌이는 가운데 외획을 금지하면서 다른 지역과 마찬가지로 군산의 객주들도 자금력에서 한계를 드러내기 시작하였다.[81] 또한 창성사는 1906년 4월 이후 1906년 12월 이전 어느 시점에 군산신상회사(群山紳商會社)와 군산객주상회사(群山客主商會社)로 분립됨으로써 일본 상인들과 경쟁하는데 불리한 처지로 몰리게 되었다.[82] 즉 을사늑약 이전만 하더라도 객주들은 내장원이 배정한 각종 외획금을 활용하여 무곡(貿

---

78) 『沃溝港報牒』 第4册, 光武 9年 4月 21日.

79) 『皇城新聞』 光武 10年 3月 24日.

80) 위와 같음.

81) 『韓國財政整理報告』 제1회, 6-22, 1904年 11月 8日.
이 시기 외획 운영과 상업활동에 관해서는 金才淳, 「露日戰爭 직후 일제의 화폐금융정책과 조선 상인층의 대응」, 『韓國史硏究』 69(1990), 137~139쪽 ; 이영호, 「대한제국시기 내장원의 외획운영과 상업활동」, 『역사와 현실』 15(1995) ; 이영호, 『한국근대 지세제도와 농민운동』(서울대학교출판부, 2001) 所收 ; 김윤희, 「개항기 재정운영의 변화와 외획의 역할」, 『韓國史學報』 5(1998) 참조.

82) 창성사 소멸 이후 상회사기 群山紳商會社와 群山客主商會社로 분립된 시점은 불명확하다. 다만 후술하는 바와 같이 1907년 3월 군산에서 객주들이 국채보상운동을 전개할 때 이들 두 상회사가 각각의 이름으로 발기하거나 의연금을 맡겼다는 점에서 보면 분립 시점을 창성사가 여전히 존립한 1906년 4월 시점 이후에서 1907년 3월 이전 사이로 추정할 수 있다. 그런데 『大韓每日申報』에서 양사 분립의 시점을 1906년이라고 보도하고 있어 양사의 분립 시점은 1906년 3월과 12월 사이로 단정할 수 있겠다(『大韓每日申報』 1908年 11月 3日).

穀)함으로써 상업자본을 축적할 수 있었던 데 반해 이후에는 객주들이 일제의 외획 금지와 내장원의 약화, 상회사의 분열로 말미암아 미곡 매입에서 일본 상인들에게 밀리면서 자본 축적의 기회를 상실하기에 이르렀다.[83]

한편 개항 이후 꾸준히 늘고 있었던 일본인 인구가 1903년을 고비로 급증하였고 1905년 이후 다시 급속도로 증가하기 시작하였다. 특히 1906년 통감부의 지방행정기구인 군산이사청(群山理事廳)이 설치되면서 일본인의 인구가 급격하게 증가하였다.[84] 〈표 3〉은 군산 개항 이후 일본인 인구의 변화를 보여준다.

군산 거류 일본인의 이러한 수치는 인근 지역인 전주, 강경, 공주의 경우보다도 훨씬 많은 숫자였다. 1907년 전주, 강경, 공주의 경우 각각 421명, 499명, 285명에 지나지 않았다.[85] 일본인이 군산에서 차지하는 인구 비율도 〈표 3〉과 같이 급격하게 증가하였다. 그 비율이 1899년에는 13%에 전후에 지나지 않았으나 1905년에는 31.4%, 1910년에는 46.8%에 육박하고 있다. 특히 1907년과 1908년에는 조선인을 능가하였다.

이들 일본인의 직업구성도 변화하였다. 1901년에는 목수, 잡화상, 중개인 순으로 많았으나 1907년에는 잡화상, 짐꾼, 목수직 순

83) 창성사 객주와 충청남도, 전라북도의 외획전을 이용한 객주들의 상관성이 현전 자료로는 드러나지 않으므로 창성사 객주들이 외획 폐지로 바로 손해를 입었다고는 보기 힘들다. 다만 이들 외획전을 배정받은 객주들은 일본인 상인과 달리 창성사 객주와 어떠한 형태든 지역상 물종상 연계를 맺고 있었다는 점에서 외획 제도의 폐지는 창성사 객주에게도 심대한 영향을 끼쳤으리라 본다. 충청남도와 전라북도에서 외획을 이용한 객주들의 명단은 이영호, 앞의 논문(1995), 216~219쪽 참조.

84) 김중규, 앞의 책, 154~155쪽 ; 이준식, 앞의 논문, 185쪽.

85) 三輪規 · 松岡琢磨, 『富之群山』(1907), 50쪽.

〈표 3〉 1899~1910 군산 거류 일본인 인구의 변화

호구 \ 연도		1899	1900	1901	1902	1903	1904	1905	1906	1907	1908	1909	1910
호수	일본인	20	131	171	187	302	361	421	569	796	836	813	904
	한국인	150	253	320	395	438	623	739	825	831	469	1,364	896
	외국인		8	19	21	25	22	35	40	42	39	32	25
	계		392	510	603	765	1,009	1,159	1,434	1,669	1,344	2,209	1,825
인구수	일본인	77	422	472	569	1,225	1,262	1,620	2,050	2,956	3,060	3,220	3,448
	한국인	511	780	921	1,300	1,811	2,113	3,451	2,835	2,903	1,494	5,466	3,830
	외국인		24	56	63	78	73	85	96	128	131	96	95
	계	588	1,226	1,449	1,932	3,114	3,448	4,156	4,981	5,987	4,658	8,782	7,373

출전: 군산부(群山府), 『군산부사(群山府史)』(1935), 18~20쪽.

으로 많았다.[86] 또한 군산이 미곡 유출지의 거점으로 성장하면서 농장 경영자들이 대거 들어오기 시작하였다. 1903년 10월 구마모토(熊本利平)가 구마모토농장을, 12월에는 미야자키(宮崎佳太郎)가 미야자키농장을, 1904년 3월에는 오쿠라(大倉米吉)가 오쿠라농장을 설립하였다.[87] 이후 많은 농장들이 줄이어 설립되었다. 이들 농장은 1904년 4월 군산농사조합을 창립하였다. 그리고 1905년 5월에 군산 일본인 상공회의소가 설립되었다. 초대 회두 이소베(磯部謙哉)를 비롯한 임원들이 당시 군산을 대표하던 일본인 미곡상이었다.[88]

86) 『官報』 1901年 12月 23日 ; 三輪規·松岡塚磨, 앞의 책, 79~84쪽.

87) 全羅北道, 『內鮮人地主所有地調』(1926), 8~9쪽. 이에 관해서는 金容燮, 『增補版 韓國近代農業史硏究-農業改革論·農業政策』 下(一潮閣, 1986), 482쪽 참조.

88) 三輪規·松岡塚磨, 앞의 책, 143~150쪽 ; 保高正記, 『群山開港史』(1925), 155쪽과 191쪽 ; 이에 관해서는 소순열·원용찬, 『전북의 시장경제사』(신아, 2003), 202~206쪽 ; 김민영·김양규, 『철도, 지역의 근대

이들 일본인 농장주와 미곡상은 이처럼 미곡의 생산과 유통을 장악하는 가운데 1900년 8월에 이미 개설된 군산-오사카 간 항로를 통해 미곡을 대량으로 수출하기 시작하였다.[89] 이전에는 군산의 객

〈표 4〉 군산항의 이수출입액(단위: 원)

연도	수이출액	수이입	합계	외국무역액(%)/국내유통액(%)	비고
1899	207,131	346,309	553,440	3/97	외국무역액과 국내유통액을 합산하여 수이출입 가액으로 함 1899년은 5월 이후의 8개월간의 통계이며, 1907년까지는 금·은·화폐의 수이출입액이 포함되었고 이후는 누락된 수치임
1900	598,300	583,000	1,181,300	9/91	
1901	834,599	726,000	1,560,599	27/73	
1902	1,010,443	977,901	1,988,344	32/68	
1903	1,769,030	1,562,042	3,331,072	41/59	
1904	1,682,652	1,621,486	3,310,138	45/55	
1905	2,003,520	1,401,705	3,405,225	34/66	
1906	2,045,715	1,606,487	3,652,202	31/69	
1907	2,339,016	2,592,447	4,931,463	59/41	
1908	2,162,074	1,878,766	4,040,840	70/30	
1909	2,368,415	1,779,482	4,147,897	71/29	

출전: 『통상휘찬(通商彙纂)』, 군산무역연보(群山貿易年報) ; 『융희이년한국외국무역요람(隆熙二年韓國外國貿易要覽)』, 『융희삼년한국외국무역요람(隆熙三年韓國外國貿易要覽)』.

* 이헌주, 「개항기 군산항의 유통권 변동과 무역구조」, 『史學硏究』 55·56합집(1998), 572쪽, 〈표 1〉 轉載.

성 수용과 사회경제적 변용-군산선과 장항선』(선인, 2005), 95~102쪽 참조.

주나 강경의 객주를 거쳐 인천, 목포 등지로 수출되었다면 이제는 일본인들이 직접 일본 본국으로 수출하였던 것이다.

무역 규모가 개항 이래 급속하게 증가하고 있었다. 또한 1901년에는 인천, 목포 등 국내 중개항을 거치지 않고 외국으로 수출되는 무역액이 1899년에 비해 28배에 달했다. 그리고 1907년에는 무역액이 1899년에 비해 235배로 증가하였다.[90] 특히 1907년에는 〈표 4〉와 같이 500만 원에 육박하였을뿐더러 외국무역액이 국내유통액보다 많았다.

이 중 미곡이 가장 많은 비중을 차지하였다. 군산 거류 일본인 미곡상들은 미곡 매수에 온 힘을 기울였기 때문이다. 예컨대 후지모토(藤本) 합자회사는 수십 명의 미곡매출인을 특파하여 충남과 전북 모든 지역의 미곡을 매집하려 하였다. 그 밖에 자금이 풍부한 일본 미곡상들도 수 명 또는 수십 인의 매출인을 지방에 파견하여 미곡무역에 몰두하였다. 특히 1902년 12월과 1907년 4월 일본 제일은행 군산출장소가 개설되면서 군산 거류 일본상인들은 미곡을 비롯한 각종 상품을 훨씬 많이 매수할 수 있게 되었다.[91] 1903~1909년 사이 일본상인의 예출금이 각각 4배로 증가할 정도였다.[92] 물론 러일전쟁의 영향으로 쌀 수출이 급감하기도 하였다. 그러나 이후 의병전쟁에도 불구하고 군산 거류 일본상인의 상권이 확대되면서 오히려 쌀 수이출이 급증하였다.[93] 그리하여 군산의 쌀 수이

89) 이헌주, 앞의 논문, 574~575쪽 ; 소순열·원용찬, 앞의 책, 209쪽.
90) 이헌주, 위의 논문, 586~587쪽 ; 소순열·원용찬, 위의 책, 208~210쪽.
91) 德永勳美, 『韓國總攬』(1907), 869쪽 ; 群山南韓鐵道期成同盟會 編, 『湖南鐵道と群山』(1910), 69~70쪽.
92) 群山南韓鐵道期成同盟會 編, 위의 책, 70~77쪽.
93) 이헌주, 앞의 논문, 586~587쪽.

출은 1899년에 10만 6,607원에 불과하였지만 1906년에는 최초로 111만 3,839원에 달했다.[94]

미곡 수이출액의 이러한 급증은 군산 거류 일본상인들이 매수한 미곡액이 급증하고 있는 반면에 군산 객주가 매수하거나 구문을 취득하는 미곡액은 급감하고 있었음을 가리킨다. 특히 미곡이 전체 수이출액에서 차지하는 비중이 1906년에는 52%를 넘어섰고 1908년에는 83%에 달할 정도로 매우 컸음을 감안한다면 미곡과 잡곡을 취급하는 객주들의 타격은 매우 컸을 것이다.[95] 반면에 공주의 양계훈과 군산항 김홍두 같은 상인들은 일본상인 하타(八田)란 자와 함께 상업회사를 설립하여 임천과 한산에 배치해 영업포민들에게 고금(股金)이라 칭하며 모든 사람에게서 수십원씩 늑봉하였다.[96] 이제 일본 상인들은 군산항에서 가장 중요한 수출품인 미곡의 매수에서 군산 객주들을 압도하고 상권을 장악하게 되었다.

그러나 대부분의 군산 객주들은 황실의 지원이 중단됨에도 불구하고 상권을 수호하기 위해 국채보상운동에 적극 참여하는 한편 상회사를 일부나마 재조직하고자 하였다. 객주들의 상권 수호 노력이 전국적인 국채보상운동과 맞물려 각종 사회운동을 전개하는 가운데 상회사의 재건과 학교 설립이 시도되었다.

1907년 1월 부산 동래에서 시작된 국채보상운동은 대구를 거쳐 곧이어 전국으로 확산되었다.[97] 전라북도 대부분의 경우, 지방의

94) 三輪規·松岡琢磨, 앞의 책, 164쪽.

95) 위의 책, 164~168쪽.

96) 『大韓每日申報』 1906年 12月 9日.
일본인 八田에 관해서는 구체적으로 확인할 수 없다. 다만 그가 옥구에서 토지를 매입하였음은 알 수 있다[『全羅北道十一郡公私田土山麓外人潛賣成册』(奎 21973, 光武 8年 음 6月)]. 이와 관련하여 金容燮, 앞의 책, 375쪽 참조.

전현직 관리들이 주도하는 가운데 마을 단위로 군민들이 적극 참여하는 양상을 보였다.[98] 반면에 군산은 전라북도의 다른 지역과 달리 객주들이 주도하여 운동을 전개하였다. 1907년 3월 13일 군산객주상회사는 국채보상의무사(國債報償義務社)를 조직한 뒤 취지를 발표하였다. 그리고 수금사무소는 상회사로 정하고 수집금액은 한양 중앙의무사로 송치하기로 하였다. 수금소 경비는 상회사에서 전담하기로 하였다. 발기인 명단은 다음과 같다.

金錫玄, 金仁漸, 金炳순, 金洪斗, 宋秉周, 金鳳奎, 李建懋, 朴尙浩, 金明俊, 朴順浩, 鄭寅철, 金采문, 車敬良, 車允進

이들 발기인은 군산객주상회사 임원으로 보인다. 특히 김인점, 김홍두, 송병주, 김봉규, 박상호, 차경량 등은 창성사 설립에 참여했던 객주이다. 또한 4월 28일 국채보상의무사는 국채보상금 의연 명단을 발표하였다. 총 170명이 동참하였으며 이 중 부녀자는 18명이었다. 물론 여기에도 발기인들이 참여하였다. 보상의연금의 금액은 총 167원 78전이었다.[99]

의연금 기탁에 참여한 인물 중에 명단에 제일 먼저 오른 조필영과 그의 아들 조병승은 전직 참판으로 각각 80전을 맡겼다. 조필영은 1894년 농민전쟁 당시 삼남전운사(三南轉運使)로서 농민들의 원

97) 趙恒來, 『1900년대의 애국계몽운동연구』(亞細亞文化社, 1993) ; 金度亨, 「韓末 大邱地域 商人層의 動向과 國債報償運動」, 『啓明史學』 8(1997) ; 朴容淑 · 金東哲, 『釜山市史(1)』(釜山直轄市市史編纂委員會, 1989), 898쪽 ; 金勝, 「한말 · 일제하 동래지역 민족운동과 사회운동」, 『지역과 역사』 6(2000), 73~82쪽.

98) 金淇周, 「전북지역의 國債報償運動」, 『全北史學』 19 · 20 합집(1997).

99) 『大韓每日申報』 1907年 4月 28日.

성을 샀던 장본인이었다.[100] 그리고 조병승은 형조참판과 궁내부 특진관을 비롯하여[101] 여러 관직을 거쳤던 인물로 1907년 당시 군산에 거주하였다.[102] 또한 여기서 주목해야 할 인물이 있는데 바로 영흥사 설립부터 줄곧 나오는 김홍두이다. 그는 이미 언급한 바와 같이 한때 영흥사에서 제명되었다가 창성사 설립에 가담하는가 하면 일본 상인과 함께 상업회사를 설립한 뒤 지방 상인들에게서 고금(股金)을 핑계로 늑봉했던 객주이다.

이어서 6월 2일에는 군산의 또 다른 객주회사인 군산항신상회사가 대한매일신보사에 국채보상의연금을 맡겼다. 총 의연금은 35원 80전이다. 그리고 의연금 기탁 명단은 다음과 같다.

徐基면, 尹滋春 吳均섭, 南廷股, 朴영信, 최順益, 김영섭, 申明俊, 吳希俊, 文景先, 박景七, 陳平玉, 이태運, 이士晉, 최東奎, 張仁善, 김敬完, 김윤申, 김昌淳, 姜子玉, 高完九, 梁錫柱, 張益봉, 張益圭, 張益成, 김南壽, 김영濟, 黃基玉[103]

이어서 1907년 8월 23일 군산항신상회사는 2차로 의연금을 기탁하였다. 총 14원 70전이었다. 그 밖에 기부금은 50전이었다. 기탁자의 명단은 다음과 같다.

縣監 趙秉澄, 朴景會, 子股山, 이亮淳, 韓圭煥, 車敬良, 최盛烈, 黃學秀, 임鐘元, 김士程[104]

100) 『梅泉野錄』 卷1 上.

101) 『承政院日記』 高宗 29年 3月 4日 ; 光武 9年 1月 16日.

102) 『續陰晴史』 卷12, 6月 初1日 ; 『暴徒數調查月報』 光武 11年 7月.

103) 『大韓每日申報』 1907年 6月 2日.

104) 『大韓每日申報』 1907年 8月 23日.

명단에 현감이 포함되어 있는 점으로 보아 기탁자 모두가 군산항신상회사의 임원은 아니었다는 것을 알 수 있다. 그러나 여기에는 창성사 설립에 참여한 객주들이 상당수 보인다. 오균섭, 박영신, 김영섭, 이사진, 장인선, 김창순, 강자옥, 고완구 등이 그들이다. 특히 남정은은 앞서 언급한 바와 같이 창성사에서 제명된 뒤 1904년 12월 창성사 혁파에 앞장섰던 인물이다. 그렇다면 군산항신상회사는 창성사에 반대하여 따로 상회사를 설립한 객주들이 주도하여 설립한 상회사라 할 수 있겠다.

군산의 객주들은 이처럼 두 상회사를 중심으로 국채보상운동을 전개하였다. 또한 이들 객주 중에는 창성사 설립에 참여한 자가 많았다. 즉 이들 객주는 경제적 이해관계와 외부 환경의 변화로 각자 상회사를 설립하였지만 국채보상운동에는 모두 참여하였다.

이후 이들 중 일부는 대한협회의 계몽운동에도 적극 참여하였다. 1908년 5월 전직관료 조병승이 호남학회 회원이면서[105] 대한협회 군산지회 회장을 맡고 있었으며, 군산항신상회사 객주인 김석현과 김홍두, 이건무 등이 대한협회에 가입하여 군산지회 회원이 되었다.[106] 이어서 7월에는 군산항신상회사 객주 강자옥, 군산객주상회 객주 박상호와 송병주 등이 대한협회에 가입하였다.[107]

이후 1908년 10월 군산객주상회사와 군산항신상회사는 관청의 단합 지휘로 말미암아 하나의 상회로 통합되어 설립되었다.[108] 통합 명칭은 양사의 이름을 각각 한 자씩 따서 군산신상사(群山紳商

105) 『湖南學報』 4, 1908年 10月 25日, 會員名氏 第六橫看). 한말 호남학회에 관해서는 박찬승, 「한말 호남학회 연구」, 『國史館論叢』 53(1994) 참조.

106) 『大韓協會』 2, 1908年 5月 25日, 本會任員.

107) 『大韓協會』 4, 1908年 7月 25日, 本會任員.

108) 『大韓每日申報』 1908年 11月 3日.

社)로 개칭하였다. 여기에는 객주 90여 인이 참여하였다.[109] 그리고 상회사의 임원은 신태?(필자 주: 글자가 흐려 불분명), 차윤모, 박상호였다.[110] 또 총무는 창성사 설립에 참여한 김봉우 및 전치선이었다.[111] 여기서 박상호와 김봉우는 창성사와 군산객주상회사의 설립에 참여한 객주들이다. 그리고 신상사는 자기 회사의 역사를 10년이라고 말하고 있는데 이는 회사의 기원을 1899년 영흥사에서 찾은 것으로 보인다. 그들의 이러한 인식은 김홍두처럼 영흥사 설립에 참여한 객주들이 많았다는 점에서 타당하다.

이런 가운데 군산신상회사 설립에 참여하지 않은 객주들이 농부(農部)의 인허도 받지 않은 채 부윤의 제사(題辭)를 빙거하여 권업사(勸業社)를 만들어 구전(口錢)을 분식(分食)하려 하였던 반면에 신상사는 이를 일체 불허하였다.[112] 이는 신상사와 권업사의 극한 대결을 초래하였고 결국은 권업사 사원들이 신상사 사원들을 구타하기에 이르렀다. 더 나아가 송재규, 김동환 등 신상사 사원 21인이 군산보통학교 및 금호학교 경비 보조와 회원 간 경조비, 서기 사동의 월은(月銀)을 문제삼아 군산부 재판소에 소송을 건 뒤 패소하자 한양으로 올라가 항소할 정도로 신상사는 내분에 휩싸였다.[113] 이는 객주들 사이에서 상회사의 사업 방향을 둘러싸고 격렬한 논쟁이 야기되었음을 짐작케 한다.[114] 회원 내부의 이런 문제

---

109) 『皇城新聞』 隆熙 2年 11月 17日.

110) 『大韓每日申報』 1908年 11月 3日.

111) 『大韓每日申報』 1908年 12月 23日.

112) 『皇城新聞』 隆熙 2年 11月 17日.

113) 『大韓每日申報』 1908年 12月 22日, 廣告 ; 12月 23日, 廣告. 송재규에 관해서는 주 22) 참조.

114) 군산 신상사의 이러한 내분에는 일본 상인들의 움직임도 크게 작용하였으리라 보인다. 우선 일본 상인들은 이주민의 급증에 따라 동업자 간에

제기는 기존 객주상회사가 전개해 왔던 교육운동과 사회운동을 전면 부정하는 행동으로 보인다.[115] 이후 신상사의 영업 활동은 보이지 않는다. 대신에 일부 객주들은 1908년 12월 객주조합소(客主組合所)를 설시하였고 자본금으로 각기 100원씩 연출하고 농상공부에 청원하였다.[116] 그러나 객주조합소는 실질적인 업무를 수행하지 못한 채 일종의 용역회사인 군산항 노동회의 노동회관 운영을 시기하여 객주조합소 내에 노동회관을 설립하고 기존의 노동회를 저지하고자 하였다.[117] 이는 객주조합소가 객주업을 유지하는 데 필수적인 노동력을 확보하기 위해 노동자를 통제하고자 하였기 때문이다. 그리하여 객주조합소의 이러한 시도는 의탁할 곳 없는 노동자들의 분노를 일으켜 노동회와 갈등을 빚었다.[118] 이처럼 객주조합소는

분쟁이 격화되자 이를 조정하고 조선에서의 利源을 개발한다는 명분 아래 1907년 5월 日本人商業會議所를 설립하였다는 점이다. 다음 이들은 통감부의 지원 아래 米質檢査規則 및 輸出穀物用叺檢事規則의 제정, 곡물수입세철폐운동, 湖南線鐵道速成運動 등 그들의 미곡 상권을 강화하고 이익을 최대한 신장할 수 있는 사업들을 적극 추진하였다는 점이다. 이후 일본인상업회의소는 1915년 잔존해 있는 조선인 상인들을 끌어들여 群山商工會議所를 설립하였다. 이에 관해서는 保高正記, 앞의 책, 155~158쪽 ; 群山府, 『群山府史』(1935), 205~207쪽 참조.

115) 『大韓每日申報』 1908年 12月 22日, 廣告 ; 12月 23日, 廣告.

116) 『大韓每日申報』 1908年 12月 25日.

117) 『大韓每日申報』 1910年 7月 22日.
노동회사는 일종의 用役會社로 독립된 교섭 단체인 勞動者 都中을 대체하여 노동자들을 고용하였다. 그리하여 노동회사는 노동력 공급을 둘러싸고 객주 및 일본 상인과 대립하기도 하였다[楊尙弦, 「韓末 부두노동자의 存在樣態와 노동운동」, 『韓國史論』 14(1986), 245~247쪽]. 군산의 경우, 1903년 6월에 이미 한국인 募軍輩와 일본인 사이에 격렬한 싸움이 일어나 한국인 2명과 일본인 1명이 사망할 정도였다(『皇城新聞』 光武 6年 6月 24日).

118) 『大韓每日申報』 1910年 7月 22日.

경제 · 사회운동에서 이탈하여 영업 이익만 추구하면서 상회사 운영에 골몰하였다.

한편 1909년 10월 대다수의 군산과 전주의 실업가들은 자금을 모아 호상관상회(湖上館商會)를 창립하였다.[119] 당시 통감부의 통제와 일본상인의 침투가 가속화하는 가운데 군산의 객주영업자가 80여 호에 달하나 상업계에 이를 묶어줄 회의소가 없어 합동력이 없다고 판단하였기 때문이다.[120] 호상관상회가 『황성신문』 1909년 10월 26일에서 10월 31일까지 광고한 내용은 다음과 같다.

> 國內의 商業發展과 兩湖의 教育擴張을 爲하여 忠南全北各郡에 資産家의 合力으로 鳩聚資本하야 創設湖上館商會혼바 客主例로 商客에 宿食을 便利케하고 物貨賣買에 媒介를 誠信히 하야 手數料도 公廉하며 外國物貨를 直接放賣하고 各港各浦에 客主와 商旅를 聯絡하야 貨穀交通을 便利케 하오니 內外商業에 有意僉員은 陸續來臨하와 商業擴張도 講論하오.
>
> 趙秉乘 權鍾振 崔禹洛[121]

호상관상회가 상업발전과 양호(兩湖)의 교육확장을 위하여 설립된 회사였음을 보여주고 있다. 특히 이 회사는 영업의 위기에도 불구하고 교육확장에 대한 열의를 포기하지 않고 지속적인 지원을 아끼지 않겠다는 의지를 드러내고 있다. 그리고 영업방식은 종래의

양자의 이러한 갈등은 인천항에서도 보인다. 이에 관해서는 楊尙弦, 위의 논문, 246쪽 참조.

119) 『皇城新聞』 隆熙 3年 10月 26日 ; 10月 27日 ; 『大韓每日申報』 1909年 10月 26日 ; 10月 27日.

120) 『大韓每日申報』 1910年 4月 1日.

121) 『皇城新聞』 隆熙 3年 10月 26日.

객주처럼 객상에 숙식을 제공하고 상품을 중개 매매하는데 공렴한 수수료를 수취하는 방식이었다. 나아가 호상관상회는 외국물자를 직접 수입하여 방매할뿐더러 각 포구의 객주와 상려를 연락하여 곡식과 자금을 빌려주는 금융기관의 역할을 담당하고자 하였다. 이는 호상관상회가 종래의 객주들과 달리 중개상에서 벗어나 무역상인과 금융기관으로 성장하고자 했음을 보여준다. 또한 호상관상회는 구체적인 사업으로 함경남도 덕원항 북어소산도객주(北魚所産都客主)와 상고들에게 북어와 미곡을 상호 판매할 것을 공개 제안하였나.[122] 이는 조선후기 이래 발선해 오던 양 지역의 원격지 교역에 근간하여 상회사 차원에서 국내 객주들의 연대를 모색하는 노력이었다.[123] 그리하여 호상관상회의 이러한 시도는 호남과 호서의 객주들이 상회 설립에 참여하는 계기가 되어 회원수가 300여 명에 달했다.[124] 그 밖에 1903년 2월에 설립된 어상회사(魚商會社)에서는 이즈음 노동야학교를 설립했는데 학도가 30여 명이었다.[125]

그런데 호상관상회의 발기인이 조병승, 권종진, 최우락 등 호남학회와 대한협회 군산지회의 임원이라는 점에서 이들 계몽단체의 역할이 컸다.[126] 또한 이미 언급한 바와 같이 많은 객주들이 이들

122) 『大韓每日申報』 1909年 10月 26日.

123) 조선 후기 금강 하구 지역과 함경도 덕원포의 원격지 교역에 관해서는 이영호, 앞의 논문(1986) 참조.

124) 『皇城新聞』 隆熙 3年 10月 26日.

125) 『皇城新聞』 光武 7年 4月 11日 ; 『大韓每日申報』 1910年 5月 14日.

126) 조병승은 호남학회 회원이자, 대한협회 군산지회 회장이다. 권종진은 대한협회 군산 부회장이며, 최우락은 호남학회와 대한협회의 회원이다. 이들 권종진과 최우락은 당시 각각 군산과 익산에 거주하고 있었다. 『朝鮮紳士大同譜』(1913)에 따르면 권종진의 주소는 全羅北道 群山府 九福洞 六統三戶이며, 최우락의 주소는 全羅北道 益山郡 龍梯面 西頭里 5통 2호이다. 호남학회와 대한협회의 계몽활동에 관해서는 박찬승, 앞의 논

계몽단체의 회원이었다는 점도 호상관상회의 설립에 크게 작용하였을 것이다.[127] 이는 1909년 3월 호남학회가 군산에서 찬성회(贊成會)를 열고 연설할 때 자산가 300여 인이 참석한 뒤 1,000원을 기부하여 군산 자산가들의 단결력을 보인 데서 짐작할 수 있다.[128]

또한 호상관상회는 상회 내에 상업강습소를 설립하는 한편 노동회가 노동자를 교육하기 위해 계획하였던 夜學校를 설립함으로써 군산항의 풍조가 크게 바뀌는 계기를 마련하였다.[129] 이때 군산의 일반 신사(紳士)들 대부분은 이를 찬성하였다.[130] 그리고 호상관상회는 객주조합소와 달리 노동회와 대립하기보다는 협력함으로써 한국인들의 단결을 도모한 것으로 보인다.[131] 더 나아가 노동회가 일본 상인들과 대립하였다는 점에서 호상관상회가 일본 상인들에 맞서고자 하였음을 알 수 있다.[132]

문 ; 金項勼, 「大韓協會(1907~1910)研究」, 檀國大學校 大學院 博士學位論文(1992), 115~132쪽 참조.

127) 1909년경 대한협회 군산지회의 회원수는 107명이었다. 전주 다음으로 가장 많은 회원이다. 이에 관해서는 金項勼, 위의 논문, 80~82쪽 참조.

128) 『大韓每日申報』 1909年 3月 19日, 群港喜信.

129) 『大韓每日申報』 1910年 4月 1日.

130) 『大韓每日申報』 1910年 5月 3日.

131) 『大韓每日申報』 1910年 4月 1日.
1910년 7월 객주조합소와 노동회의 대립은 전술한 바와 같이 매우 심각하였다. 이에 반해 호상관상회와 노동회의 관계는 신문에 우호적인 모습으로 비치고 있었다. 大韓每日申報의 경우, 전자의 경우는 비판한 데 반해 후자의 경우는 찬사를 아끼지 않고 있다(『大韓每日申報』 1910年 7月 22日).

132) 호상관상회가 일본 상인들과 대립하였음을 입증할 만한 기사는 보이지 않는다. 다만 목포의 경우, 부두 노동자가 '反日牌運動'을 전개할 때, 한국인 일부 객주들과 객주회사인 士商會社의 社長이 여기에 가담하자 일본 상인들은 이들 가담자를 협박 · 폭행하거나 회유하였다(양상현, 앞 논문, 258~259쪽). 또한 일제강점기에도 객주들은 노동력을 확보하기

그러나 일제는 객주들의 이러한 시도조차 허용하지 않았다. 조선총독부는 1910년 강점을 전후로 하여 '조선회사령(朝鮮會社令)', '객주취체규칙(客主取締規則)' 등을 통해 객주업을 통제함으로써 객주의 기능을 무력화시키는 한편 조선인 객주와 일본인 상인들을 동일기구에 편제시키고 회사 설립을 저지하였다.[133] 일제의 이러한 정책은 실효를 거두어 많은 객주들을 몰락시키거나 일본인 주도의 상업체계에 편입시키는 결정적인 계기가 되었다. 1917년 군산의 경우, 조선인 회사는 단 한 개도 존재하지 않았다. 물론 호상관상회 역시 소멸되었다. 다만 대표자가 조선인인 조합은 군산객주조합을 비롯한 4개뿐이었다.[134] 군산객주조합의 경우, 대표자가 김홍두이고 회원수는 51명에 지나지 않았다. 이제 군산의 객주들은 자본을 모아 근대 상회사로 성장할 수 있는 기반을 박탈당하기에 이른 것이다. 물론 김홍두처럼 극소수의 객주들은 일본인 주도의 상업체계에 편입된 가운데 식민지 무역구조를 보조하는 종속적 성장의 길을 걸어갔다.[135] 이에 반해 군산 거류 일본상인들은 조선인 객주의 쇠

위해 노동자에게 영향을 미치는 靑年會 有志들과 원만한 관계를 유지하고자 하였다. 강경 포구의 경우는 정연태, 앞 논문, 315~316쪽 참조.

133) 류승렬, 앞의 논문, 215~280쪽 ; 전우용, 「1910년대 객주통제와 '조선회사령'」, 『역사문제연구』 2(1997).

134) 群山府, 『群山府勢要覽』(1917), 20~26쪽.

135) 1877년 전라도 익산에서 출생한 김홍두의 경우, 1899년 군산 개항 당시부터 거주하며 오랫 동안 미곡을 중심으로 객주 영업을 영위하였으며 1917 · 1918년 호황을 맞아 부를 축적하기도 하였다. 1917년 4월에 京城日報社와 每日申報社가 공동으로 주최한 만주시찰단에 참가하였으며 1925년 5월에는 群山築港記念式에서 공로자로 표창을 받았다. 또한 군산미곡상조합 부회장으로, 상업회의소 평의원, 군산미곡신탁회사의 임원을 지내기도 하였다. 그리고 1920년 조선노동공제회 군산지회의 고문이었고 1929년에는 신간회 군산지회 회장이었다. 김홍두는 이처럼 일본인 상공업자들과 협력하여 경제적 입지를 구축하는 한편 이에 기반

퇴와 조선총독부 및 일본금융기관의 제도적 · 물질적 지원에 편승하여 군산 경제를 완전 장악하기에 이르렀다. 이제 군산은 이른바 일본인들을 위한 '미(米)의 군산', '부(富)의 군산'으로 발돋움하기 시작하였다.

V. 결어

군산 · 옥구는 금강 하구의 대표적인 포구가 소재한 지역으로 조선 후기에 이르러 강경포 대장권에 포섭되면서 주요 상품유통지로 성장하였다. 이 중 경포와 경장시가 가장 큰 포구였다. 또한 여기에는 포구주인이 존재하여 상품 유통의 기능을 담당하였을뿐더러 지방관아재정의 일부를 담당할 만큼 소포구를 대포구로 성장시키는데 일익을 담당하였다. 따라서 이들 포구주인 즉 객주는 1899년 군산 개항 이후에도 영업행위를 지속했으며 일본 상인의 침투에 적극 대응해 갈 수 있었다.

군산의 1899년 개항은 대한제국 정부가 식산흥업과 황실 재정의 확충을 위해 해온 노력의 결실이었다. 이는 대한제국 정부가 군산의 개항을 주체적으로 결정하였고 더군다나 일본인의 전관거류지가 아니라 각국 공동조계지로 설정하였다는 점에서 일본의 독점을 막고자 한 의도가 잘 나타난다. 더 나아가 황실은 군산 객주들의 상회사 설립 노력을 적극 지원하였다. 그리하여 내장원은 상회사로부

하여 조선인 사회를 주도하는 인물로 성장하였던 것이다. 이에 관해서는 紫藤義雄, 『朝鮮施政二十年史』(1930), 787~788쪽 ; 이균영, 『신간회 연구』(역사비평사, 1993), 350~351쪽 ; 이준식, 앞의 논문, 194~195쪽 참조.

터 영업세를 징수하여 재원을 확보하는 한편 객주들의 수세권을 보장함으로써 유통기구를 단일화하고 객주들을 일본 상인으로부터 보호하고자 하였다. 1899년 말 영흥사(永興社)의 설립이 그것이다.

그러나 이러한 시도는 내장원의 적극적인 개입에도 불구하고 일본의 통상 항의와 거간도중(居間都中) 및 일부 객주들의 반발로 수포로 돌아갔을뿐더러 거간 도중과 객주, 객주와 객주의 갈등을 증폭시켰다. 이에 내장원과 군산 객주들은 1903년 10월 창성사(昌盛社) 설립을 통해 이 문제를 타개하고자 하였다. 우선 전현직 고위 관리들이 임원으로 참여하는 한편 일부 객주들과 거간들의 요구를 받아들여 영업세 상납액을 인하하고 수세 대상을 미곡과 잡곡으로 국한시켰다. 그 결과 대다수의 객주가 창성사 설립에 적극 참여하여 공동으로 대응하는 한편 일본 상인들은 일본 금융기관의 지원에도 불구하고 미곡 매수에 제한을 받았다. 그 밖에 객주들은 군산공립보통학교에 경비를 보조하거나 진명의숙과 금호학교 등을 세우는 등 교육운동에 적극 가담하였다.

1904년 러일전쟁 발발을 계기로 일본이 대한제국 정부와 황실의 재정을 통제하고 외획을 금지하면서 객주 상회사의 입지가 대폭 축소되었다. 군산의 경우도 사정은 마찬가지였다. 우선 객주 상회사를 지원하던 내장원이 약화되면서 상회사 운영을 둘러싼 객주 사이의 대립이 다시 표면화하였고 을사늑약 직후인 1906년경에는 드디어 군산신상회사와 군산객주상회사로 분립되기에 이르렀다. 이는 군산 객주들의 일본 미곡상에 대한 교섭력을 현저하게 약화시키는 한편 객주들의 자본 축적 기회를 박탈하였다. 반면에 미곡상과 농장주들을 중심으로 군산 거류 일본인들은 대일 미곡수출을 통해 대상인과 대지주로 성장하는 한편 군산 경제의 주도권을 장악할 수 있었다.

군산 객주들은 이에 1907년 국채보상운동에 적극 참여하거나 각종 계몽단체의 활동에 관여함으로써 경제적 주권을 회복하고 상권을 수호하고자 하였다. 비록 두 상회사가 국채보상운동에 별개로 참여하였지만 이후 계몽단체의 활동에 고무되어 드디어 1908년 10월 신상사로 통합되었다. 그러나 객주들 내부의 이해 관계도 문제이거니와 지향과 노선에서 극명한 대립을 보였다. 한쪽은 종래와 마찬가지로 상회사의 정상화와 함께 교육운동에 관심을 기울이는 반면에 다른 한쪽은 교육운동을 비판하면서 이후 노동회관 운영을 둘러싸고 노동회와 갈등을 빚었다. 그리하여 1908년 12월 후자는 신상사에서 분리하여 객주조합소를 설립하고 경제·사회운동에서 이탈하였다. 이는 객주조합소가 일제와 일본 상인에 대항하기 보다는 식민지 상업체제에서의 객주 영업에 안주하려 했음을 의미한다.

그러나 객주 상회사의 분립에도 불구하고 군산 객주들의 상권을 수호하기 위한 노력은 지속되었다. 이들은 1909년 10월 전주의 자산가와 함께 호서와 호남의 객주를 묶는 호상관상회를 설립하였다. 그것은 호남과 호서의 상업발전과 교육확장을 위하여 조직된 상회사로서 기존의 객주업무와 함께 외국 물화의 수입과 금융 지원을 통해 근대적 회사로 발돋움하고자 하였다. 또한 덕원항 객주 및 상고와 접촉하여 북어와 미곡의 상호 판매를 시도하였다. 다른 지역과의 연대를 통해 상회사의 존립 기반을 확보하고자 했기 때문이다. 아울러 객주조합소와 대립하였던 노동회와 협력하여 야학교를 설립하였다. 이처럼 호상관상회는 영업 방식의 변화와 민족 내부의 경제·사회적 연망 구축을 통해 근대 상회사로 성장함으로써 일본 상인의 압박과 일제의 방해에서 벗어나고자 했다.

이후 일제가 대한제국 강점을 전후하여 '조선회사령', '객주취체규칙' 등을 제정하여 객주들을 통제함으로써 객주들은 근대 상회사로 성장할 수 있는 토대를 상실하고 말았다. 이는 조선 후기 이래 교환경제의 발달 속에서 내재적으로 성장하던 객주들의 몰락을 예고하였다. 군산의 경우에도 사정은 마찬가지였다. 그리하여 1910년대 군산의 상공업계에서 조선인 회사는 단 하나도 존재하지 못한 채 극소수의 조선인 객주들만이 조합형태로 식민지 상업체계에 편입된 가운데 종속적 성장의 길을 모색하였다. 이는 객주들이 영업 유지에 급급한 나머지 경제 · 사회운동에서 점차 멀어져 감을 예고하였다. 이제 군산은 일본인이 주도하는 미곡의 유출지로서 식민지 수탈의 거점 도시로 성장하기 시작하였다.

한편, 일제가 강점을 계기로 군산 객주를 무력화시키고 활동 공간을 축소시킴에도 불구하고 3 · 1운동이 전라북도 여러 지역 중 군산에서 제일 먼저 일어났으며 여기에 많은 학생과 상인층이 참여하였다. 이는 이전 시기 군산 객주의 내재적 기반과 함께 대한제국기에 객주들이 전개한 경제 · 사회운동이라는 역사적 경험이 여전히 작용하였음을 의미한다. 또한 이후 일제가 군산을 급속하게 근대화시키고 도시화시켜 나아갔지만 이는 오히려 조선인과 일본인의 긴장과 갈등을 조성하는 방향으로 전개되었다. 이 점에서 대한제국기 군산 객주의 경제 · 사회운동은 근대 군산의 역사적 기원을 구성하는 중요한 요소였다.

참 고 문 헌

高星鎬, 「朝鮮後期 全羅道 內陸地域의 場市分布와 特徵-전주 · 남원을 중심으로」, 全北大學校 大學院 碩士學位論文(2004).

群山市史編纂委員會, 『群山市史』 上, 群山市(2000).

김경식 외, 『지방교육사-광주 · 전남/전북』(도서출판 하우, 2001).

金淇周, 「전북지역의 國債報償運動」, 『全北史學』 19 · 20 합집(1997).

金度亨, 「韓末 大邱地域 商人層의 動向과 國債報償運動」, 『啓明史學』 8(1997).

김민영 · 김양규, 『철도, 지역의 근대성 수용과 사회경제적 변용-군산선과 장항선』(선인, 2005).

金 勝, 「한말 · 일제하 동래지역 민족운동과 사회운동」, 『지역과 역사』 8(2000).

김영정, 「일제시대의 도시성장-군산시 사례」, 『한국사회학』 30(1996).

金容燮, 『增補版 韓國近代農業史研究-農業改革論 · 農業政策-』 下(一潮閣, 1984).

김윤희, 「개항기 재정운영의 변화와 외획의 역할」, 『韓國史學報』 5(1998).

金才淳, 「露日戰爭 직후 일제의 화폐금융정책과 조선 상인층의 대응」, 『韓國史研究』 69(1990).

金點容, 「朝鮮時代 全羅道 租倉의 運營과 그 實態」, 全北大學校 大學院 碩士學位論文(2001).

金鍾洙, 「群山港 開港의 歷史的 意義」, 『군산 개항 100주년 기념 학술세미나 논문집』(군산시 편, 1999).

〃 , 「鎭浦大捷의 歷史的 意義」, 『全羅文化研究』 12(2000).

김중규, 『군산역사이야기-고지도와 옛 사진으로 풀어본 군산역사』

(2001, 나인)

金泰雄, 「韓末·日帝强占 初期 群山魚物市場의 變動과 客主」, 『水産經營論集』 36-1, 2005.

金項勾, 「大韓協會(1907~1910)硏究」, 檀國大學校 大學院 博士學位論文(1992).

柳承烈, 「韓末·日帝初期 商業變動과 客主」, 서울大學校 大學院 博士學位論文(1996).

〃, 「韓末 교육운동의 推移와 客主」, 『歷史敎育』 81(2002).

木浦百年會, 『木浦開港百年史』(1997).

朴容淑·金東哲, 『釜山市史(1)』, 釜山直轄市市史編纂委員會(1989).

박찬승, 「한말 호남학회 연구」, 『國史館論叢』 53(1994).

소순열·원용찬, 『전북의 시장경제사』(신아, 2003).

楊尙弦, 「韓末 부두노동자의 存在樣態와 노동운동」, 『韓國史論』 14, 서울大學校 國史學科(1986).

尹在根, 『芹村 白寬洙-봄기운은 어찌 이리 더딘가』(東亞日報社, 1996)

이균영, 『신간회 연구』(역사비평사, 1993).

李相燦, 「일제 침략과 「황실재정정리」(1)」, 『奎章閣』 15(1992).

李榮昊, 「19세기 恩津 江景浦의 商品流通構造」, 『韓國史論』 15, 서울大學校 國史學科(1986).

〃, 「대한제국시기 내장원의 외획운영과 상업활동」, 『역사와 현실』 15(1995).

〃, 『한국근대 지세제도와 농민운동』(서울대학교출판부, 2001).

李潤相, 「통감부 시기 황실재정의 운영」, 『韓國文化』 18(1996).

이준식, 「일제강점기 군산에서의 유력자집단의 추이와 활동」, 『東方學志』 131(2005).

이헌주, 「개항기 군산항의 유통권 변동과 무역구조」, 『史學硏究』

55 · 56 합집(1998).
李憲昶, 「朝鮮後期 忠淸道地方의 場市網과 그 變動」, 『經濟史學』 18(1994).
〃 , 『민적통계표의 해설과 이용방법』(고려대학교 민족문화연구소, 1997).
全遇容, 「19世紀末~20世紀初 韓人 會社 硏究」, 서울大學校 大學院 博士學位論文(1997).
〃 , 「1910년대 객주통제와 '조선회사령'」, 『역사문제연구』 2(1997).
鄭然泰, 「조선말 일제하 資本家形 地方有志의 成長 추구와 利害關係의 中層性-浦口商業都市 江景地域 사례」, 『韓國文化』 31(2003).
趙承衍, 「일제하 식민지형 소도시의 형성과 도시공간의 변화」, 『민속학연구』 7(2000).
趙恒來, 『1900년대의 애국계몽운동연구』(亞細亞文化社, 1993).
崔完基, 『朝鮮後期船運業史硏究』(一潮閣, 1989).
최완기, 「조선후기 강경 포구에서의 선상활동-그 입지를 중심으로」, 『歷史敎育』 79(2001).
홍성찬 외, 『일제하 만경강 유역의 사회사-수리조합, 지주제, 지역정치』(혜안, 2006).

橋谷弘, 『帝國日本と植民地都市』(吉川弘文館, 2004).

제2장 상고선(商賈船)

Ⅰ. 서언

일찍이 조선시대에는 어류의 처리기관으로 출매선[1]과 객주가 있었고, 이 두 유통기관은 밀접하게 연계되어 그 기능을 원활하게 수행해 왔다.[2] 즉 상고선은 작업선[3]으로부터 어획물을 어장에서 매집하여 육상까지의 매상유통을 담당하였으며, 매집된 어획물은 대부분 육상에서 어류유통을 담당하는 객주에게 인도되었던 것이다.

이 제도는 특히 서해의 조기어입을 중심으로 현저하게 발달되어 있었다.[4] 조선시대에 있어 어업은 소규모어업에 의한 유치한 단계를 벗어나지 못하고 있었으나 조기와 같은 어종은 어획량이 매우 풍부하고 어장이 넓을 뿐 아니라 그에 대한 구매력이 강하기 때문

1) 이에 관해서 기록되어 있는 『韓國水産誌』와 『朝鮮水産開發史』에서는 '출매선'이라고 칭하고 있으나 현재 우리나라에서는 일반적으로 '상고선'으로 통칭되고 있기 때문에 본고에서도 이하 '상고선'이라 칭한다.

2) 吉田敬市, 『朝鮮水産開發史』(朝水會, 1954), 150쪽.

3) 상고선을 이용하는 어선은 보통어선과 구별하기 위하여 '작업선'이라 불리고 있어 본고에서도 작업선이라 칭한다.

4) 吉田敬市, 앞의 책, 150쪽.

에 어장과 시장을 연결할 수 있는 전문기관의 필요성이 그의 출현과 발달을 초래하였다고 생각된다.

또한 그러한 유통전문기관이 성행할 수 있었던 다른 하나의 배경으로서는 그 당시 거의 모든 어민의 자본력이 매우 미미하였기 때문이라고 할 수 있다. 당시 어민들은 자본가로부터 전도금을 전수하지 않으면 생산활동을 원활히 할 수 없는 형편이었다. 따라서 그들은 어획물을 임의로 판매할 수가 없고 생산비를 전도한 상고선 또는 객주와 같은 자본가와 사전에 어획물매매의 특약관계를 갖지 않으면 안되었던 것이다.

이와 같은 상고선과 객주에 의한 어류의 유통이 이후에도 특히 서해를 중심으로 성행되었던 것은 그러한 배경 및 전통의 명맥이 이어지고 있기 때문으로 여겨진다.

여기에서는 어획물의 해상유통을 담당하고 있는 상고선의 유래와 조선시대에 있어서의 활동상황을 문헌조사를 통하여 정리하고 이후의 운영상황 등을 시론적으로 살펴볼 것이다.

Ⅱ. 유래

상고선이 대상으로 했던 주된 어종인 조기의 어기는 온난고온의 시기였기 때문에 선도유지의 필요상 일찍이 냉장(빙장)운반법이 발달하였는데 냉장운반이 가능한 출매선을 빙장선이라고 불렀고,[5] 출매선 중에서 규모가 크고 최고로 진보한 것을 냉장선이라고 하였다.[6] 이렇게 명명될 수 있었던 것은 그 당시 얼음이 매우 희귀해서

5) 吉田敬市, 위의 책, 150~151쪽.

일반어선은 얼음을 적재할 수 없었고 자본가에 의한 일부 선박만이 얼음을 사용하여 영업을 해왔기 때문으로 생각된다.

이와 관련하여 냉장운반법이 발달되기 이전의 상고선의 유래에 대한 기록은 찾아볼 수 없었으나, 빙장선[7]의 유래에 대해서는 개략적으로 기록되어 있음을 볼 수 있었다. 이에 대해서 살펴보면 다음과 같다.

빙장선의 경영형태가 성립된 시기는 명확하게 기록된 바는 없으나 『韓國水産誌』에서는 "중선어업의 발달에 따라 어획물이 증대한 결과 자연스럽게 발달되었으며, 그 시작은 아마도 특허빙고의 설립과 동시일 것이다. 그러나 마포 부근에서 그 사업에 종사하는 한 노인의 말에 의하면 옛날부터 그 사업은 영위되었다고 하여 그 창시연대가 근년이 아님은 확실하다."[8]라고 기록하고 있고, 이에 대해서 吉田敬市는 "특허빙고의 설립연대도 명확하게 기록된 바가 없고 빙장선의 발상을 특허빙고 설립당시로 보는 근거는 설명될 수 없기 때문에 그 상호관계는 명확치 않다. 그러나 중선어업의 발달과 함께 본업이 개시되었다는 견해는 한편으로는 수긍할 수 있다. 즉 서해안의 조기 및 민어어업은 당초 연안의 책건이나 일본조로 시작되었고, 그 후에 중국식의 주목망이나 중선어업법 등이 수입되어 어획물의 증대를 가져왔기 때문에 그 결과 운반선이 등장하고 선도유지의 필요상 빙장선이 발달했다고 보는 것은 타당한 해석이라고 볼 수 있다"[9]라고 기술하고, 몇 개의 실례를 인용하여 그의 연

6) 『韓國水産誌』 第1卷(朝水會, 1908), 341쪽.

7) 그 당시 냉장법은 빙장법 이외에는 냉장수단이 없었기 때문에 냉장선은 곧 빙장선을 의미하는 것이므로 본고에서는 용어를 통일하기 위해서 '빙장선'이라 칭하고자 한다.

8) 『韓國水産誌』 第1卷, 341쪽.

9) 吉田敬市, 앞의 책, 152쪽.

혁을 검토한 결과 1897년(명치 30년)경을 그 기원으로 추정하였다.

그가 이와 같이 추정한 것은, 『조선수산지』에 “빙장업은 원래 관의 특허를 필요로 하였으나 수년 전까지 양화진(경성마포의 하류)에 1개소가 있었고 그 외는 전연 찾아볼 수 없었으나 현재는 6개소가 있다.”[10]라는 기록에서의 ‘수년 전’과 조선해통어조합연합회의 순찰선이 서해의 죽도와 연도를 순시하던 중 한국빙장선의 부당한 어류전매를 비난한 박동규가 쓴 보고서 중에서 “수년 전부터 경성에 있는 간상이 관내부에 납금하고 주요어장의 전매권을 얻어 대형선박 8, 9척을 계류시키고 매수하는 소위 빙장선이 있어….”[11]라는 기록에서의 ‘수년 전’의 공통된 연대가 1897년경(명치 30년경)이기 때문이었다.

이와 같은 상고선의 유래에 관한 추정은 얼음을 냉장수단으로 하는 빙장선에 한하는 것이며, 앞에서 인용한 『韓國水産誌』에서 “옛날부터 그 사업은 영위되었다.”라고 하는 한 노인의 말을 참고하면 선도유지 수단으로 얼음이 아닌 소금 등을 사용한 상고선이 1897년 이전부터 존재하였을 것으로 짐작된다. 따라서 이에 관한 사료의 발굴이 요청된다.

아무튼 지금까지의 문헌내용을 요약해 보면, 서해에 풍부하게 형성된 조기어장으로 인한 전문화된 해상유통기구의 필요성과 조기어업자의 영세성으로 비롯된 생산전도금의 필요성이 해상객주형태인 상고선의 출현을 초래하였고, 그 상고선은 얼음을 냉장수단으로 사용할 수 있는 빙장선이 대부분이었으며 1897년경부터 활동이 시작되었고, 얼음을 사용한 빙장수단 이외에 염장수단 등을 사용한 상고선이 그 이전부터 존재했으리라 추정된다.

---

10) 『韓國水産誌』 第1卷, 352쪽.

11) 吉田敬市, 앞의 책, 152~153쪽.

다만 우리나라의 고유한 상인제도를 상매 · 객주 · 거간 · 전당포로 대별하고 있으며,[12] 그중 상고선과 가장 밀접한 관계를 갖고 있는 객주의 기원을 고려 말로 추측하고 있을 뿐이다.[13]

Ⅲ. 조선시대의 운영상황

위에서 살펴본 대로 조선시대 말경부터 활동하기 시작하여 오늘날까지 해상유통을 담당하고 있는 상고선에 관하여 찾아볼 수 있는 지금까지의 기록은 吉田敬市의 『朝鮮水産開發史』, 農商工部水産局의 『韓國水産誌』밖에는 없었다. 또한 그 기록은 상고선의 운영 초기에 해당되는 조선시대 말경에 있어서의 상황만이 횡단적으로 기록되어 있을 뿐이다. 이를 정리해 보면 다음과 같다.

1. 경영주체

빙장선은 원래 궁가, 위문, 부호 등이 자기소유의 어장에서 어획물을 운반하기 위해서 발생한 것이라고 한다. 그 후, 한강 마포 부근의 객주 또는 선주 등 자본가가 대관 등에 금품을 상납, 어업권을 취득하였는데 그를 지주인이라고 불렀고 그 어장에 대한 관청의 허가장을 갖고 있는 어장유권자를 유문권주인이라 칭하였다. 그들의 권한은 그 어장 내에서는 타인의 어업행위를 금하였으며, 혹시 그들의 허락을 얻고 어업행위를 하는 어업경영자는 어획물의 전부

12) 박원선, 『부보상』(한국연구원, 1965), 13쪽.
13) 박원선, 『객주』(연세대학교 출판부, 1968), 9~12쪽.

를 싼값으로 유문권주인에게 매각하는 것이 관행이었다. 그러므로 어장의 유권자는 동시에 어획물의 전매권자가 되어 이중의 이권을 갖고 대단한 세력으로 폭리를 취하였다. 그러나 그 후 그러한 어장권은 인정되지 않았다.[14] 이러한 기록으로 보아 최초 상고선의 경영자는 마포 부근의 자본가였음을 알 수 있다.

그 대부분의 경영자는 마포를 비롯하여 경성 부근의 현석리와 석호, 충남의 강경, 전남의 법성포, 평남의 진남포 등의 객주 및 선주였다.[15]

2. 운영형태[16]

빙장선의 운영형태는 대체적으로 ① 자본가 자신이 경영하는 것, ② 단순히 운반만을 맡는 것, ③ 타인의 자금에 의해 운영되는 것 등 3가지로 분류해 볼 수 있다.

①의 형태는 자본가가 어획물을 해상에서 매수하는 경우와 자본가 자신의 어획물을 운반하는 경우가 있다.

②의 형태는 선주가 일정의 금액으로 수송을 청부하는 경우로써 운반수수료는 어장의 원근에 따라 다르나 범선 150석 내지 200석(1석 120근) 규모의 선박에 8인 내지 10인이 승선하여 한번 왕복하는데 보통 200원 정도였다. 단, 선원의 급료 및 식료를 제외한 얼음대, 출어제잡비 등은 선주가 부담하였다(〈표 1〉 참조).

③의 형태는 그 사업에 경험이 있는 자가 타인으로부터 자금을 차입하여 빙장선을 운영하는 경우로써 차입자금에 대해서 3~4분의

14) 吉田敬市, 앞의 책, 151~152쪽.

15) 吉田敬市, 위의 책, 151쪽.

16) 吉田敬市, 위의 책, 151쪽과 『韓國水産誌』 第1卷, 342~343쪽.

이자를 지불하고 수송에 필요한 제 비용을 뺀 잔액을 출자자와 절반씩 해항 차마다 나누는 경우이다.

〈표 1〉 운영비의 항목 및 금액

항목	금액	
	직영하는 경우	수송을 청부하는 경우
얼음을 적재할 수 있는 선내설비	6(원)	6(원)
가마 300개	20	20
빙대(300가마분)	50	50
제사비	45	45
제잡비	80	80
선장 및 사공급료	20	
선원급료(8인분)	104	
감시역선임자 급료	20	
신발(짚신)대	3	
담배대	5	
백미 4포대	20	
연료비(숯 등)	8	
청부료		200
합계	381	401

3. 승무원[17)]

보통 선박의 용적은 5말(두)이 들어갈 수 있는 가마로 얼음 300가마를 적재할 수 있는 대개 150석에서 200석의 규모이고, 그 승무원은 8~10명이다. 승무원 중에서 우두머리는 수사공이라 하고 그

17) 吉田敬市, 위의 책, 151쪽과 『韓國水産誌』 第1卷, 343쪽.

하위자는 사공, 사격, 동모, 격군 등 계급에 따라 명칭을 달리하고 있다. 그리고 자본가 자신이 경영하는 경우와 운반만을 하는 빙장선에는 선임자라 칭하는 승무원을 승선시키는데 그는 선주가 신뢰할 만한 사람으로서 어획물의 매수 또는 판매에 관한 사무를 처리하였다.

4. 선박신조비 및 운영비[18]

마포 부근에서 냉장수송에 사용되는 선박 한 척을 신조하는 경우에는 신조비 600원과 그에 필요한 어구 등의 설비비 50원을 합하여 650원이 소요되며, 만약 중고선을 구입하는 경우에는 200~300원이 소요되었다.

또한 어획물의 매수자금은 그 대소의 크기에 따라 차이가 있으나 대개 1척 1회의 구입자금이 1,500원 정도로 알려져 있었다.

상고선의 운영비용으로서 자본가 자신이 경영하는 경우와 운반을 청부하는 경우의 비용을 비교한 개산(槪算)의 결과는 〈표 1〉과 같다.

〈표 1〉에서 얼음적재에 필요한 설비비 6원, 제사비 45원은 첫 항차에만 필요한 경비이기 때문에 처음에는 자본가 자신이 경영하는 경우가 청부하는 경우보다 20원 정도, 첫 항차 이후에는 71원의 경비가 적게 소요됨을 알 수 있다.

18) 이하에서부터 장(章) 이전까지는 『韓國水産誌』 第1卷, 340~363쪽에서 인용한 것임.

5. 운영척수

매년 활동하는 빙장선의 수는 100척 내외이나 최근(그 당시) 3년간 마포 부근에서 생선어를 양륙하였던 선박의 대상어획물과 척수는 〈표 2〉와 같다.

〈표 2〉 빙장선의 수

대상어	척수	냉장가능 여부
조기	90	냉장하는 척수 20척, 냉장하지 않는 척수 70척
도미	22	대개 냉장함
준치	18	
민어	30	
계	160	빙장선은 약 90척

6. 어획물의 종류와 매수지역

빙장선이 어획물의 매수를 위해서 왕래하는 곳은 황해도 상산곶 이남에서 전라도의 칠산탄 일대의 어장이었다. 그에 따른 어획물의 종류, 계절, 항해에 요하는 일수에 대한 개요는 〈표 3〉과 같다.

〈표 3〉에서 빙장선이 활동하는 계절은 매년 3월부터 8월까지였으며, 어장과의 왕복은 거리에 따라 다르나 대개 4~5회에 이르렀다.

〈표 3〉 어획물의 종류와 매수지역

종류	매수지(어장)	계절(음력)	항해에 요하는 일수	
			순항 시	천후불순 시
조기	전라도 칠산리	3월	5~6일	14~15일
	황해도 연평열도	4월	2~3일	7~8일

도미	충청도 내도	3~4월	2~3일	7~8일
	전라도 죽도		3~4일	7~8일
	황해도		2~3일	7~8일
민어	강화	6~8월	2일	3~4일
	남양		2~3일	7~8일
준치	인천 강화	5월	2일	3~4일
	충청도 내도		2~3일	7~8일

7. 매수 및 판매가격

해상에서 어획물의 매수방법으로는 먼저 조기와 준치와 같이 크기의 차이가 거의 없는 것은 그 정도를 추측하여 마리당 가격을 정하고, 도미도 대소의 차이가 있다 하더라도 대소를 섞어 마리당 가격을 정해서 매수하였다. 그리고 민어는 대 · 중 · 소 중에서 중간의 것을 표준으로 하고 그것보다 작은 것은 3마리를 2마리로, 4마리를 3마리로 간주하였고, 그것보다 큰 것은 그 반대로 간주하여 매수하였다.

어종에 따른 매수가격은 〈표 4〉와 같다.

〈표 4〉 해상에서의 매수가격

종류	단위	최고가격	최저가격	보통가격
조기	10(미)	20(전)	6(전)	8~12(전)
준치	1	8	5	6
민어	1	20	10	12~13
도미	1	20	10	12~13

그리고 수집된 어획물의 양육지에서의 평균매매가격은 〈표 5〉와 같다.

〈표 5〉 양육지에서의 매매가격 (단위: 1미)

종류		최고	최저	보통
조기	냉동시키지 않은 것	1전2리	9리	1전5리
	냉동시킨 것	3전2리	1전2리	2전
도미	대	30전	20전	25전
	중	15전	10전	12전
	소	12전	7전	8전
준치		18전	6전	10전
민어		25전	14전	18전

양육지의 객주는 중개인의 역할을 수행하며 선상에서 중상인 또는 소매상에게 어획물을 매도하고 하주에 대해서 대금지불의 책임을 갖는다.

그리고 가격을 정하기 어려운 경우 또는 시장가격의 변동이 심할 때는 객주가 책임지고 중상인 또는 소매상이 요구하는 어류를 인도해 경성 내외에서 거래되는 가격을 조사한 후 그 가격보다 2할 내지 3할을 할인해서 감정한다.

선상에서의 매매는 보통 일몰 후 불을 켜고 하였는데 그 이유로는 기온에 의한 얼음의 해빙을 방지하기 위함과 야간에는 고기의 색채나 선도가 드러나지 않는 이점이 있고 다음 날 시장에 나가기가 편리하기 때문이었다.

8. 얼음의 적재 및 어류의 빙장방법

출항에 즈음하여 얼음을 적재하기 위해서 선내에 사각형의 얼음 창고를 만들고 밑바닥에는 갈대거적을 깔고 옆주 위에는 풀거적 또는 빈 가마를 둘러 보온시설을 하였다. 거기에 얼음덩어리를 넣고 덩어리 사이에는 얼음부스러기를 넣어 틈을 메꿔 결국 하나의 큰 얼음덩어리를 만들고 다시 그 위에 몇 매의 거적이나 빈 가마를 덮어 놓았다. 며칠 후 그것을 검사하여 약간의 틈이 생겼을 경우에는 다시 빙편을 넣어 내부로 공기가 유입되는 것을 방지하였다.

그리고 어류를 빙장하기 위해서 먼저 준비한 얼음을 빻아 바닥에 두께 5촌 정도로 깔고 그 위에 어류를 나란히 한 다음 다시 얼음을 깐다. 이때 작은 어류는 옆으로 놓고 큰 것은 비스듬히 배열한다. 이렇게 한 어류는 3~4월경에는 15~20일 동안 두어도 변색이나 변미하지 않으나, 6~8월은 11~14일이 경과하면 얼음이 녹아 부패하기 시작하였다.

어류의 적재량은 선체의 대소에 따라 다르나 대개 얼음 300가마를 적재할 수 있는 빙장선의 경우, 조기 10만 미에서 16만 미(빙장한 것은 20만 미에서 40만 미), 도미 3,000미에서 1만 미, 준치 4,000미에서 6,000미, 민어 3,000미에서 6,000미까지 적재할 수 있었다.

9. 어류의 양육지

경성 부근에 있어서 어류의 양육지는 경성의 남쪽 동막, 현석리, 서호 3개소였다. 그래서 그 장소는 경성 부근 및 한강유역에 있어서 많은 상품의 집산지가 되어 여각 및 객주가 많아 거래가 활발하였다. 그 당시 객주 수는 〈표 6〉과 같다.

〈표 6〉 객주 수

지명	객주호수	생선취급 객주 수
동막	25	3
현석리	10	2
서호	9	5

이상 3개소에 매년 입항하는 생선어를 양육하는 선박 수는 대개 동막 35척, 현석리 45척, 서호 80척의 비율이고 그 생선어의 판로는 경성을 중심으로 해서 부근 2리가 시장범위였다.

10. 빙장업의 상황

그 당시로부터 수년 전까지 빙고는 양화진 외에는 없었으나 그 후 한말에는 한강유역에 완전한 형태를 갖춘 빙고가 6개소에 12개가 있었다. 즉, 양화진(서호의 하류), 흑석동(용산철교 상류), 노량진역 북쪽, 마포(용산의 서쪽), 현석리(마포 하류), 서호(현석리 하류)인데, 그중에서 흑석동과 노량진의 빙장업은 일본인이 직접 경영하였고 나머지는 일본인의 출자에 의해서 조선인이 경영하였다.

위의 빙장업은 단지 빙장선에 소요되는 얼음을 공급할 뿐만 아니라 오히려 많은 부분을 병원, 기타 일반의 위생용에 공급하였다.

빙고의 건축비는 대소에 따라 차이가 있으나, 앞쪽에서 안까지 13간, 문간의 위 폭이 26척, 아래 폭이 20척, 깊이 18척에 지붕이 초가지붕으로 만들어진 경우 1,000원 정도 소요되었다.

매년 음력 12월에 관에서 관리를 두모포(경성 동대문 밖 한강하안)에 파견하여 고지에 담을 쌓고 장빙제를 집행한 후 채빙을 허락했다고 전한다. 그 제사의 기원은 원래 왕가 또는 위문용의 빙고에 관한 것이었고, 어업과는 하등의 관련이 없었으나 후에 빙장업과 관련되어서 거행되었다.

채빙은 엄동계절인 음력 12월 또는 1월, 추위가 최고점에 달했을 때 새벽 2시경부터 일출 전에 도끼를 사용하여 대개 길이 1척 5촌, 폭 1척 정도를 잘라내었다. 그 1매의 무게는 약 5관 정도이고 3매를 한짐으로 운반하였다.

채빙공과 저장공은 경험이 있는 자로서 1일 채빙공은 8명, 저장공은 6명, 운반인부 300명을 고용하여 얼음 1만 관 내지 1만 3,000관을 저장할 수 있었고, 대개 빙고 1개에 15만 관을 저장하였다. 그에 소요되는 비용으로서 채빙공과 저장공의 임금은 140원 내지 150원이 되었다.

저장방법은 절단한 얼음을 빙고 내에 배열하고 접합부분의 틈은 편빙을 넣어 공백을 두지 않고 순차적으로 적재하여 빙고 내 전부를 하나의 큰 빙괴로 만들고 그 위에 멍석이나 빈 가마 수 매를 덮어 외기의 침투를 밀폐시켰다.

이렇게 하여 적재된 얼음은 결국 그중의 2/3는 녹아 결국 1/3만이 판매되었다. 그 가격은 1908년의 경우 춘하에 큰 차이가 없이 1관에 8전이어서 4,000원(8전×5만관)의 수익이 발생하였으므로 위의 총비용을 제하면 2,950원 내지 2,960원의 이익을 얻을 수 있어 당시로서는 수익성이 매우 높은 사업이었다.

빙장선에 쓰인 얼음은 빙고업자로부터 매입하는 경우도 있었으나 대부분은 각자가 작은 빙고를 만들어 저장하였다. 그 빙고가 한때는 100개 이상인 경우도 있었다고 한다.

Ⅳ. 일제 강점기의 운영상황

일본인에 의해 운영된 상고선은 선박의 종류에 따라 범선(어선보다 큰 것으로서 모선의 역할을 수행함), 기선, 석유발동기선, 부선이 있었다.

이들 중에는 작업선과 직접적인 관계를 갖는 것으로서 작업선에 출어자금을 전도하여 작업선과 단체를 조직한 형태와 간접적인 관계를 갖는 것으로서 부정한 어선을 대상으로 독립적으로 기능을 수행하는 형태가 있었다.

또한 어획물의 처리방법으로서는 직접 염장하여 처리하는 경우와 활어 또는 선어를 수송하는 것이 있었다.

1. 모선

모선이란 단체어선의 원선으로서 미리 작업선에 대한 자금을 내고 그 이획물을 매수, 운빈하여 시장에 판매하는 상고선이었다. 그 모선의 종류에는 어획물의 처리방법에 따라 염장모선과 활주모선이 있는데 이들은 작업선과 직접적인 관계를 갖는 것이었다.

1) 염장모선

원래 히로시마에 사는 어느 한 사람이 1889년경(명치 22년경) 그의 소유선을 가지고 단독으로 내한하여 조선의 어선으로부터 어획물을 매우 싼 가격으로 매수, 염장하여 본국에 수송·판매함으로써 많은 이익을 취했다고 전한다. 이는 일본인에 의한 상고선 운영의 최초 형태로서 후일에 일본인에 의한 각종 상고선의 성행을 초래하였다.

그 당시 염장모선의 척수와 종업자는 1906년에는 152척에 종업자 504명, 1907년에는 186척에 558명으로 증가하였다.

이 모선은 주로 도미 연승, 삼치 유망, 안강망어선을 대상으로 보통 5척 정도의 작업선과 단체를 조직하여 봄과 가을 두 계절에 출항하였다. 즉, 봄에는 대개 음력 2월에 와서 6월 말에 귀국하고 가을에는 음력 8월에 와서 12월 말에 귀국하였다.

작업선과의 관계는 먼저 작업선 1척에 100원 내외의 어획생산비를 전도하고 그 작업선으로부터 어획물을 전량 매수한다는 계약을 맺었다. 또한 출항 중에는 작업선에 필요한 쌀, 소금, 기타 일용품의 전부를 공급하고 어대금은 귀국하여 계산해 두었다가 지불은 나중에 추석 전과 섣달그믐에 하였다.

어획물의 가격은 대개 시장가격을 표준으로 결정되었는데 그 당시 남해안에 있어서 도미는 평균 10관에 3원에서 3원 50전 내지 3원 60전이었고, 삼치는 봄을 중심으로 하여 1미에 18전에서 30전 정도였다.

선어는 부산 및 인천시장에 판매하고, 염어는 일본의 규슈지방(下關, 門司, 博多 등)에 판매하였다.

2) 활주모선

활주모선은 활어의 수송판매를 목적으로 하는 것으로서 그 선체에는 활주(수조)장치를 설치하였다. 작업선과의 관계는 염장모선과 거의 동일하다.

활주모선이 매수하는 어류는 도미, 삼치, 넙치, 칠성장어, 바다장어, 가오리, 볼락, 굴비 등이었다. 그 가격은 계절에 따라 다르나 해상가격은 부산수산주식회사에 근무했던 지배인의 말을 빌리면 다음과 같았다.

도미: 4월경에는 10관에 6원 정도였고 1조마다 50전씩 하락하여 7월에는 3원 50전으로 최저가격을 형성하였다. 그러나 7월부터는 점차 올라 11월 초순에는 6원 내지 6원 50전이 되었고 10원까지 오르는 경우도 있었다 한다.

삼치: 활어 매수는 대개 매년 9월에서 11월 중순까지 하였다. 그 당시 9월에는 1미 27전이었던 가격이 11월에는 60전 내지 70전으로 등귀하여 한때는 90전 내지 1원까지 오르는 경우도 있었다 한다.

넙치: 1척 2촌 정도의 1마리가 9월경에는 15전이었던 가격이 대개 10일마다 1전씩 상승하여 11월에는 21전 내지 25전에 이르렀다.

칠성장어: 10관에 3원 25전 내지 3원 50전 정도였다.

활어의 수송방법은 부산을 중심으로 하는 것과 인천을 중심으로 하는 것이 다소 다르다. 즉 부산을 중심으로 하는 것은 부산수산주식회사가 설비한 활주를 빌려 저장하기도 하고 자기의 활주를 설비해서 부산시장 또는 일본으로 수송하였다. 단 일본에 수송하는 것은 주로 칠성장어(붕장어)와 바다장어(갯장어)이고 약간의 도미도 활어로 수송하였으며 그 외는 선어로 수송하였다.

일본의 수송선은 주로 오사카(大阪)였고, 당시 시모노세키(下関)와 오사카 사이에 예선업이 개시되어 착항하기도 하였다. 활어의 매수지역은 대개 영일만에서 서남해에 이르고 매수계절은 동계를 제외한 3계절이었다.

인천을 중심으로 하는 서해안이 조석간만의 차가 심하고 혼탁하여 멀리 떨어진 섬이 아니면 활주를 설치하는 적당한 장소가 되지 못해 자원이 풍부하고 이도인 어청도에서만이 활동하였다. 주로 춘·하계에 인천 또는 군산시장에 수송하였고 일본에 수송하는 것은 극히 적었다. 활어를 어장에서 모선의 활주장치에 넣은 경우 어류가 유영할 수 있는 여지는 없고 바닷물에 겨우 적실 뿐이었으나 폐사율은 적어 죽도에서 운반된 경우 500미 중 폐사되는 것은 30미 정도에 불과하였다.

1903년부터 5개년간의 활주장치를 한 모선의 척수와 종업자는 〈표 7〉과 같다.

〈표 7〉 활주모선의 척수와 종업자

연도	척수	종업자
1903	40	135
1904	52	186
1905	26	97
1906	43	164
1907	53	138

2. 독립운반선

작업선과 직접적으로 관계하지 않는 상고선을 말하는 것으로서, 그 종류에는 기선, 석유발동기선, 부선이 있었다. 이들은 일정한 수수료를 지급받고 모선 또는 한국어선의 어획물을 시장에 판매하였다.

1) 기선

기선을 가지고 운반에 종사한 척수는 1907년(명치 40년)에 4척, 1908년에는 5척이었다. 그중 2척은 상시 한국연해에서 영업을 계속하였는데 1척은 춘 · 하 · 추계에는 서해어장, 동계에는 남해안에서 인천시장으로 선어류를 운반하였고, 1척은 인천시장에 전속된 것처럼 인천에 어획물을 운반하며 때때로 모선을 인예하였다. 나머지 3척은 어기에만 출항하여 영업하고 어기가 끝나면 귀항하였다. 그 수수료는 어획물 매상고의 1할 내지 1할 5분이었다.

2) 석유발동기선

석유발동기선을 가지고 운반에 종사한 척수는 1907년에는 6척에 불과하였으나 1908년에는 7척이 증가하여 13척에 이르렀다. 영업은 주로 부산시장과 어장 사이였으며 인천에 이르는 것은 많지 않았다. 수수료는 기선의 경우와 같았다.

3) 부선

어기 중에 일본인이 한국인의 부선을 임차하여 운반을 한 경우로서, 어상에서 염상어류를 매수하고 편리한 시상에 판매하였다. 안강망 어업이 성행했을 당시에는 50척 정도가 활동하였으며, 영업자는 목포, 군산, 인천에 체류하는 일본인이었다.

4) 기타

그 외 어업에 관계된 운반선에는 소회선이 있었다. 그것은 거류지에서 멀리 떨어진 나잠업자, 대부망어업자를 대상으로 한국 내 또는 일본시장 간을 왕래하며 식량 및 기타 일용품을 공급하였고 주로 어획물제조를 하는 어업단체에 부속된 것이었다. 그 조직은 1조에 1척이 보통이나 규모가 큰 것은 2, 3척을 갖춘 경우도 있었다.

V. 1990년대 초반의 운영상황

이후의 운영상황을 알아보기 위하여 군산에 선적을 두고 고군산열도 및 어청도 부근 등 서해 중부를 중심으로 활동하고 있는 상고선을 대상으로 한 1990년대 초의 면접조사 실시결과를 토대로 그 결과를 재구성해 보면 다음과 같다.

1. 운영형태

1) 기능상의 분류

① 객주 기능을 수행하는 것: 주로 어기가 시작되는 춘계에 출어자금이 부족한 어선에 생산자금을 전도하고 어기 중에는 일용품 및 생산자금을 수시로 공급해 주는 대가로 그 작업선의 어획물을 해상에서 매수하는 형태이다.

② 운반의 기능만을 담당하는 것: 이 중에는 불특정한 어선으로

부터 어획물의 운반만을 담당하는 형태가 있고, 출어자금을 전도하고 작업선의 어획물을 운반·판매한 후 전도금과 운반 수수료를 지급받는 경우가 있다.

2) 운영시기에 따른 분류

① 계절적으로 운영하는 것: 자본력이 있는 어선의 선주가 계절에 따라 상고선의 역할을 하는 형태이다. 예를 들면, 주로 5~8월에 다획되는 조망에 의한 꽃새우어업을 대상으로 상고선의 역할을 하고, 꽃새우 어기가 끝나면 다시 어획하는 형태이다.

② 일년 단위로 운영되는 것: 주로 연안유자망, 연안연승, 연안채낚기 등의 어선을 대상으로 상고선의 역할만을 계속 수행하는 형태이다.

3) 선박의 소유에 따른 분류

① 자기선박으로 운영하는 것: 이 중에는 선주가 직접 승선하여 선장의 역할을 담당하는 경우와 선장 등을 고용하여 운영하는 형태가 있다.

② 타인의 선박을 임차하여 운영하는 것: 일정한 선박에 대한 임차대[19]를 매월 지급하고 선박을 빌려 운영하는 형태이다.

19) 40~50t 규모의 선박인 경우 매월 200~300만 원의 임차비를 지급하였다 한다.

4) 대상어의 종류에 따른 분류

① 활어 및 선어를 취급하는 것: 선박에 활어조를 설치하고 먼바다에서의 작업선의 어획과정에서 산 채로 잡힌 광어, 도미, 우럭 등 비교적 소량의 활어와 나머지의 선어를 동시에 취급하는 형태이다.

② 선어만을 취급하는 것: 자금이 많이 소요되는 활어조를 설치하지 않고 선어만을 취급하며, 대개 25종 내외의 어종을 취급한다.

2. 운영동기

한 상고선 운영자의 말에 따르면 1970년대에는 10여 척의 상고선이 영업을 하여 왔다고 했다. 그러나 1990년대 초에 조사된 상고선은 20여 척(운반선 12척 포함)으로 이후 증가되었음을 알 수 있다. 그 이유를 찾아 보면, ① 어업을 영위할 경우 어획량의 감소로 조업의욕의 상실, ② 어업을 대체할 만한 김양식업 등 타업종으로서의 전환이 간척 · 매립 등 어장환경의 악화로 어려운 실정, ③ 일반어선 선원의 고용은 어려운 반면 상고선 선원의 고용은 잦은 귀항과 사고위험이 적어 선원확보가 용이하다는 점 등을 들 수 있을 것이다.

이와 같은 1990년대 초기 상고선의 운영동기는 자본가에 의해 단순히 어획물의 매매차익을 노렸던 조선시대에 비해 다양화되었으며 그것은 이후의 수산업환경을 반영한 것으로 보인다.

3. 선원 및 임금형태

상고선의 선원은 대개 선장 1명, 기관장 1명, 작업어부 2명, 화장 1명, 사무장 1명 등으로 구성되어 있다. 그 임금형태는 1970년대 말까지는 경비의 제한 잔액을 선주와 선원이 5:5의 비율로 나누는 도중차인짓가림제의 형태를 취하였으나 1980년대에 들어서 대부분 월급제[20]의 형태를 취하고 있다.

이러한 현상은 1980년대에 들어서 선원의 구인난시대가 시작되면서 선원의 확보 및 유지의 문제가 크게 작용한 결과라고 할 수 있겠다. 더욱이 선원의 확보를 위해서는 일정한 선불[21]이 필요한 실정이었다.

4. 전도금 및 운반수수료

객주기능을 담당하는 상고선에 의해 지불되는 전도금은 춘계에 가장 많고 어기 중에 수시로 전도 · 회수되며, 그 1년 결산은 대게 추석절이 관례로 되어 있다. 전도금에 대한 별도의 이자는 없으나 출어자금을 전수한 작업선은 대부분 그 상고선에 어획물을 판매하는 것이 관례로 되어 있었다.[22]

지불금액은 적은 경우는 수십만 원에서 많은 경우는 수천만 원에

20) 대체적인 임금수준은 선장, 기관장은 약 100만 원, 작업인부 및 화장은 약 80만 원, 사무장은 약 90만 원 정도였다.

21) 선장, 기관장인 경우 300만 원에서 500만 원 정도가 소요되었다.

22) 해상에서 상고선끼리 가격경쟁이 이루어지는 경우도 있어 때로는 특약된 상고선 외의 다른 상고선에 판매하는 어선도 있었다. 이 경우에 다음해의 거래관계는 끊어지기 일쑤였다 한다.

이른다. 상고선 운영자 1인이 출어자금을 전도하는 작업선 수는 적은 경우가 7척, 많은 경우는 70여 척에 이른다.

운반만을 담당하는 경우에는 위판고의 10%(위판수수료 공제)가 운반수수료로 지불된다. 이 운반수수료율은 조선시대의 경우와 동일함을 알 수 있었다.

5. 매매가격의 결정

상고선과 어획선에 의한 어획물의 매매가격은 해상에서 이루어지는 매매시점에서 결정되며, 전일의 위판가격[23)]을 기준으로 한다. 면접조사에 의하면, 보통 위판가격 대 매매가격은 10대 7 정도로 거래하고 있었다.

이러한 비율은 조선시대 조기어업을 대상으로 하였던 상고선의 경우 조기 1,000미를 700미로 계산하였던 경우[24)]와 비슷함을 알 수 있었다.

이를 확인하기 위해 1991년도 상고선과 작업선이 거래한 명세서와 수협의 위판실적에서 주요어종에 대한 각각의 거래단가를 비교한 바는 〈표 8〉과 같다.

〈표 8〉 매매 및 위판단가

어종별	매매단가	위판단가	대비율
쭈꾸미	2,102(원)	2,168(원)	96(%)
새우	867	1,088	81

23) 상고선 및 어선관련 정보는 육상의 선주 및 가족과 연락하여 전일의 위판가격에 대한 사항을 무선전화기 등을 이용하여 해상에서 수집한 결과이다.

24) 『韓國水産誌』 第1卷, 228쪽.

소라	2,090	4,583	43
도다리	714	2,730	41
대하	1,328	1,927	69
중하	13,678	21,875	63
꼬록	702	1,272	55
꽃게	1,567	1,719	91
장대	1,176	2,235	52

〈표 8〉의 해상에서의 매매단가와 위판가격의 대비율을 살펴보면, 어종별로 적게는 41%에서 많은 경우는 96%의 분포를 나타내고 있으나 그 산술평균은 66%(표준편차: 18.9)로서 면접조사의 70% 정도에 근접하고 있음을 알 수 있었다.

한편 경험이 비교적 적어 경로영향력(channel power)이 약한 상고선은 작업선의 이탈을 방지하고 장래 작업선을 확보 · 유지할 목적으로 매매가격이 해상에서 결정되었다고 하더라도 실제위판가격이 기준으로 삼았던 전일의 위판가격보다 예상외로 높아진 경우에는 일정비율을 작업선에 비공개적으로 할당하는 경우도 있었다. 또한 상고선과 작업선이 같은 마을의 어촌계원만으로 구성되어 있는 경우에서 그와 같은 가격의 사후조정도 드물게 나타나는데 그 경우는 공동체의식의 소산으로 여겨진다.

6. 상고선을 이용하려는 동기

작업선의 입장에서 상고선을 이용하려는 동기는 ① 출어자금이 부족하여 그를 전도해 줄 대상이 필요하기 때문이었고, ② 연안어장에서의 어획부진의 현상이 장기화되어 일정한 조업일수 동안의 어획량이 귀항하여 위판할 만큼 충분하지 못하기 때문에 자연히 그 어획물의 수집상이 필요했기 때문이며, ③ 어렵게 고용한 선원이 귀항 때마다 도피할 우려가 있어 그 선원을 확보해 두려는 하나의 방편으로 잦은 귀항을 삼가고 도피의 우려가 없는 해상에서 작업을 계속하기 위해서였다.

이와 같은 이유들을 조선시대에 있어서의 그것과 비교해 보면, 첫째의 이유는 기본적으로 동일한 배경이라고 할 수 있으나, 둘째와 셋째의 이유인 수산자원의 고갈 및 어선원 고용의 어려움 등은 이후 수산업환경을 반영한 것이라 할 수 있겠다. 특히 풍부한 어족자원의 배경으로부터 유래된 상고선이 근래에는 그 반대현상으로 수산자원의 고갈이 하나의 동기가 된 것이 주목되었다.

Ⅵ. 결어

조선시대부터 1990년대까지 해상에서의 어류유통에 중요한 역할을 담당해 왔던 상고선의 유래와 운영상황 등에 관하여 조사 · 고찰하여 보았다.

상고선은 영세한 소규모어업자에 대한 출어자금의 전도, 어구 및 생산활동에 필요한 일용품의 공급을 통해서 생산조성 기능을 수행하고 한편으로는 어획물의 수집, 운반, 판매의 기능을 수행함으로 어류유통에서 차지하고 있는 그 경제적 기능에 대해서는 긍정적인 측면도 갖고 있다고 평가할 수 있다.

그러나 이후 상고선의 해상에서의 수산물매매는 합법적인 행위가 되지 못하였고 운반기능을 수행하는 운반선 또한 합법화할 수 있는 법적장치는 마련되어 있으나 현실적인 어려움으로 합법화시키지 못한 채 운영되고 있는 실정이다.

따라서 그 긍정적 측면을 충분히 고려한 제도의 개선은 또 다른 연구과제인 셈이다.

아울러 이러한 비합법적인 상고선의 운영으로 말미암아 이 조사가 폭넓고 상세한 조사가 되지 못했음을 자인하는 한편, 여타지역의 상고선 운영상황과의 비교연구를 통해 보다 객관화하지 못한 점이 아쉬움으로 남는다. 상고선에 관한 미약한 고찰을 보완할 수 있는 자료의 발굴이 요청되는 바이다.

서해에서 유래되어 1990년대 초까지만 해도 활발히 활동하고 있었던 상고선은 현재 크게 변화될 수 있는 상황에 놓여 있다. 즉 서해 수산업의 급격한 변화, 특히 대규모 간척 및 매립의 성행에 따라 수산업의 쇠퇴는 자명한 일로 나타나고 있으며 그로 인하여 소규모어업이 폐업됨으로써 상고선의 존립기반이 없어질 수밖에 없는 상황이기 때문이다. 더욱이 어업환경의 변화에 따라 어업의 효율성을 제고하기 위해 각 기능의 전문화가 꾀해짐에 따라 또 다른 형태로 변화할 가능성이 있을 수 있다고 생각된다. 이러한 상황에서 현재 그 자취조차 찾기 어려운 상고선에 관한 미미한 조사나마 하나의 자료로 남겨놓고자 하는 것이 이 글의 또 다른 의도였다.

참 고 문 헌

吉田敬市, 『朝鮮水産開發史』(朝水會, 1954).
박구병, 『한국수산업사』(태화출판사, 1966).
박원선, 『객주』(연세대학교출판부, 1968).
〃 , 『부보상』(한국연구원, 1965).
『韓國水産誌』 第1~4卷(朝水會, 1908).

제4부

수산교육

Ⅰ. 서언

하나의 산업은 그에 관한 교육과 매우 밀접한 관계가 유지되면서 생성 · 발전 · 쇠퇴해 간다는 것에 관해서는 두말할 필요가 없을 것이다. 따라서 우리나라의 수산업이 사회 · 경제적인 측면에서 중요한 위치를 차지하고 있는 데는 그에 관한 수산교육의 역할이 컸음을 도외시할 수 없을 것이다.

동시에 전북지역이 일찍부터 서해수산업의 중심지로서의 역할을 할 수 있었던 것에도 지리적인 여건과 더불어 그에 따른 수산교육의 공헌이 있었음을 무시할 수 없을 것이다.

그러나 이 지역에서 수산교육을 담당해 왔던 교육기관에 관한 역사적인 자료를 찾아보니, 현행되고 있는 고등교육을 포함하여 근래에 이루어졌던 수산교육에 관한 기록과 자료의 보존은 비교적 잘 되어 있으나, 그 이전에 수산교육을 담당해 왔던 중등수산교육기관에 관한 체계적인 기록이 없을 뿐만 아니라 단편적으로 남아 있는 자료도 산재 · 사장되어 공표화되지 못하고 있는 실정이었다.

따라서 여기에서는 전북지역에서 수산교육을 담당했던 중등교육기관에 관한 사장 · 산재되어 있는 기록과 자료를 찾아내고, 관계자들의 증언을 청취하여 보다 체계적으로 정리해 보고자 한다.

Ⅱ. 정규 수산교육기관 이전의 상황

이 지역에서 정규수산교육기관이 설립되기 이전의 수산교육상황에 관한 자료는 찾아볼 수 없었다. 다만 吉田敬市의 『朝鮮水産開發史』에 우리나라 전체의 상황이 약간 기록되어 있을 뿐이다. 그 내용은 다음과 같다.

> 일정시대 이전의 조선에서는 수산교육 및 지도에 대한 어떠한 기관이나 시설이 존재하지 않았다. 일인에 의한 총감부시대에 중앙에 기사, 기수 11명을 배치했으나 직접적으로 지도면에 진출하는 데에는 미치지 못했다.
>
> 한일합방 후, 1911년(명치44년) 소위 은사수산금이라는 것을 가지고 각 도(통영, 삼천포 등)에 기술원을 배치하여 계절적으로 어업전습소를 개설하여 직접 지도한 것이 어민지도의 최초 형태라고 할 수 있다. 이후 본부와 지방청이 각종 시험이나 실지 지도 및 전습, 강습 등에 힘을 쏟았으나 재정 형편상 충분한 시설을 갖지 못했다는 것과 조선에서는 의무교육이 실시되지 못한 실정이어서 취학적령자의 3분의 2는 미취학자였다는 점 때문에 지도를 행하는 데에 여러 가지 어려움이 많았다. 따라서 어업조합을 결성하고 운영하는 데에도 곤란한 적이 많았다.
>
> 그러나 그 가운데서도 일정기간의 전습을 실시한 후 수료생에게는 어선 · 어구의 구입 등에 대한 보조금을 지원하여 그들을 지도 · 장려한 결과가 좋아져 지방중견어민은 점차 증가하였다.[1)]

따라서 일정한 교육목표와 교육과정을 갖춘 근대화된 교육기관이 설립되기 이전의 우리나라에서의 수산교육은 일본 수산기술자에 의해서 계절적으로 전습소가 개설되어 이루어졌음을 알 수 있다.

Ⅲ. 정규 수산교육기관의 설립

1. 군산(공립)간이수산학교

일제시대에 일본인에 의한 새로운 교육제도가 본격화되면서 간이학교가 설립된 사회적 배경과 목적을 池田林儀의『朝鮮 簡易學校』에서 살펴보면 다음과 같다.

> 그 당시 조선에서는 농촌아동의 약 8할이 교육의 혜택을 받지 못하고 있는 상태였다. 그 원인으로는 학교의 부족을 들 수 있고, 학교가 있다 하더라도 농촌생활의 빈곤함으로 취학할 수 없었기 때문이었다. 그러나 생활의 정도가 점점 나아지면서 문화적 각성이 일어나 농민 간에 향학열이 대두되었으나 재래의 서당교육으로는 충분치 못하였다. 그러나 보통학교의 증설은 국가적 견지에서 매우 힘든 실정이었으며, 특히 교통이 불편한 산간벽지에서는 교육의 혜택을 입는다는 것이 매우 힘든 일이었다.
>
> 그 대책으로서 안출된 것이 간이학교였고, 이는 벽지에 있는 농촌아동의 교육을 위해 설립한 것이다.
>
> 그 설립목적은 ① 조선인으로 하여금 일본국민의 구실을 할 수 있게 하기 위해, ② 일본어의 읽기, 쓰기, 말하기를 할 수 있도록

1) 吉田敬市,『朝鮮水産開發史』(潮水會, 1954), 473~474쪽.

하기 위해, ③ 직업에 대한 이해와 능력을 갖는 사람을 만들기 위해서라고 요약할 수 있다.[2)]

이러한 배경과 목적하에서 군산보통학교에 1910년 병설되었던 군산실업학교가 1911년 11월 1일 군산공립농업학교로 개칭되었고,[3)] 이 농업학교[4)]가 1915년(대정4년) 3월 23일 군산간이수산학교의 부설을 인가받았다.[5)] 이것이 우리나라 정규수산교육기관으로서의 효시라고 할 수 있다.

그 후 2년 뒤 1917년 4월 17일 전남 여수군 소재 여수공립보통학교가 여수(공립)간이수산학교의 부설을 인가받았으며,[6)] 동년 3월 15일 경남(도립)통영수산전습소,[7)] 1922년에는 평북 용암포 수산보습학교,[8)] 그 뒤로 함북 청진수산학교, 황해도 용호도공립수산실습학교[9)] 등이 설립되었다.

처음의 학교위치(전북 옥구군 소재)는 농업학교의 부설이었기 때문에 산간에 있어 수산학교의 성질에는 적합하지 않아 해안을 접한 곳에 교사를 신설하고 1916년 10월 6일부터 농업학교와 분리하여 군산간이수산학교가 설치되었다.

---

2) 池田林儀, 『朝鮮と簡易學校』(活文社, 1935), 2~3쪽.

3) 조선총독부 내무부 학무국, 『조선인교육 실업학교요람』(1938).

4) 군산공립농업학교는 1923년도에 정읍으로 이관되어 현 정읍농공고등학교의 전신이 됨.

5) 1915년 조선총독부 고시 제72호.

6) 1917년 조선총독부 고시 제97호와 여수수산대학, 『개교70년사』(1987), 52~53쪽 참조.

7) 통영수산전문대학, 『통수70년사』(1988), 47쪽.

8) 金生, 「龍岩浦公立水産學校の發展」, 『朝鮮之水産』 第86號, 11쪽.

9) 吉田敬市, 앞의 책, 438쪽.

그 당시는 한반도에 수산학교가 설립된 적이 없어 학교설립을 발기한 자의 어려움은 보통이 아니었다. 우선 도 당국에 그 필요성을 설명한 다음 총독부에 간절히 청원하여 마침내 그 설립이 인가되면 586원의 설비비를 보조받았다. 총독부에 청원한 내용을 간추려보면 다음과 같다.[10)]

> 전북은 해안선이 짧고 어가가 적으며 그 빈약함은 한반도 중에서 1, 2위 정도이나 군산을 중심으로 북으로는 충남에서부터 남으로는 전남 진도에 이르는 해약이 있고, 특히 군산 앞바다에 있는 어청도는 남쪽의 흑산도에서 북쪽의 대청도 사이에 어선의 유일한 정박지 겸 피항지이다. 또한 어청도에서 동지나 산동반도까지의 거리는 멀어도 수심은 60심에 불과하고, 해저는 대개 니사(泥沙)로 되어 있어 각종 어업의 호어장이 형성되어 있다. 고로 일단 어업의 상태를 일신하여 그의 진흥을 도모함에 있어서는 전북의 바다는 활약의 부대가 심히 넓어 결코 비관할 만한 곳이 아니다.

이렇게 해서 우리나라에서 정규수산학교로서 최초로 군산간이수산학교가 설립·운영되었으나, 그에 관한 구체적인 기록은 찾아볼 수 없다. 다만 池田林儀의 『朝鮮と簡易學校』에 기록되어 있는 전체적인 간이학교에 대한 교과목과 매주 교수시수에, "교과목은 수신, 국어 및 조선어, 산술의 보통교과와 직업과목으로 구성되어 있고 매주 교수시수는 매주 30시간 이내로 하며 보통교과와 직업교과의 비율은 대개 2:1로 한다. 단, 보통교과와 직업교과의 매주 교수시수는 1년의 총 비율을 변경하지 않는 범위 내에서 계절에 따라 적

---

10) 黑田恒六, 「群山公立水産學校の内容」, 『朝鮮之水産』, 47쪽.

절하게 조절할 수 있으며, 각 교과목의 매주 교수시수는 학교장이 도지사의 인가를 얻어 정한다."[11]라고 기록된 바를 참고할 수 있을 뿐이다.

한편 수업연한에 관해서는 약간의 혼동을 일으키고 있다. 즉, 池田林儀의 『朝鮮 簡易學校』에서는 일반적인 간이학교의 특징의 하나로서 수업연한을 2년으로 한다고 기록하고 있으나, 여수수산대학의 『개교 70년사』에서는 그 당시 군산간이수산학교를 포함한 여수간이수산학교, 통영수산전습소 등의 수업연한을 1년으로 기록하고 있다. 그러나 여수간이수산학교의 졸업생 상황 등이 비교적 상세하게 기록된 바를 살펴볼 때, 군산간이수산학교의 수업연한은 1년으로 추정된다. 또한 후술할 2년제 군산수산학교의 5회 졸업사진(1927년도)[12]을 살펴보아도 간이수산학교와 수산학교의 졸업횟수를 분명히 구분하고 있는 것으로 보아 군산공립간이수산학교의 수업연한은 1년임에 틀림이 없을 것 같다.

2. 군산(공립)수산학교

1922년 2월 교육령이 개정됨에 따라 군산간이수산학교는 학칙이 개정되어 군산수산학교로 개편되었다. 이 학교에 관해서 黑田恒六이 『朝鮮之水産』에 투고한 「群山公立水産學校の內容」에는 비교적 상세하게 기록되어 있는데, 이것을 제외하면 그 외의 자료 및 증인은 찾아볼 수 없었다. 黑田恒六의 기록 중에서 중요한 사항을 발췌·정리해 보면 다음과 같다.

---

11) 池田林儀, 앞의 책, 5~6쪽.

12) 군산공립수산학교의 5회 졸업생인 故 권득수 씨의 장남이 보관하고 있음.

먼저 교사를 살펴보면 부지 904평에 각 건물의 내역은 〈표 1〉과 같다.

〈표 1〉 교사의 내역

건물명	평수	건물명	평수
교실	24	사무실	13
표본실	10	당직실	3
소변실	7	낭하	6.5
욕실변소	5	실습실	34
물치납실	21	기숙사	30
중호세장	3	계	156.5

수업연한은 2년이며, 입학자격은 ① 연령은 12세 이상 ② 수업연한 6년의 보통학교 또는 심상학교 졸업자 또는 이와 동등한 학력을 가진 자이어서 간이수산학교와는 성격이 다른 실질적인 중등교육기관이었음을 알 수 있다.

정원은 1개 학년에 20명으로써 그 당시 어로실습을 주로 하는 실험설비의 불충분으로(어정 2~3척) 그 이상의 학생을 수용할 수 없었을 뿐 아니라 입학을 원하는 자가 많지 않아 학교장은 도수산과 주임 및 조선수산조합지부장과 동행하면서 도서에 있는 노인들을 대상으로 수산에 대한 인식을 고취시키고 이장, 경찰서장, 보통학교장 등을 초대하여 학교설립의 취지를 설명·권유하여 응모자를 모집해야 겨우 그 수를 충당할 수 있었다. 따라서 학생유치를 위하여 전원 기숙사에 수용하고 식비를 보조해 주는 제도(재학생 중에서 30명)를 만들기도 하였다.

그 당시(1924년)의 재학생 및 졸업생의 상황은 〈표 2〉, 〈표 3〉과 같다.

〈표 2〉 재학생 수 상황

(연령별)

연령 / 학년	17세	18세	19세	20세	21세	23세	24세	25세	26세	29세	계
1학년	4	4	4	3	3	2	2				22
2학년		1	3	3	2	3	1	1	1	1	16

(출신지방별)

연령 / 학년	군산	옥구	부안	고창	김제	충남	평남	평북	경북	전남	계
1학년	1	4	7		1	3	2	2	1	1	22
2학년		4	5	3		3	1	1			16

(부부별)

연령 / 학년	기혼	미혼	계
1학년	12	10	22
2학년	11	5	16

(부모의 직업별)

연령 / 학년	어업	농업	상업	계
1학년	3	17	2	22
2학년	3	12	1	16

〈표 3〉 졸업생 취업상황

직업별	어업	기관사	학생	매판업	교사	관청	회사	가정	기타	사망	계
인원	37	4	2	2	6	3	12	6	3	6	81

그 당시 재학생의 상황을 살펴보면, 그 수가 38명으로 정원 40명을 채우지 못하고 있어 학생유치의 어려움을 엿볼 수 있으며, 전북지역 이외의 출신자들도 상당수 있었음을 알 수 있다. 그리고 졸업생의 취업상황을 보면, 다양한 직업으로 취업률이 매우 높은데 그 중에서도 주로 수산업분야에 종사하는 자가 많은 것으로 보아 졸업

생들 대부분이 중견수산인으로서 지역수산업 발전에 공헌하였음을 짐작할 수 있다.

과학과정 및 매주 교수시수는 〈표 4〉와 같이 일반과목과 수산과목을 매주 27시간, 실습은 10시간 이상 실시하였다.

〈표 4〉 교과과정 및 매주 교수시수

학년별		1학년		2학년	
학과목/시수 및 과정		시수	과정	시수	과정
수 신		1	수신의 요지	1	좌동
수 학		4	산술(주산포함)	4	좌동
조 선 어		1	독서, 해석, 쓰기, 작문	1	좌동
수산	어 로	4	어로법 개론	4	어로법 각론
	제 조	4	제조법 개론	4	제조법 각론
	양 식	4	양식법 개론	4	양식법 각론
	이 과	4	수산동식물학	4	기상학, 해양학, 기계학 대의
	항해운용	4	항해운용개론	4	항해운용 각론
	경제 및 법규	2	어업법규대의		
합 계		27		27	
실 습		10시간 이상		좌동	

실습방법은 여름철에는 주로 어로 및 제조, 그리고 망어구 수선 등의 실습을 실시하고 겨울철에는 주로 편망, 때로는 원료 형편상 제조실습을 하기도 하였다. 어업실습은 석유발동기를 보조기관으로 하는 어선 1척으로 선박운전법을 실습하였고, 특히 체력이 좋고 정신력이 강하며 기관에 대한 소질을 갖고 있는 학생은 기관실습을 시켜 기관사로 양성하였다. 그 당시 실험실습설비 등은 〈표 5〉와 같다.

〈표 5〉 실험실습설비

품명	수량	품명	수량
조어선	2척	망어선	1척
석유발동기	1식	선구	232종
보조기관부선	1척	서적	243권
어구	135종	기계	12점
교구	315점	표본	330점
제조기구	77점		

실험실습을 통하여 생산한 실수액은 총 1,996원이었으며, 그 품명 및 수량은 〈표 6〉과 같다.

〈표 6〉 실험실습 생산내역

품명	수량	품명	수량
민어	229관	가오리	145미
준치	2,115미	염해파리	33정
조기	64,642미	염장어	2,638미
잡어	9,577미	준치유망	5파
도미	276관	안강망	2통
갈치	7,458미		

실험실습에 의한 생산내역을 살펴보면, 그 당시 군산지역에서는 조기, 갈치 등이 다획되었음을 알 수 있다.

또한 학교운영을 위한 경비내역은 〈표 7〉과 같다.

〈표 7〉 경비내역(1923년도 예산액)

비목	금액(원)	비목	금액(원)
봉급	3,612	잡급	3,912
수용비	625	실습비	1,845
잡비	2,005	수선비	310
임시비	693		

〈표 7〉의 경비내역을 살펴보면, 총 경비가 1만 3,002원으로 재학생 40명을 기준으로 나눠보면 학생 1인당 325원의 경비가 소요됨을 알 수 있다. 이러한 경비는 타학교의 3~4배에 해당하는 것이었다. 1940년대 통영수산학교에 근무한 名越正廣는 이에 관해 다음과 같이 기록하고 있다.

> 그 당시 농업학교는 학생 1인당 100원 내지 150원 정도, 여중학교와 고등보통학교에서는 100원에도 미치지 못한 실정이었으나 수산학교는 300원에서 350원, 더욱이 실습선의 건조비를 계산하면 비교할 수 없는 다액의 경비가 소요되었다. 이러한 경비를 학교자체에서 조달한다는 것은 생각할 수도 없어 도 재정의 형편에서 보면 수산학교를 운영한다는 것이 어리석은 일이라고도 할 수 있다. 또한 1년에 겨우 20명 내외의 졸업생을 배출하면서 반수 이상이 타도출신이라는 점을 감안하면 과연 다액의 경비를 투자해서 향토학교로서의 목적을 가진 수산학교를 설치해야 하는가에 대한 회의를 갖는 의견도 적지 않았다. 따라서 수산학교를 각 도에 설치한다는 것은 재고되어야 하며 일단 설립한 이상은 국립으로서 또는 다액의 국고보조비를 지원하여 충분한 설비를 갖추고 본래 학교의 목적과 사명을 달성해야 할 것이다.

그는 이와 같은 맥락에서 군산수산학교가 폐지된 원인을 추정하고 있다.[13] 한편 다른 관련자들의 증언을 종합해 보면 군산수산학교의 폐지 원인은 그 당시 재학생들의 질이 매우 좋지 않았고, 또한 어민이라는 직업이 매우 천하다는 일반사회적 인식으로 말미암아 지원생 수가 극히 적어 학교운영에 큰 차질을 빚었기 때문으로 여겨진다.

이와 같이 해서 군산수산학교는 1927년도(소화2년)에 폐교[14]되고, 그 후 1943년 곰소의 전북수산전습소가 설립될 때까지 전북지역에서 정규교육기관에 의한 수산교육은 이루어지지 않았다.

3. 전북수산강습소

군산수산학교가 폐교됨에 따라 전북지역에서의 수산교육기관이 전무한 상태가 되어 전북에 수산학교의 설립과 수산인재 양성의 필요성이 고조되었다. 이때 줄포출신이던 신세원 씨(그 당시 도평의원)는 대규모 농업과 2~3척의 어선을 보유하고 어업을 영위하고 있었다. 그는 육영사업에 뜻을 두고 전북도에 수산학교의 설립의 필요성을 강력히 주장하였고,[15] 결국 그 뜻이 받아 들여져 1943년

---

13) 名越正廣, 「水産教育の特異性と學校經營に就て」, 『朝鮮之水産』 第134號, 10~11쪽.

14) 교사의 형체는 소멸되었으나 그 위치는 고 김화동 씨(전 군산어업조합 이사)와 차칠선 씨(전 군산사범학교 서무과장)의 증언으로 확인되었으며, 『군산부사』의 기록에 의하면 폐교 후의 교사는 전북수산시험장과 전북수산회가 사용하였고, 김화동 씨에 의하면 교실은 군산어업조합사무실로 사용한 적이 있었다 한다.

15) 전북수산중학교 1회 졸업생으로서 현재 변산중학교 동창회장을 맡고 있으며 곰소국민학교에 근무하고 있는 김행균 선생의 증언.

8월 1일 1년제 전북수산강습소가 사립으로 개설되었다.[16] 그 위치는 그 당시 신 씨의 소유지였던 곰소의 변산중학교였다.

그 외 이 강습소에 관하여 보존되어 있는 자료는 변산중학교에 소장되어 있는 연도별 졸업생 수뿐이다(〈표 8〉 참조).

〈표 8〉 연도별 졸업생 수

연도(횟수)	'44년(1회)	'45년(2회)	'46년(3회)	'47년(4회)	계
졸업생수	23명	18명	23명	24명	88명

출처: 변산중학교에 보관된 자료

전북수산강습소를 설립·운영하였던 신세원 씨는 개소 후 계속되는 재정적 어려움을 현금회전율이 낮은 농업소득으로 극복하지 못하고 결국 개소 4년 만에 폐소하기에 이르렀다.[17] 그동안 전북수산강습소는 총 88명의 졸업생을 배출하고 공립인 전북수산중학교로 승격하게 되었다.

4. 전북(공립)수산중학교

사립으로 운영된 전북수산강습소가 재정적 어려움으로 폐교되자 신세원 씨의 장남 신명근 씨는 모친의 권유로 부친의 유업을 잇고자 공립수산학교의 설립운동을 하였다. 그래서 전북도에 자기의 소유지 30만 평을 기부하는 조건으로 수산중학교의 설립을 요구하였고[18] 그의 요구가 받아들여져 1948년 8월 14일 인가를 얻고 동년

16) 신세원 씨의 장녀 신경근 씨의 증언.

17) 위 신경근 씨의 증언.

10월 1일 수산강습소 위치에서 개교되었다. 그때 강습소 소장을 역임하던 권득수 씨(군산수산학교 5회 졸업)가 최초로 교장서리를 맡게 되었다.

한편 신명근 씨의 토지 30만 평의 소유권은 전북도에 넘어갔으나, 운용은 수산중학교에서 맡아 거기에서 나오는 생산물이 교사들의 복지에 사용됨으로써 교사들의 복지수준[19]이 타학교에 비해 높아 우수한 교사진을 갖출 수 있었다.[20]

1, 2학년에 수강하였던 수산관계 과목으로는 수산개론과 실습뿐이었고, 3학년의 교과과정은 보관된 기록이 없어 정확히는 알 수 없으나 1회 졸업생 김행균 씨의 말에 의하면 어로에 관계된 2~3가지의 과목만을 수강하였다.

4년제[21]로 출발한 전북수산중학교는 도중에 교육령의 개정에 따라 개교 3년 만인 1951년 1회 졸업생 46명을 배출함[22]과 동시에 변산중학교(3년제)와 변산수산고등학교(3년제)로 각각 학제가 개편되어 같은 교정에서 운영되었다.

5. 변산-줄포(공립)수산고등학교

전북수산중학교의 폐교와 동시에 변산수산고등학교가 1951년 9월 23일 개교되었다. 연도별 교과과정과 졸업생수를 알아보기 위해서 현

18) 김행균 선생의 증언.

19) 경작한 콩과 쌀이 교사들에게 지급되었다.

20) 그 당시 교사였던 김범숙 선생(전 군산대학교 교수)의 증언.

21) 위 김범숙 교수에 의하면 그 당시 중학교의 수업연한은 6년이 보통이었으나 경우에 따라 4년도 있었다 한다.

22) 변산중학교에 소장된 기록.

재 줄포공업고등학교에 보관되어 있는 학적부를 살펴본 결과 〈표 9〉, 〈표 10〉과 같았다.

위의 교과과정의 편성을 보면, 그때까지도 분야별 학과가 설치되지 못하고 주로 어업 중심의 교과목이 절대적으로 많이 편성되어 있는데, 이는 그 당시 어업 중심의 수산업 구조에 따른 당연한 것이었다고 할 수 있다.

〈표 9〉 교과과정

과목 \ 연도	1951 ~1954	1952 ~1955	1953 ~1956	1954 ~1957	1955 ~1958	1956 ~1959	1957 ~1960	1958 ~1961	*1959 ~1962
수산개론	0	0	0	0		0	0	0	0
어로	0	0	0	0	0	0	0	0	0
해양기상	0	0	0	0	0	0	0		0
선박운용	0	0		0	0	0	0	0	0
항해			0	0	0	0	0	0	0
해양			0					0	0
수산생물			0	0	0	0	0	0	0
기관									0
어법									0
어구	0	0							
제조	0	0	0						
증식	0	0							
수산경영									0
수산자원									0
실습	0	0	0	0		0	0	0	0

출처: 줄포공업고등학교에 보관된 당시의 학적부를 필자가 정리한 것임.
참고: *는 줄포수산고등학교.

〈표 10〉 졸업생 상황

횟수	입학연월일	졸업연월일	졸업생 수(명)	졸업생 누계(명)
1	1951.9.23	1954.3.1	28	28
2	1952.5.1	1955.3.26	16	44
3	1953.5.5	1956.3.25	43	87
4	1954.4.12	1957.3.27	25	112
5	1955.4.6	1958.2.28	12	124
6	1956.4.5	1959.3.2	8	132
7	1957.4.8	1960.3.3	4	136
8	1958.4.3	1961.3.2	6	142
9*	1959.4.1	1962.2.9	20	162

출처: 줄포공업고등학교에 보관된 당시의 학적부를 필자가 정리한 것임.
참고: *는 줄포수산고등학교.

변산수산고등학교는 곰소에서 1958년까지 운영되다가 1959년도에 줄포로 이관되면서 줄포수산고등학교(줄포중학교와 교정을 함께 사용)로 개칭되었다.

줄포로 이관되었던 배경을 살펴보면 다음과 같다. 그 당시 곰소는 교통이 불편한 오지여서 학교는 〈표 7〉에서 보는 바와 같이 이관 직전(1956~1958년도)의 학생 수가 10명도 채 되지 못하는 운영난을 겪고 있는 차에 그 당시 서해수산업의 중심지이며 인구가 많은 군산으로의 이관을 계획하고 도당국과 협의하였으나 부지매입 등 도의 재원부족으로 군산으로의 이관을 이루지 못하고 곰소보다 교통이 편하고 인구가 많으며 그 당시 고등학교가 설립되지 않았던 줄포로의 이관을 합의 · 결정한 것이다.[23)]

줄포로 이관된 줄포수산고등학교는 곰소에서보다는 학생 수가

23) 김범숙 교수의 증언.

늘어났으나(〈표 7〉 참조), 줄포항은 점차 포구 내 뻘이 가속적으로 형성되어 어항으로서의 기능을 상실해 갔다. 이에 자연히 어업이 쇠퇴해 가는 동시에 지원자 수의 미달상태가 이어졌고, 결국 군산초급수산대학 병설수산고등학교의 설립과 때를 같이 해서 곰소에서의 이관 3년 후 1962년 줄포수산고등학교는 폐교되면서 줄포고등학교로 개칭(1992년도에는 공업고등학교로 개칭됨)되었다.

6. 군산수산고등학교

군산의 사범학교가 1도 1사범학교의 설치방침에 따라 폐교됨에 이어서 1962년 2월 17일 고등교육기관인 군산초급수산대학의 설립이 인가되었고, 동년 3월 6일에는 그 초급수산대학에 병설수산고등학교의 설립이 인가되어 동년 4월 10일 개교식을 가졌다.

24학급으로 운영되었던 군산사범학교의 시설을 인수한 군산초급수산대학(4개학과, 8학급)은 잉여시설의 효율적인 운영과 줄포수산고등학교의 폐교에 따른 군산 및 인접지역의 중학졸업자들에게 수산교육을 받을 수 있는 기회를 부여하여 인적자원을 확보하기 위한 방안으로 병설수산고등학교를 설립하게 된 것이다.

병설수산고등학교에 설치 및 인가된 학과는 어로과, 제조과, 증식과, 조선과(후에 기관과로 변경) 등 4과였으며, 정원은 1개과에 각각 60명 모집으로, 이 지역에서는 처음으로 중등교육을 통한 분야별 전문인력이 양성되었다. 학과별 교과과정(군산대학교 수산대학에 보관된 자료: 일반 교육과정 제외)은 〈표 11〉과 같다.

〈표 11〉 학과별 교과과정

1) 어업과

교과목명	구분	1학년	2학년	3학년	계
수산일반	필수	8			8
해양기상	동	8	4		12
수산생물(Ⅰ)	동	8			8
해양훈련	동	8			8
수산경영	동			2	2
어로	선택	6	12	14	32
항해	동		10	6	16
운용	동		10	8	18
수산자원	동			4	4
무선통신	동	4			4
항해계기	동		10	4	14
수산법칙	동			2	2
종합실습	동			20	20
계		42	46	50	134

2) 제조과

교과목명	구분	1학년	2학년	3학년	계
수산일반	필수	8			8
해양기상	동	8	4		12
수산생물(Ⅰ)	동	8			8
해양훈련	동	8			8
수산경영	동			2	2
수산가공	선택	6	8	8	22
수산화학	동		8	6	14
수산미생물	동		10	8	18
냉동	동		6	10	16
수산생물(Ⅱ)	동		8	4	12
기계설계공작	동		2	4	6
수산법규	동			2	2
종합실습	동			20	20
계		38	42	54	134

3) 증식과

교과목명	구분	1학년	2학년	3학년	계
수산일반	필수	8			8
수산일반	동	8			8
해양기상	동	8			8
수산생물(Ⅰ)	동	8	8		16
해양훈련	동	8			8
수산경영	동			6	6
수산화학	선택		8		8
수산미생물	동		10	2	12
수산증식	동	6	16	18	40

4) 조선과

교과목명	구분	1학년	2학년	3학년	계
수산일반	필수	8			8
수산일반	동	8	8		16
해양기상	동	4			4
제도	동	4	4		8
조선	동	2		10	12
박용기관	동	2		6	8
기계공작	동	4	2		6
재료열역학	동	2	4		6
공업수학	동	2	4		6

수산자원	동			8	8
수산생물(Ⅱ)	동			8	8
수산법규	동			2	2
종합실습	동			20	20
계		38	42	54	134

5) 기계과(조선과에서 과명 변경)

교과목명	구분	1학년	2학년	3학년	계
수산일반	필수	8			8
해양기상	동	8	4		12
박용기관	동	4	4	8	16
해양훈련	동	8			8
기관설계공작	선택		2		2
박용기계	동		4	4	8
열역학	동		4	4	8
제도	동		8		8
기관영어	동	2	2		4
보일러	동	4	4	6	14
증기기관	동	4	6	6	16
해사법규	동			6	6
금속재료학	동		6	2	8
종합실습	동			20	20
계		38	40	56	134

박용전기	동		8	4	12
해양훈련	동	8	8		16
어로	선택			4	4
어선설계	동		4	4	8
기계영어	동			2	2
항해계기	동			4	4
보일러	동			4	4
종합실습	동			20	20
계		36	40	58	134

위의 교괴괴정의 구분에는 필수와 선택으로 구성되어 있으나, 실질적으로는 학교사정으로 인하여 학교에서 일방적으로 선택과목을 지정하여 모든 학생들이 동일하게 이수하도록 하였다.

또한 병설수산고등학교의 실험실습과 교육과정 운영에는 많은 어려움이 있었다. 즉, 사용할 수 있었던 시설은 본관 건물의 교실 일부와 교무실이 전부였고, 실험실이나 기자재는 초급대학에서 관리하고 있어서 그 시설을 이용하고자 할 때는 대학 측에 허락을 받고, 시간을 조절해야 했기 때문에 원활한 실험실습을 할 수 없었으며 일부 과는 교수의 부족으로 대학 측 교원의 출강에 의존할 수밖에 없는 어려움이 있었다.[24]

병설수산고등학교는 1965년 11월 군산수산고등전문학교(5년제)의 설립이 인가됨에 따라 1966년도에 폐교되고, 재학생만을 위해서 존치되다가 1968년 4회 졸업생을 마지막으로 문을 닫았다.

그동안의 졸업생 상황은 〈표 12〉와 같다.

〈표 12〉 졸업생 상황

학과 / 연도(횟수)	어로과	제조과	증식과	조선과	기관과	계
1965(1회)	31	34	21	25		111
1966(2회)	40	43	30	36		149
1967(3회)	22	19	16		23	80
1968(4회)	16	14	13		15	58
계	**109**	**110**	**80**	**61**	**38**	**398**

출처: 군산대학교 수산대학에 보관된 자료에서 정리.

군산의 (병설)수산고등학교가 폐교됨에 따라 현재까지 연안을 끼고 있는 지방 중 전북에서만 중등교육기관에 의한 수산교육이 이루어지지 않고 있다.

한편 1962년도에 설립된 군산초급수산대학은 1966년도부터는 직업교육강화정책의 일환으로 5년제 군산수산고등전문학교로 개편되어 고등교육기관으로서 중등교육과 고등교육에서 비교적 일관성

24) 군산초급수산대학에 재직했던 이길래 교수의 증언.

있는 직업교육을 이루었으나, 한편으로는 중등교육생과 고등교육생에 대한 학생지도상의 문제점과 도중 탈락생이 많이 발생하는 문제점을 지니고 있었다. 이러한 상태에서 이 학교는 1974년 9월에는 수산전문학교(2년제)로, 1979년 3월에는 수산전문대학으로 개편되었고, 1992년 3월에는 군산수산전문대학과 군산대학교와의 합병으로 군산대학교수산대학으로 개편되었으며, 1994년도부터는 군산대학교 해양산업대학 및 해양과학대학으로 개칭되어 수산 및 해양분야에 관한 종합적인 교육연구기관으로 성장을 꾀하고 있다.

Ⅳ. 결어

지금까지 전북지방에서 수산교육을 담당해 왔던 중등교육기관에 대한 발자취를 더듬어 보았다.

앞에서 살펴본 대로 전북지방에서 수산교육을 담당해 왔던 기존의 중등교육기관은 설립과 폐교를 거듭하면서 결국은 전폐되었고, 유일하게 군산대학교 해양산업대학만이 고등교육기관으로서 현존하고 있다.

이 지방에서의 중등수산교육기관의 설립과 폐교의 과정을 살펴볼 때, 우리나라에서 정규 수산교육기관의 발상지인 군산에서부터 수산교육이 최초로 이루어지기 시작하여 곰소, 줄포를 거쳐 연쇄적으로 다시 군산에서 높은 수준의 수산교육이 현행되고 있음에 순환되는 역사의 미묘함을 느낄 수 있다.

군산간이수산학교 이후, 이 지방에서의 중등교육기관에 의한 수산교육은 여수, 통영의 경우와는 달리 일관성 있게 유지되지 못하고 여러 지역을 순환하면서 시간적 간격을 두고 이루어져 왔다. 이러한 배경 중의 하나는 군산을 위시한 전북지방이 산업적인 측면에서 수산업보다는 농업의 비중이 높을 수밖에 없는 지리적 여건을 갖고 있던 탓에 자연히 수산에 관한 관심과 열의가 상대적으로 적었기 때문이 아닌가 한다.

한편, 지금까지 우리나라에서 발간되었던 교육사, 지방사, 학교사에 관한 문헌에서 우리나라 최초의 수산교육기관이 군산간이수산학교였다는 사실을 밝히고 있는 자료는 거의 찾아볼 수 없었다. 다만 吉田敬市의 『朝鮮水産開發史』를 인용한 장수호 교수의 논문[25]에서 단편적으로 소개되어 있고, 여수수산대학의 『개교 70년사』에서는 그에 관한 사실을 밝히고는 있으나 약간 수정되어야 할 부분이 발견되었다.

필자는 그에 관한 좀 더 구체적인 사실을 발굴하기 위하여 노력해 보았으나, 그 당시 관련자들이 이미 고인이 되어 증언을 충분히 청취할 수 없었고 보관된 사료가 거의 없어 기대한 만큼에 크게 미치지 못하였다.

그에 관한 자료가 지금까지 체계적으로 정리되어 공식화되지 못한 이유 가운데 하나를 살펴보면 여수수산대학, 통영수산전문대학 등과 같이 간이수산학교 및 전습소로 시작하여 그 맥을 이어 가면서 개편을 거듭, 현재에 이르고 있기 때문에 일관성 있는 사료의 보존과 기록이 용이했다고 볼 수도 있지만, 전북지역의 수산교육기관이 그 설립과 폐교에 있어서 시간적인 간격이 때로는 컸고 전쟁 등 나라의 어려운 상황하에서 여러 지역으로 이전을 거듭했다는 점에서 기록된 관계 사료의 분실이 많았을 것으로 여겨진다.

이 글은 그나마 남아 있는 적은 사료와 증언자들을 찾아 정리해

25) 장수호, 「수산경영학의 본질에 관한 고찰」, 『수산경영론집』 Vol. No.1, 21쪽.

본 것이며, 이를 기초적 자료로 해서 앞으로 발간되는 교육사 및 지방사에 관한 문헌에서라도 앞에서 밝혀진 것들이 좀 더 구체적으로 수정 · 보완 · 삽입되어 역사적인 사실로 기록되기를 바라마지 않는다.

아울러 앞에서 언급한 것과 같이 전북의 수산중등교육기관들의 설립과 폐교가 시간적인 간격을 두고 여러 지역을 순환해야만 했던 그 당시의 산업, 사회의식, 교육정책 등 여러 배경이 충분히 설명되지 못한 점이 끝내 아쉬움으로 남는다. 이는 필자의 능력 및 사료의 부족이라고 변명하면서 차후의 연구과제로 남겨 놓는다.

참 고 문 헌

金生, 「龍岩浦公立水産學校の發展」, 『朝鮮之水産』 第86輯, 11쪽.

吉田敬市, 『朝鮮水産開發史』(朝水會, 1954).

名越正廣, 「水産教育の特異性と學校經營に就て」, 『朝鮮之水産』 第134號, 10~11쪽.

여수수산대학, 『개교70년사』(1987).

장수호, 「수산경영학의 본질에 관한 연구」, 『수산경영론집』 Vol. XVII No.1, 21쪽.

조선총독부 내무부 학무국, 『조선인교육 실업학교요람』(1938).

조선총독부고시 제72호(1915).

〃 제97호(1917).

池田林儀, 『朝鮮と簡易學校』(活文社, 1935).

통영수산전문대학, 『통수 70년사』(1988).

黑田恒六, 「群山公立水産學校の內容」, 『朝鮮之水産』, 47쪽.

부록

1. 수산관련 신문기사 자료

2. 어청도 일본인 이주어촌 관련 자료

1. 수산관련 신문기사 자료

- 每日申報(1931年 7月~1944年 8月)

『每日申報』 38권

1931.07.29. 74 잡보 釜山, 木浦, 仁川, 鎭南浦 등의 각 港口와 鴨綠江 연간에 水路 안내인을 두어 일반 여객선의 편의를 도모하였는데, 최근 1년간에 그 안내인의 지도를 받아 출입한 선박 수는 仁川 1,138척, 群山 913척, 木浦 49척임.

1931.07.31. 90 광고 朝鮮慶南鐵道株式會社에서 8월 1일부터 京城-群山 간 전선개통, 長港-群山 기선연결을 시작한다고 광고함.

1931.08.01. 98 광고 朝鮮慶南鐵道株式會社에서 8월 1일부터 京城-群山 간 전선개통, 京城-群山 간 직통열차 소요시간 7시간 정도. 長港-群山 기선연결을 시작한다고 광고함.

1931.09.03. 334 잡보 지난 달 하순의 폭풍우로 全北 각지에서 그 피해상황을 보니, 群山 일대가 피해가 가장 큼. 지난 달 26일 古群山 각 島嶼로 고기잡이 나갔던 364척의 어선 중 1척이 난파되고 18척은 행방불명이라고 함.

『每日申報』 39권

1931.11.25. 130 잡보 조선 연안에 위치한 각 燈臺에서 조사한

결과에 의하면 昭和 6년 10월 중의 통과 또는 出入港 선박의 총수는 23,186척임. 이 중 群山은 346척임.

1931.12.01. 175 잡보 전북 水産試驗場에서는 管內 沿岸 干潟地利用 開拓의 일환으로 금년도에도 계속하여 扶安郡 山內面 石浦里에서 기본조사를 실시함. 沃溝郡 沃溝面 下○里, 沃溝郡 米面 巫女島, 沃溝郡 米面 仙遊島 등 전북 일대에 기술원을 파견함.

1931.12.06. 215 잡보 이번에 全北水産會에서는 수산회 사업으로 東濱海岸 수산시험장 앞에 제1종 警報 시설을 설치하기로 결정함.

1931.12.14. 275 잡보 群山 제2기 築港이 8년도에 실현될 계획임.

1931.12.14. 275 잡보 群山 · 長項 간에 3,700,000圓의 예산으로 鐵橋를 가설할 예정임.

1932.01.20. 511 잡보 올해는 기후가 너무 따뜻한 관계로 朝鮮 근해 겨울철 어업은 예년에 없는 부진을 겪고 있는 상태라고 함. 群山 근해는 한층 더 심해 수용이 많은 ○만 제법 풍획이고 나머지는 부진함.

1932.01.20. 515 잡보 지난 16일 오후 2시경 金堤郡 進鳳面 古寺里에서 群山 방면으로 오던 나룻배가 전복되어 선원 2명과 선객 6명이 물이 빠짐. 다른 배에 발견되어 모두 구조됨.

1932.01.23. 535 잡보 長項과 群山을 결합시키는 連絡船 승객은 충남 전선을 개통한 8월 이후로 점차 증가하는 경향임.

1932.01.29. 579 잡보 전라북도 水産試驗場 소유선박인 豊沛丸에 라디오를 据置하여 海洋氣象 상태를 빠르게 알려

해양 조난사건을 예방할 수 있게 함. 지난 25일부터 시작하였는데 群山港에 성박 중인 선박은 물론 인근 島嶼로 출범 시에도 기상통보를 하게 됨.

1932.01.30 587 잡보 沃溝郡 米面 開也島 어업조합과 莫食島 어업조합은 서로 合併하여 米面 어업조합으로 새로 조직하게 됨. 작년 7월 12일 各總代會를 거쳐 當局에 합병신청을 하였는데 12월 5일부로 認可를 받았다고 함. 현재 群山府 東濱町 전라북도 수산회 내에 사무소를 설치하고 업무를 개시함.

조합장: 韓眞玉 이사: 中村二郎

감사: 李敬水, 文太洪, 金成文 서기: 金化同

1932.02.03 615 잡보 沃溝郡 米面 開也島 어업조합과 오식도 어업조합은 서로 합병하여 미면 어업조합으로 새로 조직하게 됨. 작년 7월 12일 各總代會를 거쳐 當局에 합병신청을 하였는데, 12월 5일부로 認可를 받았다고 함. 현재 群山府 東濱町 전라북도 수산회 내에 사무소를 설치하고 업무를 개시함.

조합장: 韓眞玉 이사: 中村二郎

감사: 李敬水, 文太洪, 金成文 서기: 金化同

1932.02.13. 683 잡보 全北水産懇談會

1932.02.17. 711 잡보 해상에 漂浪하는 어업자를 구조하기 위기 위해 전북수산회에서는 簡易生命保險을 설계 중임.

1932.02.20. 735 잡보 全北水産會는 總會를 지난 15일 오전 10시부터 열어 昭和7년도 예산 및 기타사항을 협의함.

1932.02.21. 743 잡보 전라북도 수산회에서는 전라북도 내 600여 어업자들의 상호 복지증진을 위하여 簡易保險에

가입하게 함으로써 구조책으로 확립하고자 道 지방비 보조를 신청하여 救濟組合을 설립하고자 함.

1932.02.23. 755 잡보 全北水產會에서는 제10회 總代會를 15일 동회 내에서 개최하고 전북수산회 更生策 建議案을 當局에 제출하기로 결정함.

〈更生策 내용〉

· 水產指導試驗船을 우수하게 개선할 것.
· 道 수산시험장에 水產加工擔任技術官 배치와 製造調查出張所를 설치할 것.
· 機船底曳網의 取締를 철저히 기할 것.
· 群山에 測候所를 설치할 것.
· 群山에 海事出張所 및 派出所를 설치할 것.
· 群山港에 航海表識을 증설할 것.

『每日申報』 40권

1932.03.20. 152 잡보 面目一新한 群山船友組合－200여 선원들의 상호 교육과 단결을 위하여 群山船業組合이 群山船友組合이라 명칭을 고치고 개선하였음.

1932.04.23. 397 잡보 群山 부근 연해에서는 豊漁期로 白魚 어선이 가득한데 이들 중 몇 척은 항로를 방해하는 곳에 정박되어 群山署에서 취체함.

1932.05.13. 537 잡보 群山 근해에서 바다 속의 괴물인 소위 人魚를 포획하였는데 이는 세계에서도 매우 드문 것으로 여러 가지 기관이 인간과 흡사함.

1932.05.15. 549 잡보 群山港이 豊漁期에 들어와 어선이 빽빽

히 숲을 이루어 아연 魚市場이 형성됨.

1932.05.15. 553 잡보 어획기를 앞두고 해상에 출몰하는 密漁船이 많아지자 群山警 察署에서는 근해를 경계하던 중 밀어선을 발견하여 정지시켰는데 도주한 후 또 밀어하다가 결국 붙잡혀 처벌받았다고 함.

1932.05.18. 569 잡보 근일 群山 근해는 해류의 기류관계로 石首魚가 흉어라 한산함.

1932.05.31. 665 잡보 群山府와 全羅北道에서 朝鮮 수산물의 滿洲 진출을 추진하고 있는데 의문이 생기는 것은 上海보다 저렴한데 운임이 지나치게 높아 本府에서 조사 후 계속 추진할지 결정한다고 함.

1932.05.31. 665 잡보 群山 근해의 어획은 주요 상품이던 鯛魚는 불황이고 오히려 鰆魚가 풍어라고 함.

1932.06.06. 713 잡보 全朝鮮에서 일제히 착수하는 海上國勢調査 즉, 해류·해수 온도 등의 조사를 5일부터 시작하는데, 群山 水産試驗場에서도 조사단이 4일 對馬島로 떠남.

『每日申報』 41권

1932.06.30. 83 잡보 群山府會를 중심으로 17일 항만조사회 총회를 열고 만장일치로 결의하여 群山 築港 수축·금강철교가설 실시를 총독·총감에게 陳情.

1932.08.05. 355 잡보 群山 제2기 築港 공사와 금강철교 가설 문제를 당국에 관철시키기 위해 群山府民이 노력 중이나 낙관하기 어려우며 금강철교는 우선 토질 조사

중임.

1932.09.13. 644 잡보 錦江鐵橋 실측-群山

1932.09.17. 675 잡보 昭和 7년도 전국 水産會議가 개최되는데 群山府에서도 출석해 滿洲 방면에 생선과 乾鹽의 수출에 대한 판로 확장 방법을 조사할 예정.

1932.09.26. 740 잡보 群山 漁民들이 24일 沃溝 군수와 群山 경찰서장에게 밀어자로 인한 피해가 많으니 그들의 면허장을 몰수하라고 진정.

1932.09.26. 741 잡보 群山府 수입에 불리한 沃溝 米面 어업 조합의 확장-어업자 간에도 일대분규는 면하기 어려움.

『每日申報』 42권

1932.10.09. 31 잡보 金東培 외 2명이 群山 沃溝郡 米面 新侍島 부근에서 지난 2일 延繩漁業 중 오후 9시쯤 돌연 대폭풍우로 배가 파선되어서 그들은 이튿날 오전 5시까지 해상에서 표류하던 중 다른 어선이 발견하여 3명을 구조하였다고 함.

1932.10.24. 135 잡보 이번 어획기에 好漁를 본 群山 근해는 추기 어획기에 임하여 여러 대량의 어획대책을 當業者간에서 강구하고 있다고 함.

1932.10.25. 140 잡보 全北 水産試驗場의 계획은 群山 근해에서 海苔를 양식하고자 하며 이식시험도 성적이 양호하다고 함.

1932.10.28. 164 잡보 錦江 架橋의 成否를 조사한다고 함. 群山 築港도 병행하고자 본부에서 기술원이 23일에 來郡

하여 5일간 자세히 조사하기로 함.

1932.11.11. 260 잡보 群山府 근해에서는 근래 비상히 갈치 새끼가 많이 어획되어 그 비늘을 이용하여 모조 眞珠를 手作하니 실로 호평을 얻었기에 이를 유망시하는 群山府와 全北 水産試驗場에서는 합동으로 이 제작을 계획하고 강습회를 개최한다고 함.

1932.11.16. 296 잡보 갈치 새끼의 비늘로 만드는 모조진주가 유망하여 群山府는 普通學校 졸업생 12명, 소학교 졸업생 8명을 각각 학교에 보내 강습을 시키기로 하였으며, 제품은 大阪으로 이출하여 가공 후 시장에 내놓는다고 함. 주문한 제작기는 조만간 도착할 터이라 함.

1933.01.09. 666 잡보 群山府 西端町 津毛百六의 소유 보조 汽船 佳丸은 선장 외 3명의 선원을 태우고 群山港을 출발하여 法聖浦, 釜山을 지나 浦港으로 향하던 중 本月 3일 오전 小鹿島 부근에서 좌초되어 침몰함. 다행히 승조원은 구조되었고 기타 손해 등은 조사 중임.

1933.01.27. 801 잡보 全北道 水産會에서는 12월 1일부터 선박 선원 ○○講習會를 개최 중이던바 20일에 종료됨. 동 1년 후 일시부터 群山府廳 樓上에서 종료식을 거행.

『每日申報』 44권

1933.06.24. 264 잡보 東濱 漁市場은 4대 이유를 들어 절대 반대. 群山府 어상들도 진정서를 제출.

『每日申報』 45권

1933.11.02. 428 잡보 제2기 築港 문제를 누차 陳情했으나 실현이 없자 群山府민 대회를 초순경 개최하기 위해 준비 중임.

1933.11.09. 472 잡보 群山, 沃溝 소재 어업자들이 漁業組合 신설 예정.

1933.11.22. 568 잡보 群山의 船舶 부족으로 부두에 30만 석의 쌀이 밀려 쌀의 시세가 날마다 떨어진다고 群山 米穀組合 간부가 當局에 陳情.

1933.11.23. 576 잡보 群山 근해의 漁獲高가 연 2,000,000圓을 돌파하자 水産會에서 상세히 조사한 후 시설완비를 道에 陳情함.

1933.11.25. 588 잡보 群山 客主組合 創立 總會 準備.

1933.11.28. 608 잡보 전라북도는 群山水産品評會 개최를 계획.

1933.11.30. 624 잡보 群山의 船賃 協定(1월부터 4월까지 83圓)이 성립됨.

1933.12.03. 648 잡보 群山에서 개최할 水産品評會 준비 예산은 25,000圓으로 전북도 産業課가 주최.

1933.12.16. 744 잡보 群山沃溝 漁業組合에서는 내년부터 地區를 확장하기 위해 계획 중이며 全北水産會社와 협력함.

1933.12.21. 780 잡보 群山 근해의 漁區 확장 설치로 겨울철에도 고기잡이를 할 수 있게 되어 전북의 수산이 증가할 것임.

『每日申報』 46권

1933.12.26. 15 잡보 沃溝郡 米面 於靑島에 漁港의 시설과 방파제 개축을 명년에 실시하기 위해 道 당국에서 실지조사까지 하여 내년 봄에 공사에 착수한다고 함.

1934.01.18. 161 잡보 금년은 群山 개항 35주년으로 群山府에서는 이를 기념하기 위해 博覽會를 개최하려고 준비하는데 佐藤 府尹과 공직자 간에 협의하여 이 박람회를 道 주최로 하도록 청원함.

1934.01.18. 161 잡보 群山 加藤精米所는 작년 9월에 준공한 이후 수백의 남녀직공을 수용하고 있는데, 임금을 올려준다고 하고 오히려 삭감해 직원들이 이를 알리고자 罷業을 단행하여 警察署에서 조사 중이라고 함.

1934.01.19. 169 잡보 群山府의 현안 문제들을 추진하기 위해 공직자 연합 간담회까지 개최하여 위원을 선정하였고, 25일 상부에 진정하기로 함.

1934.02.11. 340 잡보 群山府에서는 모조 眞珠 제조 강습생을 모집하는데, 종래의 강습회 내용을 일신하고, 실지 사업에도 종사한다고 함.

1934.02.13. 352 잡보 群山 漁業組合에서는 10일에 通常議員을 선출하는데 4구역으로 나누어 일제히 거행한다고 함.

1934.03.06. 508 잡보 群山府에서는 流民層의 구제책으로 금년도에 모조 眞珠 제작을 시험한 결과 상당히 좋은 성적을 거둬 9년도에는 이를 확장하여 모조 眞珠 외에 細工紡績을 실습시키고, 직공 장려관도 건설할 계획

이라고 함.

1934.04.21. 41 잡보 오는 5월 1일은 群山 개항 35주년으로 그 동안 群山府에서는 기념으로 群山 개항 축하회를 금년 가을에 성대히 거행할 것이라고 함.

1934.05.16. 216 잡보 全北 水産品評會를 群山에서 개최한다 하여 준비위원회를 지난 11일 群山府廳 樓上에서 도내 관계자가 회합하기로 함.

1934.05.16. 216 잡보 全北 水産品評會를 10월 11일부터 17일까지 1주간 群山에서 개최하는데, 이때 朝鮮 특산품 전시 판매도 같이 개최하기로 함.

1934.05.23. 272 잡보 朝鮮米의 內地 이출이 증가했는데 鮮航同盟會는 배선을 줄이기로 해서 鎭南浦와 群山에서 근심하고 있다고 함.

1934.05.25. 284 잡보 全北道內의 어업진흥에는 통제에 있는 단체를 필요로 함으로 道 당국에서는 於靑島, 古群山, 高敞, 群山, 邊山, 衣服洞의 조합을 설립하고 판매 규정을 세우기 위해 全北 수산계에서도 기초 공작을 완성함.

1934.05.26. 293 잡보 全北 水産魚市場을 群山漁組가 매수하였는데 이는 府營 魚市場의 의탁과 동시에 통제의 제일보로 간주됨.

1934.06.17. 458 잡보 제13회 각 도 수산협의회는 朝鮮水産會, 忠南·全北 水産會의 공동주최로 하는데 제1일은 14일 忠南道廳 제1회의실에서 하고, 제2일은 群山府廳에서 16일에 하는데 각 道에서 희망조항을 제출함.

1934.06.21. 486 잡보 지난 16일 群山府廳에서 全鮮 수산회 打

合會를 개최하였는데 阿部 내무부장과 佐藤 群山府尹의 임석하에 吉四 朝鮮水産會 총회장의 개회선언으로 시작해 각 도 수산회의 제안에 대하여 打合을 진행함.

1934.06.30. 554 **잡보** 沃溝郡 於青島는 금년도 漁港의 개축을 시행하여 면목을 일신하게 되었고, 東洋 · 日本 두 포경회사가 於青島에 진출하기 위해 道에 신청하였고, 道 당국도 허가할 의향이 있다고 함.

1934.07.13. 651 **잡보** 群山港의 築港 준성 후에도 하륙 하역비는 고율이므로 朝鮮 港灣協會와 勞動團體의 타협점의 성립을 위해 群山商議에서 조정하기로 함.

1934.07.15. 666 **잡보** 이번 가을에 개최될 水産品評會에 대해 群山府廳 樓上에서 제2회 협의회가 지난 12일 오전에 열림.

1934.07.16. 674 **잡보** 湖南地方을 순시 중인 井上 국장은 예정에 따라 지난 11일에 群山에 도착하였는데 이것을 기회로 群山府의 유지들이 於青島의 무전, 항로표지와 郵便局 신축 등을 요망한다는 진정서를 냄.

1934.07.22. 718 **잡보** 全北 於青島 근해의 풍어로 忠南의 수산계가 활약함.

1934.07.31. 793 **잡보** 群山을 중심으로 全南北, 忠南北 4도민이 교통 · 산업 · 경제적으로 연결되어 있어 도민대회를 통해 道와 總督府, 중앙 要路에 청원해 錦江鐵橋 가설과 群山 築港이 가결됨.

『每日申報』 48권

1934.08.18. 134 잡보 群山 築港과 錦江鐵橋는 현실성이 충분함.

1934.09.08. 289 잡보 群山 제2기 築港 추진운동 개시-群山 제2기 築港 문제로 인하여 지난달에 道民大會를 개최하고 上府 각 要路에 陳情書를 올렸음.

1934.10.14. 550 잡보 全北 高 道知事 이하 다수의 임석하에 17일 오전 11시 群山府廳에서 全北水産品評會 開會式을 거행하였다 함.

『每日申報』 49권

1934.12.09. 151 잡보 攝津商船 鳥海丸이 群山으로부터 木浦에 항해하던 중 8일 오전 3시 10분 木浦口下下納德島에서 좌초되었는데, 선체에는 이상이 없어 위험은 없다고 함.

1934.12.28. 284 잡보 古群山 해태양식 成績이 양호함.

『每日申報』 50권

1935.03.05. 44 광고 朝鮮郵船 株式會社 汽船 출범 광고-서연안선(木浦發, 群山發, 仁川發).

* 중간 부분은 생략(필자주).

1935.04.19. 448 광고 朝鮮郵船 株式會社 汽船 출범 광고-서연안선(木浦發, 群山發, 仁川發).

1935.04.20. 454 잡보 ○○局에서 自給自足을 할 수 있는 鹽田

을 群山 附近에서 찾음.

1935.04.25. 495 잡보 群山府議 유권자가 130명이 증가했는데, 內鮮人 1,577명 중에서 內地人이 ○○○명 增價되었다고 함.

『每日申報』 51권

1935.06.15. 165 잡보 群山에 두 개의 港口를 구축하기로 하고, 130萬圓의 예산을 신청하였음.

1935.07.23. 506 잡보 尼崎汽船의 활약으로 阪神·仁川·群山의 三角路가 개척되었음.

1935.08.23. 792 잡보 政府 소유의 조선쌀 50,000石의 大阪 移送은 ○○汽船의 손으로 群山과 大浦에서는 거의 모두 종료하였음.

『每日申報』 52권

1935.08.30. 60 광고 朝鮮郵船 株式會社 汽船 출범 광고-서연안선(木浦發, 群山發, 仁川發).

* 중간 부분은 생략(필자주).

1936.05.15. 788 광고 朝鮮郵船 株式會社 汽船 출범 광고-서연안선(木浦發, 群山發, 仁川發).

『每日申報』 54권

1936.05.20. 48 잡보 群山의 近海인 七山에서는 石白魚의 기지

로서, 매년 고기를 잡는 기간이 되면 朝鮮 각 지역의 어선들이 모여드는 곳임. 작년 酷寒으로 약 20일이 지연되었으나, 이곳에 몰려든 어선은 무려 1萬여 척이 되고 이 어선뿐만 아니라 일반어민들도 모여들고 있어 群山港에 활기를 띠고 있음.

『每日申報』 56권

1936.10.11. 4 광고 朝鮮郵船 株式會社 汽船 출범 광고-서연안선(木浦發, 群山).

* 중간 부분은 생략(필자주).

1936.12.24. 795 광고 朝鮮郵船 株式會社 汽船 출범 광고-서연안선(木浦發, 群山發, 仁川發).

『每日申報』 57권

1937.03.10. 11 광고 朝鮮郵船 株式會社 汽船 출범 광고-서연안선(木浦發, 群山發, 仁川發).

* 중간 부분은 생략(필자주).

1937.05.22. 790 광고 朝鮮郵船 株式會社 汽船 출범 광고-서연안선(木浦發, 群山發, 仁川發).

『每日申報』 59권

1937.05.23. 12 광고 朝鮮郵船 株式會社 汽船 출범 광고-서연안선(木浦發, 群山發, 仁川發).

* 중간 부분은 생략(필자주).

1937.08.07. 794 광고 朝鮮郵船 株式會社 汽船 출범 광고-서연안선(木浦發, 群山發, 仁川發).

『每日申報』 60권

1937.11.02. 10 광고 朝鮮郵船 株式會社 汽船 출범 광고-서연안선(木浦發, 群山發, 仁川發).

* 중간 부분은 생략(필자주).

1938.09.28. 615 광고 朝鮮郵船 株式會社 汽船 출범 광고-서연안선(木浦發, 群山發, 仁川發).

『每日申報』 65권

1938.10.27. 59 잡보 지난 16일 밤에 扶安 근해에서 沃溝郡 米面 飛雁島 李善益 소유 어선이 풍랑에 의해 난파됨. 승조원 15명 중 생존자는 겨우 2명이라고 함.

『每日申報』 67권

1939.04.25. 92 잡보 全羅北道 水産會 및 道 漁業組合聯合會, 도내 각 어업조합 공동주최로 어촌 時局認識映畵會를 개최할 것이라고 함. 5월 1일 群山組合 관내, 5월 2일 古群山組合 관내, 5월 3일 於淸島組合 관내.

『每日申報』 72권

1940.06.29. 4 잡보 충남 江景과 전북 望城 魚市場에서 분쟁이 발생하여, 群山에 관계자 등이 중재함.

1940.07.25. 232 잡보 群山 부근 해안에 颱風이 상륙하여, 선박 3척이 전복하고 群山港 貨物에 막대한 피해를 줌.

1940.07.29. 271 잡보 8월 1일부터 群山에서 어획한 생선을 朝鮮 각지 및 滿洲에 貨車로 운전할 예정.

『每日申報』 73권

1940.11.26. 506 잡보 지난 16일 보조범선이 竹島沖 부근에서 격침했다고 群山 海事出張所에서 19일에 발표. 아직 조사 중이라고 함.

『每日申報』 82권

1943.05.10. 50 잡보 船員 인재를 육성하고자 群山에 船員養成所를 신설할 예정이라고 함.

1943.05.30. 162 잡보 朝鮮 海事保國團에서는 늘어나는 船員의 수요에 대응하고자 今年 내로 全北 群山港에 海員養成所를 개설하고 지금 제1회 입소생을 모집 중이라고 함.

『每日申報』 84권

1944.08.13. 620 공고 配給과 市勢-生鮮: 本店으로 木浦, 釜山, 群山, 麗水, 元山, 新浦, 浦項으로부터 시오삼마, 아나고, 하모나○, 이지, 고에베 등이 입하되어 東大門區, 龍山區, 永登浦區에 극소량이 배급됨.

1944.08.16. 628 공고 配給과 市勢-生鮮: 本店으로 釜山, 麗水, 群山으로부터 다○, 하모, 사와라, 삼마, 후구동 등이 입하되어 東大門區, 龍山區, 永登浦區에 약 1/5씩 배급됨.

1944.08.25. 656 공고 配給과 市勢-生鮮: 本店으로 釜山, 元山, 群山으로부터 하모, 시지미○○ 등이 입하되어 東大門區, 龍山區, 永登浦區에 극소량이 배급됨.

1944.08.27. 664 공고 配給과 市勢-生鮮: 本店으로 麗水, 群山, 淸津, 長項으로부터 시와, 에비, 히사게, 마구로 등이 입하되어 城東區, 西大門區에 극소량이 배급됨.

1944.08.30. 672 공고 配給과 市勢-生鮮: 本店으로 釜山, 麗水, 群山으로부터 시와라, 하모, 시지미, 에비 등이 입하되어 城東區, 西大門區에 약 1/6씩 배급됨.

2. 어청도 일본인 이주어촌 관련 자료

- 國重節, 『學校沿革誌』, 1915. 7.

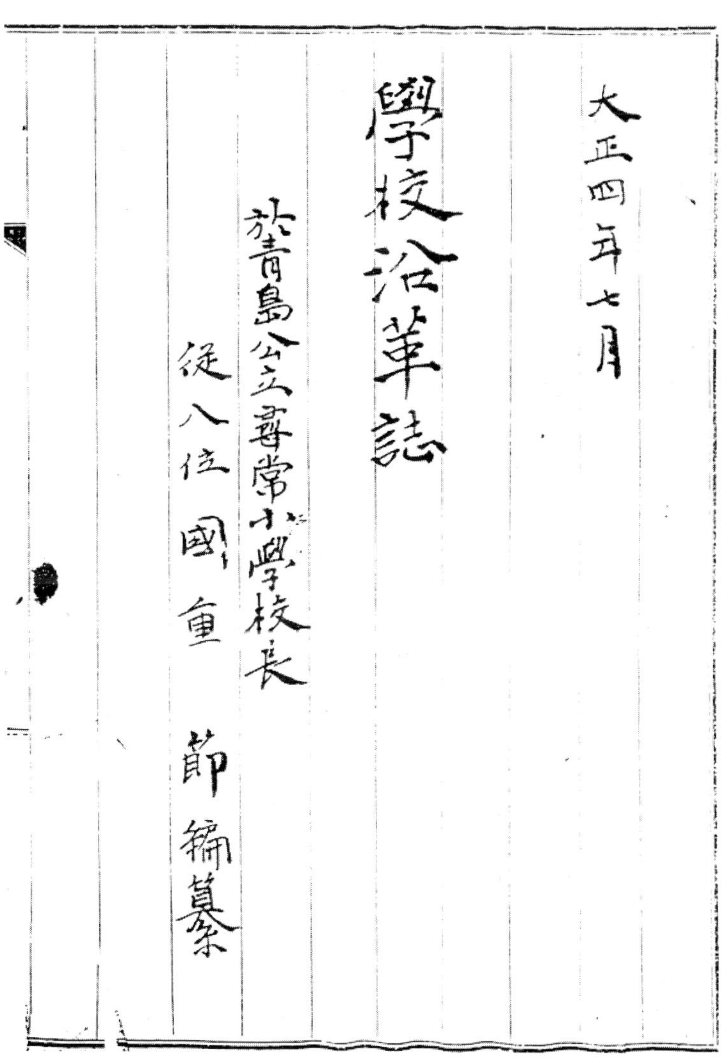

大正四年七月

學校沿革誌

於青島公立尋常小學校長

従八位 國重 節 編纂

凡例

一、此の沿革史は本校創立以前に遡り編纂せり

一、記録の類へきなきものは大上勘助氏の助力に成る多し今氏は本島に居住すること茲に十三年能く本島の状態に熟しられければなり以て敬意を表す

一、史中の人名は凡て敬語を用いず普通の体裁に由れり

一、史中本島産業の事あり沿革史としては何等関係なきもの丶如く考ふるも此盛衰は直接教育に影響するものなれば彼此参考の為め記入したり

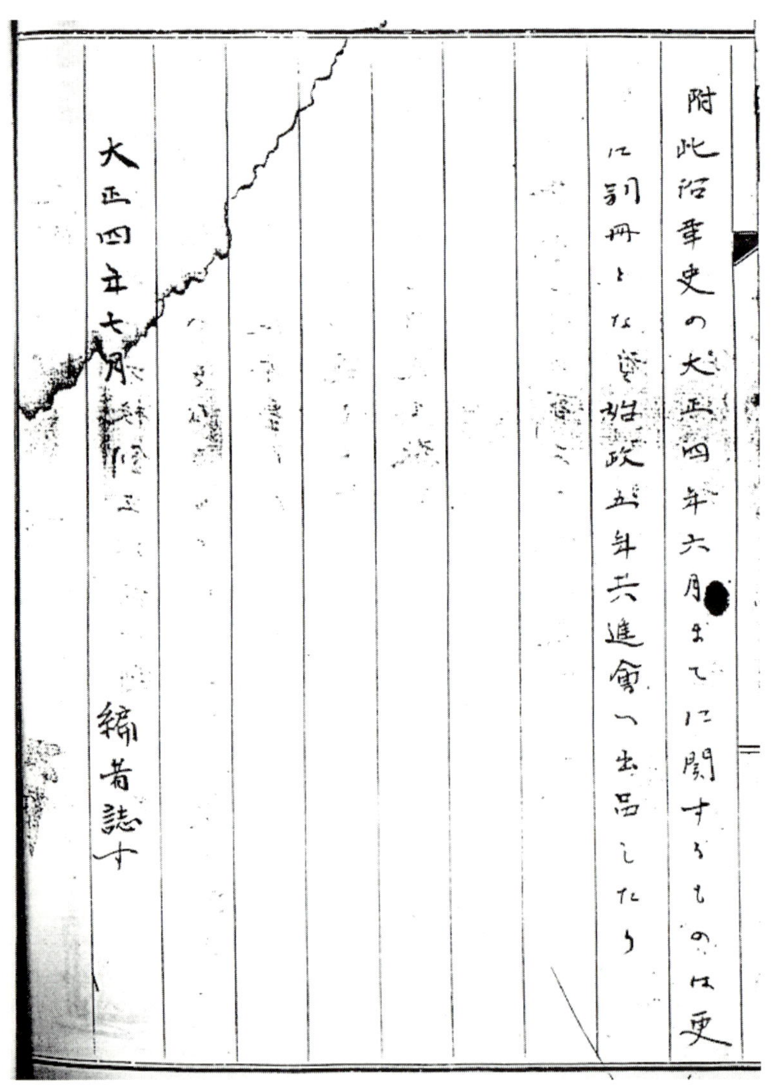
附此沿革史の大正四年六月までに関するものは更に副冊となし始政五年共進會へ出品したり

大正四年七月　編者誌す

大正十一年五月調
本島
島全一三五五五八
字
北緯三六度三八分

沿革史

本校の沿革を誌さんには、勢ひ本島に於ける内地人移住の状勢に立返りて之を録するの必要ありければ其概畧より誌さんに、今は二十餘年前明治二十六年日本人の移住せしものの數名を始めとし鯛の漁業に従事せんとして來るもの徐々に其數を増加しつ、歳月を経過して明治四十年の頃に至れりき、されは人々も漸次加はりて學齢児童も十數名に達せしかども之か教育に付ては全く其道なく、心ある人は皆大いに其不便を感じ居たりしなり、有志の父兄は止むなく子弟を群山、仁川に

昭和十六年八月摘
明治三十八年
十二月三日於
青島警察
官駐在所創
設

出して就學せしめしも、其便利なるものは止むを得ず
可惜時日は不學裡中に經過せしものなり、是より先明
治三十六年人口の増加は通信機関の必要を生じけん
時の管轄廳たる仁川理事廳に郵便局の設置を出願し
たり、されは幾何もなく之を認可せられ最初の局長錄
甲某は来て局務に從事し居たりしも、端なく日露の開
戰となり去て仁川に帰りたれは、郵便事務は明治卅七
年三月以後凡半年間は全く閉鎖せられたるか、其後再ひ
開局し並に熊本縣人武部忠恕なる人夫妻来て郵務を
開始したりしかは其妻女(現今郵便所長の母堂)は教育

あろ人なりけれは之にともふて彼の不憫なる児童を托しけれは最初明治廿九年には僅か三名なりしも四十一年には八九名となれり此の開かれたる教育場は則ち本島教育機関の起源にて武部夫人の効勞は本校と共に朽ちさることにてありけれ之を概括すれは

初明	校舎	児童数	學年	継續
明治廿九年	武部氏住宅	初明三名 終八九名	一學年より三學年まて	明治四十二年より本校へ継續す

其後日露の戰ひ終局となり明治四十年前後に至りては住民劇増して戸数約五十、人口雇漁人を合して約一千内外を数ふるに至る、之れ一戸にして漁夫四五十

名義を内地より雇ひ入れて専ら鯛漁に従事せしもの数十戸ありたれはなり実に本島は往年より樹木鬱葱として繁茂し海水深く湾入して其の周囲は魚属の好んて棲息すへく天然の漁業地たりしなり本島移住者の増加し来つて漁利を得んとするもの多きを加ふるは其故なきにあらさるなり。

爰に愛知縣人杉浦孝本となん呼へる人ありけり、頗る公共の心厚く教育の必要を悟れる特志者なりけれは本島の状勢に鑑み大いに居留者に謀り校舎を建築し完全なる教育を施さはやとて百方盡砕したり、必す果さすんは止まさる決心もて小學校建築を以て全く已れの任となしたりき斯くて地民の協賛を得自ら有志者大上勘助(現今の管理者)大内吉兵衛の二名を伴い仁川理事廳に出頭して當時の現状を具に上申し尚も理事官の書面を乞い受け之を携へて統管府に出て陳情して建築費補助の申請を為したり當局者大いに之を是認し立ろに金貳百円を下賜せられたれは各々此擧の甲斐ありしを悦ひつゝ直ちに仁川に於て建築材料一切を購入したり又一方仁川民團長に謀り不用に屬せし児童用古卓子腰掛廿脚を金五円にて賣却を乞い

たり茲に於て全部運送し特に本島に上陸せんとする
や豫て荒れ模様なりし天候は益険悪となり暴風怒濤
に変しければ積荷の材料は陸上げすること能はずし
て悉く風波の為めに浚はれ去りたる大悲惨事に遭遇
したるなり折角の勞苦全く水泡に帰せしは誠に遺憾
極りなし返すくも嘆惜すへき事にそありける是れ実
に明治四十一年九月の事なりき。
斯くて止むへきにあらされは熱心なる彼は再ひ地民
の同意を得て之より先き組織されたる地曳網組合よ
り金三百六拾円を借り入れ再ひ仁川に至り更に新に

材料を購入し尚ほ仁川民團長にも重ねて古卓子の賣却をこひけれは過般の惨事に同情せられ廿脚の古卓子腰掛の無償寄贈を諾せられたるなり（現今使用しつゝある旧式の卓子腰掛即ち是れなり）茲に於て新築に着手することを得始めて素志を達することゝなりたるなり然れとも経費尚ほ不足して落成まてに要する金額は更に三百七拾餘円を計上すへけれは之を寄附に仰きたるに順境豊富たる本島の状勢なりけれは此金額も餘り難からすして調達することを得たるなり茲に於て海岸を距る二町の山麓を校地にトし地民をし

990 924 2.47 950

地番 地積坪
八〇 田 四三
八〇 田 七五
八五 垈 一五九
九〇 垈 一八
一七七

（三、二アール）
畑百十八坪
地番九〇番
右学校園実習地ハ昭和六年七月廿六日於青島公立普通学校移転敷地ニ譲与セリ

て開拓せしめ貳百廿五坪の地を得たり、遂に明治四十
二年三月新築落成を告ぐるに至りしなり、杉浦孝本其
人の功績今尚ほ嘖々たる誠に故ありと言ふべし當時
を以て本島の全盛時代とす之を左表に概括すれば

第一期教育事業	島勢	在留民（當時）	臨時寄校地開拓	校舎建坪	建築費財源	地所價額
自明治卅七年至今四十三年	全盛時代	戸数四七、人口一九五	約八〇〇、	~~二十~~ 一七七坪	一三五坪 七三〇、餘円 借入金 寄附金	一二〇、円

地番八五番

なり

明治四十一年より本島に日本人會なるものを組織し
杉浦孝本之が會頭たり、從て教育事務は凡て日本人會
長の管理する所となれり茲に於て教員兼學校長に廣

島縣平民落合寿九郎を聘す（職員異同表参照）

編者曰く明治四十二年度以後に於ける統計的事項は之を別紙一覧表となし主要の事項を除く外之を本文中に誌さす以て閲覧に便せんす

明治四十二年四月廿六日開校児童を収容し於青島日本人會立尋常小學校と称す

六月三日教育勅語を奉戴す

此月杉浦孝本安興に移轉したれは南條静茂を以て日本人會長の事務を取扱はしむ

十月二日落合ケエウ教員心得を命せられしも直ちに罷むへき事情に會す

此月落合校長は愛児(三キサ)を喪ひ其十一月より服忌休業中病氣を發したり、然るに本島にては遂に療養の道なきを以て、家族と共に居留民も加はりて、群山病院に入る病稍癒えたれとも再ひ帰校すること能はす其侭退職帰國せさるへからさる境遇となりけれは今地より直ちに帰縣の途に上りしは遺憾と云ふへし茲に於て休業一ヶ月に亘れとも後任者なき為め當地在留者たる宇藤某を臨時雇となし児童教育を囑托したり

明治四十二年末資産表

校地		建物		圖書價額	備品價額	合計
坪数	價額	坪数	價額			

二二五坪 一二〇円 一三、五坪 三〇〇円 九、五〇円 一〇一、五六円 五三一、〇六円

明治四十三年三月十九日福岡縣人柴田藤太教員兼學校長に任命せらる

三月十六日是れより先き統監府令を以て學校組合令を達せらるゝや直ちに該令に準據し從來の日本人會を廢し於青島學校組合を改称することを決議し令時に於青島學校組合立尋常小學校と改称す

五月五日生徒五名を引率し仁川を經て京城へ修學旅行を為す十三日帰校せり

據て校舎建築に當り地曳網組合より借入れし金三百

六拾円の始末に就ては已に六拾円返却し残額三百円は網代株の所有数に應して寄附金を募り之を返済する事なりしも其結果は自分に出金して自分に受領すへき事となるへけれは各株主協議の上悉皆棄捐することゝなり彼の組合債に屬する三百円は寄附金の性質に解決したりとそ之か全盛時代の餘力といふへし

編者曰く彼の全盛時代に於ける居留民の状態は頗る裕福にして各戸何れの家に於ても常に金銭堆く金庫より溢れ出で居たりしとそ如何に楽園地たり

しかを想像すへし

五月七日大上勘助管理者に任命せらる。

五月十四日學校組合に変更の為め校長に更めて辭令書を交付せらる。

九月一日柴田マチヨ教員心得を命せらる。

明治四十二年六七月以後は漁業漸次振はす魚族大いに其数を減せり蓋し数年前より彼の鬱蒼たる樹木は支那人及鮮人の為めに濫伐せられ全島禿山同一の形態に変しけれは彼の魚族の生命とも頼むへき陰を失へ魚族は凡て山林に樹木ありてたると一方潮流変化し海面の陰となる所を好む

の結果にや主要の魚類たる鯛属は本島附近に群集せすして其棲息地の方面を変更したればなり
茲に於て島勢忽ち一変し彼の全盛時代は一夢の裡に経過し去り漸次衰運に移れり然れとも住民は全部其居を他へ移転せすして僅かに足を止むる者は彼の餘勢を以て尚は本島を経営せんとせしもの、みなり嗚呼戒むへきは山林の濫伐なるかな必す海と陸とを問はさるなり
明治四十三年十一月廿六日、忠清南道鰲川郡の所轄となる。

明治四十三年前後より島勢衰運時代に屬する住民は漸く山野に樹木の必要を知りけん之が伐木を禁したりしは今より（大正四年）より僅か四年前の事なり現今草木の生育真補に就きたりと雖もまた以て魚族の倚るべき樹陰となすには足らざるなり之を以て以前の状態に復するには尚ほ数十年の後たるべく前途誠に待遠なることゝす

明治四十四年四月十四日山葉オルガン三号形一臺を購入す本島は當時衰運時代の状態なりければ樂器の設備業すべくもあらず全く有志の寄附金を仰ぎしも

のなりしと云

今四十四年十月一日柴田校長辞職して忠清南道廳に

入る今時に教員心得柴田ケチヨ辞職を止む

編者曰く從來校長を更ふること茲に三人就中柴田

校長は其在職僅かに一年有半其期間長からさるに

拘はらす成績の見るへきもの多く存在せり其教授

に熱心たりしことは當時児童の成績に徴して明かな

り恩威並ひ行はれ父兄の信任厚く児童能く服從し

教授訓練の顯著たりしことを認めり宜なるかな其

袂別に臨み児童も父兄も皆其袖を絞らさるものな

当りしことそ編者は柴田校長に一面識を有せすと雖も其効績の大なりしには敬慕止まさる所なり偏に在職の長からさりしを憾みと寸時に記して後者の参考に供す

是より先き學校林~~壱畝廿八歩~~二百九七坪學校園廿十八坪を設置す

十月二日兵庫縣平民八木冨太郎教員兼學校長となる

明治四十五年四月一日小學校官制實施せらる。

此の月四月三疊の温突を設く

大正元年十二月十七日兵庫縣平民八木ヤエ囑托教員を命せらる

六月廿三日忠清南道警務部長服部中佐来校。

七月廿一日諒闇となる大正元年と改元せらる。

八月廿一日本島の西山に三角点を建設せらる、

五月於青島燈臺を建設せらる本校を距る北及西へ十五町の地にあり。

十一月廿四日田淵忠南道書記来校

十二月六日従来の勅語を奉還し更に總督府より配布の勅語を奉戴す

九月廿九日福岡鰲川郡書記及び保寧警察署長小川利一来校

1914

大正二年一月十九日煖爐を設備す児童保護者の寄贈
する所にして此代價拾円廿貳銭五厘
大正二年三月大上勘助管理者を罷む植田郁太郎之に
代る
本年度校圃七拾五坪を購入す代價五円なり。
大正三年四月全羅北道沃溝郡の所轄となる。
大正四年五月七日植田郁太郎管理者を罷む大上勘助
之に代る。
五月十一日八木富太郎川原へ轉任仝時に八木ヤヱ嘱
託を解かる

大正四年五月十一日從八位國重節吉阜より轉任來て校長たり廿八日着任す。

六月廿五日國重八千代（校長二女）囑托教員に任命せらる。

六月三日起工校舍一部の改造を為し教員官舍六坪を新築す七月六日竣工此工費金貳百円全く地方費補助に係はる。

本島の產業は素より漁業を主とすれとも何れも自己一人の勞働にあらすして各人相當の資本を卸し鮮人を使役するなり從て彼等に食料及ひ給料を供給する

費用も尠からすと虽も収益も亦大なりと云はさる一わらす今水産組合支部の調査に依りて産出年額を[illegible]表に示さん併し初年の産業は主として鯛の漁業なりしも島勢の轉変に依り當初副業たりし煎子製造は現今の本業となり之を以て一年間生活費の原動力となし居れるなり現今の副業は布苔アマ苔若布等とす

児童に及ほす家庭の影響本島の居住民は大概一定の漁業期間にのみ煎子製造に従事すれとも其の他の時日は何等一定の職業をも有せす否有せさるに非す為さゝるならん唯無為にして平易なる生活を送りけるも

のなれは動作極めて閑慢にして常に活氣を有せす且
絶海の一孤島なれは外界の刺激なく普通常識の發達
も極めて遅緩たり此郷の影響を蒙れる児童の心境は甚た
狭隘にして見聞の智識頗る低きには誠に驚くへきこ
と、す彼の粗雑なる生活に慣れし家庭は教育の價値
を解する能はすして児童の脳裡唯放慢にして擧動粗
野規律的學校教育は彼等の非常に苦痛とする所なり
従て判断力や推理力を要する學科は勿論其他の學術
技能は極めて拙劣なりとす編者は赴任の當時之を陸
地の児童に比して真実力の極めて劣等なりしには大

驚愕を吃したり特に已往両三年間本島の教育は惰眠状態に経過せしには非すやを認めしは甚た遺憾とする所なりけり

本島の教育状態

教育の進歩を認めし時代	教育の効果を認めさりし時代
明治四十年乃至仝四十三年の間	明治四十四年乃至大正三年まての間

本島の盛衰状態

島勢全盛時代	島勢衰運時代	現状維持時代
明治卅六年前後より四十二年まて	明治四十二年より四十五年まて	大正元年頃より現時に至る

由来本校は此道内に於ける學校組合の最も古きもの
に屬す然るに其經費の不充分設備の不完全基本財産
の不備等を見れは居留民は一般に教育を無視せしか
偶々管理者より豫算案を發せは削減これつとめ唯一厘
にても出金せさることを議員の能事なれといへる状態
なりしといへは公共心や國家的觀念極めて薄かるへ
く陸地の組合に比すへくもあらさるなり更に翻て島
民の經濟状態を陸地のそれに比して如何なりしか其
貧弱にあらさりしことを知者を待ちて後知らさるなり
陸地組合に於ては通常組合費は補助金の倍額以上を

以て標準とすへけれはかくも組合費総額の半額を負擔して可なりとす、今本島既往の平均負擔を見るに約其三分の一なり之を陸地に比して其三分の二を免かれつゝあるは抑如何なる理由に基くか稿者は大いに之を疑問に屬し居れり

彼等は收入の少額に比して到底其負擔に堪えさるを口にするならん然れとも之れ其口實に過きさると前已に之を述へたり、或は教育の何物たるを解せさるの餘り消極主義を採りけるかさりとは大いに彼等に向て其必要を催すへきなり唯頑迷固陋は國家の決して

許すへからさる事とす是れ其筋に訴へて大いに當局者の斡旋を請はさるへからすなるかな斯く當初見事なる歴史を有する學校組合たるにも係はらす其結果の設備は不完全となり児童の成績等となる誠に慨嘆すへき外なかりけり

之より進んて何故児童の成績等にて教育の効果を認めさりしかを概括し併せて将来之を如何に處理すへきかを述へ以て本年六月まての沿革を終へんとす

如上述へ来りし如く現下の教育其功を認めさりし原因は教多に分るると雖も一方教育者も亦其責を免かる

丶能はさるものとす惟ふに従來の教授か凡て放慢に
流れし為にや児童は其要領を把捉する能はす往々形
式のみに馳せ其内容如何を顧みす之か為め児童の脳
裡は常に雑駁にして無味乾燥なる状態を脱すること
能はさりしなり編者は赴任の當時各学科に亘り大要
を試問し其実力を検せしに驚又ハ驚せさるを得さり
しなり讀本は補讀み下すも今讀みし事は如何なりし
かを問へは敢て答ふること能はす算術の問題は一々
讀み得すして唯其数字を併記するのみ半銭の五倍は
幾らかを問ふにも一人として之に答ふること能はさ

りしなり五年生にして已に斯の如く如何に程度の低きか之を陸地の學童に比して確かに一ヶ年以上の退歩と云はさるへからす其他各學年の習得力か之に準して低能なりしことを知者の推知するに難からさる事とす

児童の實力劣等にして教育の効果を認めさる理由

- 教授訓練の放慢
  - 唯我獨尊を極め込む
  - 知的の人士に乏し
  - 社界感情の衝突
- 教育費の薄乏
  - 設備の不完全
  - 児童の見聞狭し
- 外界の無刺戟
  - 島社會の悪影響
  - 家庭教育を無視す

本島
將來

教授
訓練

1、教授は要領を把捉せしめ訓練は徹底を期す。

2、大いに單級教授法を發揮すること、

3、教育者の修養として中心的に教育書を購讀し
周囲的に自己の趣味とする圖書の購讀を怠らさること。

4、其筋の巡視を願い大いに指導を仰き又知名の人士来島に際し
臨校を請ふて意見を求むること

5、毎年講習に出張し且陸地小學校を参観すること

6、燈臺主員及駐在巡査と氣脈を通し諸般の援助を乞ふこと。

7、低度の島社會を漸次教育道に誘い込むこと

8、設備の完全を期すること（五ヶ年計畫）。

本島將来

教授訓練

1、教授は要領を把捉せしめ訓練は徹底を期す。

2、大いに單級教授法を發揮すること、

3、教育者の修養として中心的に教育書を購讀し
周圍的に自己の趣味とする圖書の購讀を怠らざること。

4、其筋の巡視を願い大いに指導を仰ぎ及知名の人士来島に際し
臨校を請ふて意見を求むること

5、毎年講習に出張し且陸地小學校を参觀すること

6、燈臺主員及駐在巡査と氣脈を通し諸般の援助を乞ふこと。

7、低度の島社會を漸次教育道に誘い込むこと

8、設備の完全を期すること(五ヶ年計畫)。

찾아보기

ㄴ

ㄷ

ㅁ

ㅂ

ㅅ

ㅇ

ㅈ

ㅊ

ㅎ